U0163278

这才是天文学

[美]菲利普·普莱（Philip C. Plait）——著

孙佳雯——译

BAD ASTRONOMY

Misconceptions and Misuses Revealed, from Astrology to the Moon Landing "Hoax"

北京联合出版公司 Beijing United Publishing Co.,Ltd.

·

图书在版编目（CIP）数据

这才是天文学 /（美）菲利普·普莱著；孙佳雯译
. --北京：北京联合出版公司，2021.5
ISBN 978-7-5596-4798-6

Ⅰ. ①这… Ⅱ. ①菲… ②孙… Ⅲ. ①天文学—普及
读物 Ⅳ. ①P1-49

中国版本图书馆CIP数据核字（2020）第246417号

北京市版权局著作权合同登记 图字：01-2021-1255

这才是天文学

作　　者：[美] 菲利普·普莱
译　　者：孙佳雯
出 品 人：赵红仕
出版监制：刘　凯　马春华
选题策划：联合低音
责任编辑：云　逸
封面设计：何　睦　杨　慧
内文排版：黄　婷

关注联合低音

北京联合出版公司出版
（北京市西城区德外大街83号楼9层　100088）
北京联合天畅文化传播公司发行
北京华联印刷有限公司印刷　新华书店经销
字数259千字　880毫米 × 1230毫米　1/16　21印张
2021年5月第1版　2021年5月第1次印刷
ISBN 978-7-5596-4798-6
定价：68.00元

目　录

前　言　　/ 001

第一部分
坏天文学始于家中

01　/ 017
谁才是傻蛋：
立蛋与二分日

02　/ 029
去也冲冲：
科里奥利效应与你的盥洗室

03　/ 037
天文习语大乱炖：
日常用语中的坏天文学

第二部分

从地球到月球

04 / 051

蓝蓝的天上白云飘：
为什么天空是蓝色的

05 / 062

季节滋味：
为何夏去秋来

06 / 072

月有阴晴圆缺：
你看，月亮在变脸

07 / 080

举足轻重：
月亮与潮汐

08 / 095

江清月近人：
大月亮错觉

第三部分

愈夜愈美丽

09 / 111

一闪一闪亮晶晶：
为什么恒星会闪烁

10 / 120

闪闪的白星：
多姿多彩的恒星

11 / 127

坐井观天：
在白天看见恒星到底有多难

12 / 136

超级大明星：
北极星——终究还是泯然于众

13 / 142

天狗吃太阳：
日食与太阳观测

14 / 152

没有到来的灾难：
公元 2000 年的六星大连珠

15 / 162

流星、流星体、
陨星傻傻分不清：
流星与小行星造成的冲击

16 / 174

当宇宙向你投出一记弧线球：
关于万物起源的误解

第四部分

人工智能

17 / 191

不信阿波罗：
揭秘登月骗局

18 / 214

嘲笑中的世界：
维利科夫斯基对阵现代科学

19 / 230

“太初”是何时：
创造论与天文学

20 / 247

错识飞行物：
不明飞行物，以及心与眼的错觉

21 / 259

火星在第七宫，但金星已经离家出走啦：
为什么占星学不管用？

第五部分

把我传送上去

22 / 275

哈勃困“镜”：
关于哈勃空间望远镜的种种误解

23 / 293

明星贩子：
傻瓜恒星命名法

24 / 303

坏天文学勇闯好莱坞：
大片中的坏天文学前十排行榜

推荐阅读 / 319

致　谢 / 325

前　言

Introduction

我喜欢那些不靠谱[1]的科幻影视,《愤怒的红色星球》[2]《地球危机》[3]《不明飞行物》[4]等——所有那些老式的黑白或彩色科幻电视剧和电影。我是看这些剧集长大的，小时候经常守在电视机前不愿睡去，有时候甚至比爸妈平日给我规定的“上床时间”晚好几个小时。我清楚地记得，上小学

[1] 作者在书中将科幻影视分为两类。从字面上看，分别指的是“好的”（Good）和“坏的”（Bad）——正如原书标题字面上的含义“坏天文学”。从内容上看，作者所谓的“坏的”科幻影视应该指的是内容、情节和逻辑过于天马行空且不符合基本科学常识的剧集，而“好的”科幻影视指的是经过一定科学考证的、情节上比较站得住脚的作品，因此我们在这里将“好的 / 坏的”翻译成“靠谱的 / 不靠谱的”。——译注（本书不作特别说明，脚注均为译者所加）

[2] *Angry Red Planet* (1959)，又名《星战毁灭计划》，美国科幻电影，导演是伊布·梅尔基奥（Ib Melchior），主演是杰拉德·摩尔（Gerald Mohr）。影片讲述了一支四人科学小队登陆火星探险，结果遭遇了种种怪物铩羽而归的故事。

[3] *Voyage to the Bottom of the Sea* (1961)，又名《海底历险记》《突破辐射尘》，美国科幻电影，导演是欧文·艾伦（Irving Allen），主演是沃尔特·皮金（Walter Pidgeon）、琼·芳登（Joan Fontaine）等。影片讲述了海军上校尼尔逊在北极下探测时，地球遭遇危机——大气层燃烧，地球升温，犹如炼狱。尼尔逊决定驾驶所在潜艇发射核子飞弹，熄灭大火，拯救地球的故事。

[4] *UFO* (1970)，英国科幻电视剧，主要讲述外星生命入侵地球的故事，由杰瑞·安德森（Gerry Anderson）、西威亚·安德森（Sylvia Anderson）夫妇与瑞格·希尔（Reg Hill）共同创作，共 26 集。

三年级的时候，请求妈妈允许我看《迷失太空》[1]。我太崇拜那部剧了，机器人、史密斯博士、“木星二号”宇宙飞船，等等。我也想像剧中人那样穿上多色丝绒 V 领毛衫，我对朱迪·鲁滨逊一见钟情——爱得毫无保留。

当然了，我也喜欢那些靠谱的科幻影视。想当年,《火星人袭击地球》[2]和《地球停转之日》[3]就是我的最爱，现在也是。但是，最关键的问题不在于这些片子“靠谱”还是“不靠谱”，甚至不在于它们的剧情是不是合理——我记得有一部意大利电影讲的是去金星旅行的故事，整个情节虚幻得就跟磕了致幻药的萨尔瓦多·达利[4]写得似的。关键是，在这些科幻作品中，总会出现外星人和火箭飞船。

在孩提时代，我假装自己乘坐火箭前往其他星球探险，一玩就是几个小时。从小我就知道，将来我一定会成为一名科学家，也很确信自己想成为的是一名天文学家。那些情节离奇、一点儿都不科学的电影并没有打消我的积极性，相反，它们启发了我。我丝毫不在意那些冒傻气的地方——

[1] *Lost in Space* (1965)，美国科幻连续剧，共 83 集。讲述鲁滨逊一家等人的太空冒险故事，后文提到的史密斯博士（Dr. Smith）、朱迪·鲁滨逊（Judy Robinson）都是剧中主要人物，他们的太空服是彩色天鹅绒材质的 V 领套装，有一艘宇宙飞船叫作“木星二号”（Jupiter 2）。

[2] *Five Million Years to Earth* (1967)，英国科幻恐怖电影，导演是罗伊·沃德·贝克（Roy Ward Baker），主演是詹姆斯·唐纳德（James Donald）等。影片讲述了地铁工人在挖掘过程中发现一个装有尸骨的奇怪坑洞，因此唤醒沉睡已久的远古恶灵的故事。

[3] *The Day the Earth Stood Still* (1951)，美国科幻电影，2008 年翻拍，导演是罗伯特·怀斯（Robert Wise），主演迈克尔·伦尼（Michael Rennie）、帕德里夏·妮尔（Patricia Neal）等。影片讲述了一个名叫克拉图（Klaatu）的类人类外星访客来到地球，带着一个强大的机器人，对地球发出最后通牒的故事。本片荣获 1952 年金球奖最佳促进国际了解电影奖。

[4] Salvador Dalí，西班牙加泰罗尼亚超现实主义画家，与毕加索（抽象派）和马蒂斯（野兽派）一同被认为是 20 世纪最有代表性的三个画家。

比如向其他恒星发射常规化学火箭[1]，实际上我们在太空中是听不到任何声音的[2]。幼时的我满脑子想的都是**“冲出地球，走向太空”**，所以如果观看那些傻里傻气的电影能够为我的幻想添砖加瓦，何乐而不为呢。我愿意付出所有——拥有的一切——作为代价，只为亲自踏上宇宙飞船看一看，近距离观察双子星，在星云中漫游徜徉，或者干脆乘坐飞船离开我们的银河系，在无尽夜空中观赏它的全景——它闪烁着微弱神秘的光芒，而太空如一张黑色天鹅绒画布，那黑色是如此浓重，放眼凝视，你几乎不敢确定自己是不是睁着双眼。

现在我已成年，让我放弃所有、不顾一切来一场“说走就走”的太空旅行或许没有从前那么简单了。不过我也可能会愿意，因为这说明将来我的女儿也能够“说走就走”地踏入太空……但人类徜徉太空的那一天还没有来临，我们依然囿于地球。基本上，想要领略宇宙深处的景致只有两种方式，借助天文望远镜或者欣赏科幻电影。而这两者之中，或许天文望远镜的视野要比电影来得更清晰、更明确。尽管电影曾带给孩提时代的我种种向往之情，此刻作为一个成年人，我更希望科幻电影能够更好地向大众呈现天文学（或者天文学家）的全貌。

科幻电影或许很有启发性，对于我来说这就是它们的最主要使命，然而科幻电影也给天文学带来了“坏影响”。它们模糊了幻想与科学的区别，混淆了虚构与真实。科幻电影可以塑造一些看上去特别真实可信的虚构情节，以至于幻想与科学的边界变得含混。举个例子来说，大多数人对于星

[1] 距离银河系最近的大犬座矮星系距离地球约 25000 光年，以常规化学火箭的速度，大概要跑到银河系毁灭才能抵达（更不用说常规化学火箭带不了那么多燃料了）。

[2] 因为真空中没有声音传播的介质，比如空气、水等。

际旅行究竟如何实现了解得并不多。星际旅行非常复杂难懂，需要依靠大多数人都不熟悉的物理知识。

然而，电影让星际旅行看上去变得相当简单。只要跳上你的飞船，然后说走就走！在电影里，你只需要注意躲避突如其来的陨石雨或者外星人的飞船，就能在太空潇洒地来去自如。但很不幸的是，在真实的宇宙中，事情并非如此。如果星际旅行真的像电影里演得那么简单，我们早就在火星或者其他行星上建立殖民地了。我做过一些关于电影和天文学的演讲，听众们最常见的问题就是：为什么我们还不能在月球上生活？为什么我们还没有建好宇宙飞船，或者至少殖民整个太阳系？有的时候，提问的人很真诚；而有的时候，提问的人带着几分不耐，好像他们觉得美国国家航空航天局（NASA）的工程师们都在消极怠工，不如《星际迷航》中的史考提[1]工作麻利似的。科幻电影产业令大众印象深刻，随着一些场景反复展现，这些印象通过潜移默化的方式烙印在我们的大脑里。电影总是在演星际旅行，可那些“星际旅行”是错误的，所以我并不奇怪大多数电影观众对于星际旅行的真正机制缺乏了解。

如果只有电影提供不准确的科学知识，那其实也没什么太大问题。毕竟，电影的**使命**就是兜售幻想。可是问题在于，电影**并不是**伪科学唯一的源头。原本，新闻媒体的本职工作是清楚地报道事实，越精准越好。可不幸的是，他们并不总能做到这一点。大体上来说，国家级别的媒体还算靠谱，大多数电视台、报纸和杂志都有足够的钱养活一小群具有科学素养的记者，他们能够如实地报道科学新闻。而歪曲事实报道的罪魁祸首往往更

[1] 蒙哥马利·史考特（Montgomery Scott），昵称史考提（Scotty），是电影《星际迷航》（*Star Trek*）系列中的总工程师，具有“金手指”一般的高超技术。

多是地方性新闻媒体。地方上的记者很可能对于专业用语和科学研究方法一无所知，因此有时候会写出一些令人瞠目结舌、破绽百出的文章。这是一个很严重的问题，可能也没有什么简单易行的解决方法，因为很多地方的新闻机构只是没有足够的资金来雇用足够多的知识面能够涵盖新闻中诸多话题的记者。

我这样说当然并不是要回避批评国家级媒体。我现在还清楚地记得，1994 年我有一次美国全国广播公司在（NBC）电视台看《今日秀》。航天飞机[1]位于太空轨道上，身后拖着一个巨大的圆形罩，正在进行一项实验。这个实验的目的在于利用这个圆盘清除它行进轨道中的宇宙微粒，就好像扫雪机推雪一样，留下一条干净的尾迹。科学家们将利用圆形罩经过后留下的超级真空环境进行一些实验。

在《今日秀》播报这则新闻的是马特・劳尔[2]，他念完这条新闻后，凯蒂・库瑞克和布莱恩特・甘贝尔纷纷表示，对于劳尔来说，念这样一条不知所云的新闻可真的是不容易。然后三位播报员哈哈大笑，劳尔表示他的确不知道自己刚才念的文字是什么意思。请读者们想想看：他们三位属于全美最著名记者的行列，却居然**为了自己在科学上的无知而感到好笑！**要是这三位报道的不是科学新闻，而是波黑战争，然后他们笑着说自己根本不知道塞尔维亚在什么地方，给观众的观感肯定就大不一样了。

不用说，我当时就被气得七窍生烟。而正是因为这件事，我才开始我

---

[1] 此处“航天飞机”应该指的是美国“哥伦比亚”号太空梭，它是美国的太空梭机队中第一架正式服役的航天飞机，从 1981 年起一共执行了 28 次航天任务，于 2003 年不幸在得克萨斯州上空爆炸解体。

[2] 马特・劳尔（Matt Lauer）、凯蒂・库瑞克（Katie Couric）和布莱恩特・甘贝尔（Bryant Gumbel）是美国记者，都曾经主持过《今日秀》（*Today* Show）节目。

的"坏天文学"科普之路。当意识到上百万的美国人正在从对于最简单的科学事件都不能理解的人们那里获取科学信息的时候，我看不下去了。这份报道本身是精准的，甚至可能是某个充分了解航天飞机的人所写，然而公众所看到的，却是三位颇具名望的记者心照不宣地向大众表示：对于科学一无所知其实也没有什么关系。

可是，这并不是**没关系**。事实上，对于科学一无所知是很**危险**的。我们的生命和生活都依赖于科学。当今世界，没有人能够否认电子计算机的能力，而电子计算机的运转和改进要依靠物理学知识。是科学让我们的房子得以供暖，让我们的轿车得以驱动，让我们的移动电话获得信号。如今，医药科学正在飞速发展，几乎每天都有新的药品、新的治疗方式、新的预防措施问世。我们**必须**对医药科学有一定的了解，才能为自身健康做出明智的决定。在美国，每年都有几千亿美元被用在了科学研究和技术研发之上，而绝大多数有投票权的公民对于这些学科和领域几乎一无所知。**纳税人啊，那是你的钱呀**。你应该知道你的钱到底花在了什么地方，又为何被花在了这些地方。

不幸的是，获取可靠的科学信息并不是那么容易的事。科学上的误会和错误往往通过各种媒体的宣传被不断扩散。同样不幸的是，这并不是我们要面对的全部问题。

任何人在清朗温暖的夜晚走出家门，躺在毯子上举目仰望繁星之时，都能体会到天文学带来的发自内心的喜悦之情；但是，**真正了解**天文学，则是另外一回事了。不幸的是，天文学——或者宽泛点说，科学——最近正腹背受敌。这真的算不上什么新鲜事，可是最近的大众宣传使这种情况越发明显。从 NASA 的研究经费缩减到那些州立学校董事会宣扬反科学，科学的处境变得比以前更加恶劣。现代消费者时刻被伪科学信息狂轰滥炸。这个国家的大多数报纸都开设了星座专栏，有些报纸甚至为那些自称是灵媒的人开设了专栏，但是绝少有报纸愿意用固定的、哪怕只有每周一页的版面来专门报道最新的科研进展。阴谋论泛滥，将最简单的科学常识歪曲为无比荒谬的主张，这些主张根本站不住脚，但是却有一批又一批的虔诚信徒悉数奉之为圭臬。互联网使得这些阴谋论和其他各种理论一起以光速传遍世界，让人们更难去区分到底哪些信息是真实的，哪些是虚幻的。在这样的环境下，人们毫无疑问会对科学抱有种种困惑。

然而，希望还是有的。科学或许正在恢复元气。探索频道[1]在诞生之初规模很小，很多评论家都预言它一定会倒闭。可是，短短几年之后，探索频道成为声望最高的基本有线电视频道，可以向商家收取相当昂贵的广告费。《比尔教科学》[2]节目中的比尔·奈在电视上用有趣而引人入胜的方式教小朋友们了解科学，甚至成年人也可以看得津津有味。互联网的功绩值得夸奖——最著名的、浏览数量最高的网页之一不是哪个摇滚歌星或者电视名人的个人主页，更不是那些少儿不宜的网站。我说的是 NASA 的网站。没错，就是**那个** NASA。NASA 的主页是整个星球上最受欢迎的网页之一。1997 年，火星“探路者”号在火星表面着陆的时候，互联网还是一项新生事物，但 NASA 的主页总点击量就高达几百万，一举超过了此前全世界所有其他网页的纪录。自从那时算起，NASA 主页的点击量已经接近 10 亿。1999 年底，航天飞机前往哈勃空间望远镜维护，NASA 主页一天之

[1] Discovery Channel，1985 年在美国创立。

[2] *Bill Nye the Science Guy* (1993—1997)，美国迪士尼公司制作的科学教育节目，共 100 集。由美国知名节目主持人兼机械工程师比尔·奈（Bill Nye）主持。

内就收获了100万的点击量。1994年，苏梅克－列维9号彗星[1]撞碎在木星表面，NASA的网站差点儿因想浏览各地天文台拍摄的撞击照片的巨量网民而不堪重负。上述诸事件发生时，其他的科学网站也经历了类似的超量浏览。

公众不仅仅喜欢科学，还想要知道更多。多家报纸上进行过的一项关于公众阅读的调查显示，相对于体育新闻、经济摘要或者连载漫画而言，更多人会选择看科学报道——如果报纸刊载它们的话。当我为公众做关于哈勃望远镜观测结果的讲演时，人们用连珠炮似的方式向我提问，而我常常会因为回答人们对于所处宇宙的好奇心而产生的种种问题而停留很久。

虽然人们怀有求知的欲望，但很多人却依然对天文学抱有相当奇怪的认识。但话说回来，或许**正是因为**他们有着那种求知欲才会如此。如果你真的很想要掌握什么东西，你会抓住任何一切可能来填补空白。人类对于宇宙有着与生俱来的好奇心，这几乎肯定是自然演化的结果。怀有好奇心的人们会很愿意去探索，去学习，去发现。这是非常优秀的生存技巧。

可是，如果人们没有可靠的信息来源，他们就会去接受不可靠的信息。人们希望这个世界是神秘魔幻的。相信那些不明飞行物里有外星人注视着我们，要比发现那些海量的目击外星人的案例其实都不过是对天空中常见事物的误判要有意思得多。

真相或许会让人感到费解，因此有时候相信幻想要容易得多。还有些时候，故事看上去足够真实，以至于你可能根本不会去怀疑它。地球上

[1] Shoemaker-Levy 9，简称SL9，该彗星于1993年被发现，1994年7月中下旬与木星相撞。这是人类首次直接观测太阳系的天体撞击事件。这次撞击威力巨大，但因为距离地球遥远，对地球没有任何影响。

之所以有一年四季，是因为我们与太阳之间的距离远近发生了变化吗？白天，你真的能够在井底观测到天上的恒星吗？

这些年来，我发现人们对于天文学总是抱有很多奇奇怪怪的想法。我上面提到的那些不过是人们头脑中漂浮着的各种错误观念的例子。我刚才是说那些误解“漂浮着”的吗？我的意思其实是它们“**根深蒂固**”。就好比那些在我们脑海中挥之不去的电影场景，关于天文学的错误认知——关于任何话题的错误认知——都在我们的脑海中牢牢地扎下根来，难以拔除。正如阿拉斯泰尔·弗雷泽[1]在他的“坏科学网站”上引用的沃尔西枢机主教[2]的话：“对于存入脑海中的东西，你要非常、非常地小心，因为你永远不可能将它从脑海中清除出去”。

以我之渺小，自然不可能与枢机主教阁下发生龃龉，但是我觉得他说得不对。我们**能够**将那些错误的观点从脑海中连根拔起，然后植入一些更健康的新观点。事实上，我觉得有时候这样做会更容易一些。我教授天文学，发现即使是对天文学很感兴趣的学生，在教室里猛地面对大量的事实、数字、日期，甚至和天文学有关的图片时，也会很容易就感到束手无策。我们总是有太多的东西要学习，而寻找一个切入点有时很困难。

然而，如果你从学生们已经知道的事——或者他们**觉得**自己知道的事——开始讲起，那个“切入点”就**有了**。你们觉得地球上四季分明是因为地球的运行轨道是一个椭圆，因此我们与太阳的距离时近时远，对吗？好吧。那么你们能够想象一下还有什么别的原因可能会导致四季更迭吗？

[1] Alistair Fraster，气象学荣誉教授。他创建了“坏科学网站”，详见本书第 321 页。

[2] Cardinal Wosley（约 1471—1530），全名托马斯·沃尔西（Tomas Wolsey），英国政治家，历任林肯主教、约克主教及枢机主教。

那么，关于四季，你们还知道些什么呢？南北半球的四季正好相反，没错吧？南半球的冬天对应北半球的夏天，反之亦然。所以刚才你们说的那个理论还适用吗？真的是与太阳的距离远近导致了四季的更替吗？

在前言里，我不会直接给出这个问题的答案，在本书的正文中，我会花整整一个章节来解释。但是我希望读者们看懂了我的意思。如果我们从那些已经存在于人们脑海中的事物入手，你就可以把它们用作例子，加以各种角度的分析解读，引发受众的思考。从一个广为人知的“错误观念”作为起点是很棒的方式，因为这会迅速地吸引人们开动脑筋，批判既有错误观念可以既有意思，又让人成就感满满。你知道你所知道的东西里有哪些是错误的吗？

有些主意更妙。人们记得电影情节，对吧？那我们为什么不从电影开始呢？在《星球大战》中，汉·索洛[1]驾驶着“千年隼”号在小行星群中闪躲以逃避银河帝国歼击机的追击。在《世界末日》[2]中，地球面临着来自一个直径约 1600 千米的小行星的撞击。在《天地大冲撞》[3]中，一颗巨大的彗星在地球上空爆炸，引起的不过是一场烟火秀。

如果看过这些电影，你一定会记得这些场景。因此，从这些电影场景出发来探讨真正的天文学，而不是电影里展现的科幻场景是很好的选择。

---

[1] 汉·索洛（Han Solo）是电影《星球大战》（*Star Wars*）正传三部曲中的主要人物之一，是“千年隼”号（Millennium Falcon）的驾驶员及拥有者，因为一场机缘而卷入反抗军同盟和银河帝国的战争。

[2] *Armageddon* (1998)，美国灾难科幻电影，英文名源于《圣经·启示录》中世界末日的最终战场。导演是麦克尔·贝（Michael Bay），主演是布鲁斯·威利斯（Bruce Willis）、本·阿弗莱克（Ben Affleck）、丽芙·泰勒（Liv Tyler）等。

[3] *Deep Impact* (1998)，美国灾难科幻电影，稍早于《世界末日》上映，导演是米米·利达（Mimi Leder），主演是劳伯·杜瓦（Robert Duvall）、蒂雅·李欧妮（Téa Leoni）等。

你会了解到真正的小行星到底是什么样子；锁定一颗大个头的小行星多么容易，而改变其运行轨道多么困难；以及为什么小行星极度危险，哪怕在炸碎后仍然如此。

我的父母或许曾经觉得幼年时代的我看了这么多不靠谱的科幻电影是在浪费时间。然而正是以这些不靠谱的科幻电影为基石，我构筑了自己一生的事业。

如果从正确的地方入手，你可以把“坏科学”变成“好科学”。

本书就是我入手的地方，我们会一起审视好多“坏天文学”。你会觉得有些听上去耳熟，另外一些则可能很陌生。但它们都是我遇到过的人们对天文学的错误认知，讨论它们将会很有意思，琢磨它们则更有意思。

我们一定会连根拔起头脑中那些坏科学的杂草，然后播种下一片郁郁葱葱的有益绿植。

第一部分

坏天文学始于家中

Bad Astronomy Begins at Home

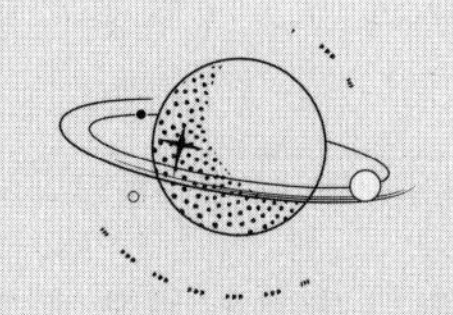

有一个很老的笑话，讲的是一家人打包搬家的故事。邻居问他们为什么要搬家，他们回答说："我们听说最致命的事故总是发生在离家附近16千米以内，所以我们决定搬到32千米以外的地方。"

有时候我希望事情真的有那么简单。作为一个新手老爸，我听到过很多人说我女儿受的教育很多是在家里获得的。我们教她如何说话，如何阅读，教她算数、社交，教她看电视、和我们争论，争到赢，如果不赢就发脾气，诸如此类。但是，往往是那些我们没有**打算**教她的事情她记得最牢。孩子们是天生的自然科学家。他们观察，吸收信息，重复实验，他们的实验室就是他们周围的环境：家、父母、朋友、电视。

孩子们吸收的信息并不总是正确的，这完全在意料之中。

天文学大概是对地球之外所有事物的研究——这个定义并不坏——但是**坏**天文学始于家中。想要找到坏天文学，你不需要穿越大半个可见宇宙，抵达某个遥远的星系，错误的科学案例就躺在你的冰箱里或者甚至藏在浴室之中。科学是一种描述宇宙的方式，而宇宙肯定也包括鸡蛋盒和你的马桶。

在以下的几个章节中我们可以看到，坏天文学如何像博爱一样“始于家中”[1]。不幸的是，坏天文学不会留在家中。你或许曾在春分那天在家里试着竖起一只鸡蛋，但是在学校、在电视里，这个实验往往被“强化”为某种更高深的真理。冲厕所时，你或许不会思考马桶里的东西到哪儿去了，但是关于冲马桶时下水漩涡方向的讨论已经成为人们闲聊时的谈资。甚至我们的日常用语中也充斥着坏天文学，从“流星般蹿升”到“领先好几个光年”。

然而，如果有好运气，再加上一丁点儿批判性思考，我们就可以塞上防止知识流走的塞子，并推倒无知的蛋[2]。

[1] “坏天文学始于家中”出自英语俚语“博爱始于家中”（Charity begins at home）。

[2] “无知的蛋”（Egg of Ignorance）出自英语俚语“无知的猫头鹰下令人自豪的蛋”（The owl of ignorance lays the egg of pride）。

谁才是傻蛋：立蛋与二分日

01

The Yolk's on You:
Egg Balancing and the Equinox

现在，让我们谈一谈毫不起眼的鸡蛋。

鸡蛋的外部是白色坚硬的钙质外壳，接近圆形，很平滑。蛋壳上或许会有些小的凸起，甚至是一些细小的脊状或波状纹路，但是整体上来说，鸡蛋的几何外形是如此恒定，以至于我们用“蛋形”来定义类似形状的物品。英语中“卵形”（ovoid）一词就来自于拉丁语中的“蛋”一词。

鸡蛋的内部有白色的部分——术语上叫作“蛋白”——和黄色的蛋黄。蛋壳包裹住的这些黏糊糊的物质就是将来会变成小鸡的东西，前提是我们让它顺利孵化，但通常情况下我们不会。人类对鸡蛋有种种用心险恶的计划，从简单地把它们烧熟吃掉到匪夷所思地把它们摊在路边以证明天气到底有多热，以及在万圣节的夜晚用它们来“装饰”房子。

然而，人类还会利用家鸡的卵进行更诡异的仪式。每年春分，全美国以至全世界都在举行这个仪式。每年 3 月 21 日左右，学校里的孩子们、记者们，甚至普通市民们，都会纷纷拿起鸡蛋，试着把它们立起来。

一项不太科学的调查——由我亲自实施，每次去做公共演讲、参加聚会，或者在超市排队结账的时候，我都会顺便问一问人们——显示，全世界大概有一半的人或者听说过立蛋，或者亲自尝试过立蛋。也就是说，仅仅在美国就有 1.3 亿这样的人，所以立蛋当然很值得我们研究一番。

如果你也见过这个仪式，或者自己尝试过立蛋，一定知道立蛋需要无与伦比的耐心、谨慎，以及耐力。同样需要的，还有一点儿运气、一个平整的表面，以及一丁点儿坏天文学。

乍一看，你或许看不出天文学在这里能起到什么作用。然而，就像那些古代民族的文化仪式一般，重要的是仪式举行的**时间点**。这个仪式总是在春分点的那一天举行，正好是太阳从天球的南半球穿越到北半球的时刻。天文学家把这一天称作“春分点”（vernal equinox）；其中“春”（vernal）一词的词根意为“绿色”，显然意指万物复苏的时节。对我来说，用立蛋这个仪式庆祝春天的到来就跟穿得像德鲁伊一般在巨石阵脚下跳舞一样奇怪。

所以，立蛋具体是怎么回事呢？差不多是这样的：根据传说，只有在春分那一天，蛋才能成功地立起，并且保持完美的平衡。有些人甚至声称，立蛋必须在春分点**那一刻**进行。如果你在一年中的其他时间尝试立蛋，哪怕是在春分点之前或之后的几分钟，蛋一定会失去平衡倒下。

所谓“立蛋”就是这么回事。看上去很简单，不是吗？每年在那个神奇的日子（春分）到来的时候，新闻播音员——通常是电视台的气象播音员，因为春分日在气象学上也有意义——总是会谈起立蛋。在很多的学校教室中，学生们基于努力钻研科学实验的精神，也在试图立起那些可怜的鸡蛋。有的时候新闻播音员甚至会走进教室，播报孩子们正在努力立蛋的场景，然后过一会儿——成了！某个孩子立起了蛋！然后摄影师就会紧赶慢赶地冲过去，记录下未来科学家兴奋的小脸，他或她就会出现在当晚的电视上——11 点照常播放电影。

不幸的是，如果老师不再多做一些努力，这个孩子作为未来科学家的前程可谓堪忧。无论如何，一个孩子成功立蛋并不能证明有关立蛋传说究竟是真是假。现在让我们来仔细分析一下。

我们首先要提出的，是一个显而易见的问题：为什么春分日会成为“可立蛋”的唯一日子？我问过那些笃信立蛋神话的人们，他们的回答模棱两可又含糊不清——什么在那一天万有引力的方向恰到好处；地球、鸡蛋、太阳三者排成一行，因此立蛋可以保持平衡。但这不可能是真相：无论任何时候，地球表面上总有那么一点可以让地球中心、该点与太阳形成一条直线。这和春分之类的特殊时刻没有任何关系。在立蛋的过程中，难道月亮就没有起什么作用吗？月亮作用在地球上的潮汐力相当大，因此月亮对地球的万有引力是不可忽视的。然而月亮在立蛋神话中却没有任何位置。很显然，春分日并不是立蛋问题的根源。

幸运的是，弄清楚立蛋问题，我们并不需要完全依赖理论。春分立蛋的神话可以轻松地被实践证实或打破。具体来说，春分立蛋神话也意味着：**如果只有春分才可立蛋，那么在春分之外的任何时刻蛋都不可立**。一旦你意识到了这一点，接下来的实验步骤就很明显了：试着在春分之外的时刻立起一只鸡蛋。每年的春分时刻总是在 3 月 21 日前后。为了验证立蛋神话，我们需要在春分以外的时间立蛋，也就是距离春分点一周、一个月、甚至几个月的时候。问题在于，大多数人并不会根据逻辑结论继续跟进实验。他们只在春分日立蛋，不会在其他的日子尝试。

然而，我亲自试验了一下。如下页图所示，我在厨房里立了不止一只蛋，而是七只！当然了，你对此表示怀疑——你的确应该表示怀疑！怀疑论是一种很重要的科学方法。但是你为何要只听信我的话呢？亲爱的读者，你看到这句话的时候大概应该不是 3 月 21 日吧。去厨房找几只鸡蛋试一试吧。我会等你回来的。

立蛋和一年中某个特定日子没有关系，你只需要一只稳健的手、一只表面粗糙的蛋，还有足够多的耐心。上面的照片是我在秋天拍摄的，彼时春分已经过了好几个月（但你不要只听信我的话，自己试一试吧）

你已经试好了？蛋立起来了吗？或许没有。毕竟立蛋并不是那么容易的事。你需要耐心、一只稳健的手，还有对于成功立蛋比较强烈的渴望。那天，在立起图中这七只蛋之后，我再也无法立起更多的蛋了。这时，我的妻子恰好下楼到厨房来，她问我到底在搞什么名堂，我说我在实验立蛋，她立刻就觉得这事非常有意思。事实上，我觉得是她与生俱来的好胜心在驱使她，她就是想要立起比我更多的蛋。而她的确做到了。事实上，她刚开始总是立不起来。我告诉她我听说在立蛋之前先摇一摇，让蛋黄沉淀到底部，会让立蛋变得更容易些。于是她摇了摇鸡蛋，但是握住蛋壳的手力太大了一些。就在她摇蛋的时候，她的大拇指戳破了蛋壳，于是蛋液甩得厨房满墙都是！我猜在整个美国，这样的事也只会发生在我家吧。

最终，我的妻子成功了。她把我们剩下的鸡蛋全部立了起来，那一盒鸡蛋总共有八只。很明显，她的双手比我的还要稳健。有一次，我受邀去马萨诸塞州皮茨菲尔德的伯克希尔自然历史博物馆做一场关于坏天文学的公共演讲，因为暴风雪，我迟到了。一到博物馆我就不得不迅速换了一身衣服，然后快步小跑前往演讲礼堂。我进屋的时候，已经跑得上气不接下气，双手因为紧张和亢奋稍微有些发抖。通常情况下，我总是以亲自立蛋作为演讲的开场，但是因为那天我有点儿手抖，所以迟迟不能成功！在博物馆馆长向听众介绍我的时候，我却一直在和手里的蛋做着顽强地抗争，而奇迹最终出现了，在馆长话音落下的那一刻，我立蛋成功了。那一天我收获了人生中最热烈、最令我愉悦的欢呼和掌声——直到今天来说，依然如此。

以上的故事告诉我们，如果你足够的耐心和小心，在一盒鸡蛋当中，你总是能成功立起一两个的。当然，你也可以作弊。如果你在桌子上撒一层盐，盐的支撑可以让蛋很轻易地立起。然后你再轻轻地吹走桌子上剩余的盐。而蛋下面稳住它的盐几乎是不可见的，从远处看绝对不可能被发现。但是我本人从来没有做过这样的事。我保证！事实上，经过多年的训练，我已经成为一名出色的立蛋高手。熟能生巧哪！

然而，我们还是没能回答鸡蛋**如何**保持平衡的问题。鸡蛋的形状这么奇特，重心位置也很奇特。你真的只会觉得蛋每次都会倒下。所以为什么鸡蛋能够被立起来呢？我必须得承认，对于鸡蛋的结构我真的不太了解，因此为了更好地弄清楚真相，我决定找个专家来帮忙。

我马上就找到了一位出色的专业人士。佐治亚州雅典市的大卫·斯韦恩博士是一位就职于美国农业部的家禽兽医。我向他请教时，他承认自己懂得不少关于鸡蛋的知识。于是我就开始连番轰炸式地向他提问，想要了解可以称之为鸡蛋解剖学领域的全部知识。我希望知道鸡蛋的结构中某些特殊的地方就是鸡蛋能够被竖立起来的关键（虽然我忘了问他那个经典的问题，先有蛋还是先有鸡）。

斯韦恩博士向我解释说，鸡蛋的特殊形状归因于它从母鸡的生殖器官被排出时受到的压力。鸡蛋的蛋黄部分是在母鸡的卵巢中形成的，蛋清则是当蛋黄被挤压通过一个叫作漏斗部（infundibulum）的漏斗形器官时生成的。此时，白－黄色的混合物还处于半胶状，外面包裹着一层膜。漏斗部蠕动着让这些“半成品蛋”从中通过，“蠕动”即为漏斗部在这里“半成品蛋”被有节奏地挤压、放开。鸡蛋受到推动的尾端因挤压变得窄小，而前端则扁了一点。这就是为什么鸡蛋两端是不对称的！最终，蛋来到了蛋壳腺，它会在那里待上差不多20个小时，直到被完整地包裹上一层碳酸钙。蛋壳的主要成分正是碳酸钙。钙是以小颗粒状分泌出来的，这种小颗粒我们称之为“结核”（concretion），这也就是为什么有时候鸡蛋的底部表面会有些小的凸起。一旦造壳阶段完成，鸡蛋就会进入下一步，从母鸡体内排出的。（我的讲述就到此为止，欢迎读者们开动自己的想象力来想象一下鸡蛋最后的这段旅程。反正在听完斯韦恩博士讲完这一段之后，我有好几个礼拜都没吃过煎蛋卷。）

在了解了鸡蛋的结构之后，我有了两个关于立蛋的理论。其中一个就是如果我们适当加热一下鸡蛋，蛋清就会变得没有那么黏稠，蛋黄就会更容易沉淀到底部。随着蛋黄的沉淀，鸡蛋的重心就会变得更低，此时立蛋也就会变得更加容易。斯韦恩博士马上推翻了我的理论，他告诉我：“蛋清的黏稠度与温度变化没有关系，蛋清之所以存在，就是为了保证蛋黄能够处于鸡蛋的中心位置。”他说得很有道理：蛋黄实际上是胚胎的养分来源，它的确不应该被轻易地挤来挤去。蛋清的存在保证蛋黄不会撞上蛋壳内壁，以避免蛋黄受损。如果蛋清不够黏稠，那就起不到这种保护作用了，所以它必须保持一定的黏度。因此加热鸡蛋在立蛋的过程中并不能起到什么作用。

我的第二个理论和鸡蛋壳表面的钙质凸起有关。几乎所有的鸡蛋都有这样的小突起，而且一定位于鸡蛋大头的一端。我的理论就是，这些“小瑕疵”就好比小小的凳子腿，会帮助鸡蛋顺利地立起来。根据我自己的试验经历，我发现表面光滑的蛋非常难以立起来，甚至可以说根本就不可能立起来，但如果是一个表面有小突起的鸡蛋就很容易做到——一旦你掌握了窍门。所以，我的结论是，鸡蛋之所以能够被立起来，并不是因为浩瀚的宇宙空间和地球围绕太阳运转过程中的精确时间点，而是因为鸡蛋的大头部分有些钙质小凸起而已。立蛋背后的科学远非宏大。

然而神话依然在继续。科学和理性在与伪科学的战争中是理想的弹药，但是面对历史和传统，科学和理性大多数时候只能靠边站。立蛋神话被宣扬了好多年，在美国人的思维之中也算有了稳固的一席之地。我总是收到大量关于立蛋的邮件，尤其是在3月中旬的时候，就在春分日前几天。很多人来信告诉我，他们觉得我错得离谱。他们说，立蛋**当然**和春分日有关。所有人都这么说。然后他们就在春分日那天亲自尝试立蛋，然后成功了！蛋立起来了！

鸡蛋**当然**会立起来，我告诉他们。无论在一年当中的哪一天，鸡蛋都能被立起来，他们可以亲自验证这一点，只要他们动手尝试一下。可是他们不会完成自己的实验，虽然证据并不完整，却坚信自己是正确的。他们相信自己听到的话，然而口说无凭呀！只是因为有人说了什么，并不等于那就是真的。谁知道这个人最初又是从哪儿听来的这些话呢？

针对立蛋传说，我们能找到出处。在美国，大多数这样的都市传说的起源往往因为重重转述而无法追查。然而，巧得很，这次起源却有迹可循，指向明确：《生活》杂志。根据著名的怀疑论者马丁·加德纳在优秀的理性杂志《怀疑论调查者》（*Skeptical Inquirer*）1996 年 5/6 月号上发表的调查报告，立蛋神话诞生于 1945 年 3 月 19 号的《生活》杂志，正是在那一期上安娜丽·雅各比写到了中国的一种仪式。在中国，春季的第一天被称为“立春”，大概在春分日之前 6 个星期。在大多数国家，春分、夏至、秋分和冬至并不是四季的分界点，相反，它们分别表示的是四个季节的中点。因为一个季度有 3 个月或者说 12 个星期那么长，所以这些国家认为，真正意义上的春季第一天应该是春分日之前的 6 个星期。

根据加德纳先生考证，春分日立蛋这一中国仪式的起源不可考，尽管我们经常在那些关于中国仪式的旧书里看到它。1945 年，很多人在重庆立蛋，雅各比女士在《生活》杂志上报道的正是这一事件。显然美联社选中了这个故事，然后将其迅速传遍各地。

一个传说就这样诞生了。

有趣的是，在雅各比女士的报道中，立蛋是在春季第一天进行的活动，然而从来没有人指出——或者这一点恰巧被遗忘了——在中国，“立春”那一天要比美国人心目中的春季第一天，也就是春分日，早一个半月。这个不凑巧的事实本来应该在谣言的传播过程中起到一些阻碍的作用，然而不知道怎么回事，立蛋传说还是迅速地星火燎原了。

1983 年可能是立蛋传说受宣传最多的年份。1983 年 3 月 20 日春分日的那天，自诩为“艺术家兼仪式创立者”的唐娜·赫尼斯在纽约市聚集了大约 100 来号人，好在春分点到来的那一刻公开地同时立蛋。《纽约客》杂志报道了这一事件，当年 4 月 4 日的那期上记载了赫尼斯女士将鸡蛋分发给围观的人，然后要求大家保证绝对不要在约定的时间到来之前立蛋。晚上 11∶39 左右，她立起了一只鸡蛋，然后宣布："春天来了。"

"人群中的每一个人，也包括我们在内，都忙着立蛋。"《纽约客》中写道，"老实说，还真的立起来了。"然而，这位不具名的撰稿人内心并不十分相信这一套。于是，春分日过去两日之后，这位撰稿人带着一打鸡蛋来到两天前大家一起立蛋的地方。他花了 20 分钟时间尝试立蛋，但是没能成功立起来一只。

这位撰稿人之前问过几位物理学家立蛋的传说，而他们都说这传说并没有科学依据，尽管如此，他还是承认他的失败可能是出于心理上的原因。"问题或许在于，我们不希望鸡蛋能够被立起来——我们希望看到事实证明唐娜·赫尼斯是正确的。"在这些采访中我发现了一件讽刺且令人略感不安的事，那就是其中一位物理学家说起南半球与北半球的下水漩涡方向是相反的——这又是一个基于天文学的都市传说，而且不是真的（更多相关内容请参见第 2 章）。

赫尼斯女士随后又多次举行她的立蛋仪式。1984 年的春分日，超过 5000 人前往世贸中心和她一起立蛋。甚至《纽约时报》也被立蛋传说给耍了；四年后的 1988 年 3 月 19 日，他们发表了一篇题为"春天来了，立个蛋吧"的社论。两天后，《时代周刊》又刊发了一张人们再一次到世贸中心集体立蛋的图片。

这么看来，立蛋传说传播得非常迅速。如果著名的《纽约时报》也能够为它擂鼓助威，那么立蛋传说的传播恐怕不可阻挡。然而，不管能不能阻挡得了，我可不会让这种事情在我眼皮子底下大肆发生。为了阻挡这股潮流，在 1998 年春分日到来之前，我打电话给一家本地电视台，和他们的天气播报员谈论了一下立蛋的事。他从来没有听说过立蛋这回事，但是对我的提议感到很兴奋，因为他们很喜欢能在播报天气前做一些小测验，而立蛋这个话题很适合春分当天。于是他问播音团队里的其他人，包括两位新闻主播和一位体育赛事主播，立蛋是不是只有在春分日才可行。你猜猜看谁答对了？出乎我的意料，体育赛事主播认为春分日和立蛋没有什么关系，而另外两位新闻主播则意见相反。这事还同样很有趣，两位新闻主播那天没能成功立起他们的蛋，而体育赛事主播却做到了。这可真是科学的胜利呀！

或许，是我们的常识——像鸡蛋这样又窄又圆的东西根本不可能立得起来，以及我们可怜的记忆力——谁能够准确地记得地球上**为什么**会有一年四季？——两者共同作用，让传说看上去无比真实。更糟糕的是，这个传说每年都会被新闻媒体一次次地积极传播。并不是所有的电视台都像我之前打电话过去的那家一样开明。想象一下本章开篇时描述的那个真实的校内场景吧。在那间教室里，有 30 名左右的学生，还有一位忙得团团转的老师，挨个为学生打气加油。突然，一个孩子成功地立起了他的蛋。与此同时，另外 29 个孩子则**没能**成功。谁能上电视呢？显而易见，给那些不成功的孩子镜头并没有什么意义。然而，科学的意义并不仅仅在于展现你的正确，还在于展现你的错误。

我同样也收到过不少这样的邮件，发件人的确按我所说的亲自做了完整的立蛋实验。其中一封邮件来自莉莎·文森特，她是密歇根州曼瑟洛纳中学的教师。她亲自测试了立蛋神话，还带领学生们一起在 1999 年 10 月 16 日那天尝试立蛋实验，顺带一提，这时和我拍摄下自己的试验图片（见前文）之时隔了几乎整整一年。文森特女士和她的学生们不仅成功地在春分日之前五个月立起了一批鸡蛋，甚至还让鸡蛋大头朝上。作为证据，她发给我一张照片，里面是她自豪的学生们，还有他们立起来的那些在我看上去像是在倒立的鸡蛋。彼时，倒立鸡蛋还是一项我从未能实现过的壮举，我必须得承认在立蛋技术层面自己感到了那么一丝丝嫉妒。之前我一直以为倒立鸡蛋是不可能的。然而，在得知这样做是**可能**的之后，我刻苦努力，终于也成功地实现了倒立鸡蛋。这也证明了，哪怕是科学家也需要时不时地接受点儿外界的刺激。

顺带一提，文森特女士还告诉我，他们立起来的鸡蛋一直好好地立在那里，一直到 11 月 21 日她决定把鸡蛋移走，那时这些鸡蛋已经立了一个多月。这是一个非常好的例子，显示出有些人不愿意轻易接受他们听到的信息，而是需要亲自验证一下。这就是科学的精髓。

科学的精髓在于，它能够不断地自我完善：如果理论做出的预测不准，那么就得改进。还记得我前面说过的我自己的立蛋理论吗？我之前说立蛋的成功依赖于蛋壳表面的粗硬凸起。文森特女士班上的初中学生们向我证明我错了。他们成功实现了倒立鸡蛋，而我还从来没有见过哪只鸡蛋小的那一端不是光滑的。鸡蛋表面上的钙质凸起当然可以使立蛋变得更加轻松，因为我发现粗糙表面的鸡蛋总是比光滑的要好立一些。但是钙质凸起一定不是立蛋成功的**决定性因素**，否则倒立鸡蛋就不可能实现。很明显，那些孩子们是怀抱着坚忍不拔的毅力和对成功的无限渴望在立蛋的。科学之美有两点，一点是它可以自我完善，另一点在于你永远也不知道完善它的机遇会从何而来。对于我的立蛋理论来说，它来自密歇根州的曼瑟洛纳市。

科学就是不断提问“为什么？”以及“为什么**这样**不行？”。有些时候，你需要**跳出来**看问题。举例来说，如果春分日真的那么特别，那么秋分日为什么就不是一个特殊的日子呢？春分和秋分基本上是一样的，可是你从来没有听说过有谁在9月试着立蛋吧。更重要的是，南北半球的四季是**相反的**，南半球的春天正是北半球的秋天，反之亦然。可是人们往往不会考虑这些。轻信人言实在是太容易做到的事情了，而这一点恰恰是极其危险的。如果不假思索就认定某人是正确的，你可能会投票给不理想的政治家，或者接受某个前提糟糕的学说，或者买一辆可能会害死你的劣质二手车。科学就是一种区分好数据与坏数据的方式。

实践科学是美好的。在这个过程中，你会去**思考**，而思考则是你能做的最好的事情之一。

去也冲冲：
科里奥利效应与你的盥洗室

02

Flushed with Embarrassment:
The Coriolis Effect and Your Bathroom

让我来给你描述一个美丽的场景。纳纽基是一座坐落于赤道略微偏北一点点的肯尼亚小镇，肯尼亚位于非洲，赤道穿国而过。这座小镇 20 世纪早期才刚形成，目前还有点荒僻地界上新定居点的氛围。

对于前往肯尼亚山的游客们来说，这座小镇是他们乘坐的旅游大巴的常停之站。在这里，有些看上去像是旅游景点必有的手信与古玩商店，还有一位叫作彼得·麦克利里的当地人，他会向聚集的游客们展示一个令他们难忘的景象。真是可惜。

麦克利里会带着游客们前往一座被烧毁的破旧旅馆，旅馆的地板上画着一条线，他会告诉大家这一条线就是赤道的位置。麦克利里能说会道，解释说在这条线的两侧，洗手池下水的漩涡方向是截然相反的，北边是顺时针，南边则是逆时针，这是一种由于地球自转而导致的现象。

然后，他就会亲自证实他的话。他拿出一个边长差不多 30 厘米的方形浅盘，在里面注满水。他在盘子里放上一些火柴棍，这样游客们可以更清楚地看到水流漩涡的方向。然后他走到“赤道”的一边，面朝观众们，拔掉盘里的塞子，让水流出。当然了，在他演示的时候，“赤道”北边的下水漩涡呈顺时针方向，而当他在“赤道”南边重复试验的时候，下水漩涡则呈逆时针方向。这可真是地球在自转的铁证啊！

这个演示很有说服力，麦克利里做了许多年，从那些轻信的游客那里捞到了不少小费。有数不胜数的游客们观看过这一幕，它甚至出现在公共电视网（PBS）电视台放送的系列电视纪录片《从南极到北极》[1]之中。曾经的“巨蟒剧团”[2]傻帽专业户迈克尔·佩林[3]在片中游历全世界，向观众展示令人瞩目的风景。其中有一集佩林看着麦克利里展示他的绝活，然后补充道：“这称为科里奥利效应（Coriolis Effect）……它是**真的**。”

事实上，它不是真的。佩林，还有其他多年来数不胜数的游客们，都被耍了。这个骗局并没有止步于此。这个陈腐的理论被用来解释南北半球截然相反的马桶下水漩涡方向，还有什么洗手池啦、浴缸啦之类的。很多大学生都声称，他们的高中科学老师教过他们这一事实。问题在于，这并不是事实。这是坏天文学在作祟。

科里奥利效应本身是真实存在的。19 世纪人们就早已发现，在北半球沿着地球的南北线方向开炮，炮弹总是会偏离直线轨道：如果朝正南方向开炮，炮弹的落点总是会偏西一点；如果朝正北方向开炮，炮弹的落点会偏东一点。1835 年，法国数学家古斯塔夫－加斯帕尔·科里奥利发表了一篇文章，标题相当不起眼：“论物体系统相对运动的方程”。在这篇文章里，他描述了此后名为“科里奥利效应”的现象。

---

[1] *Pole to Pole*，英国广播公司（BBC）制作的 8 集纪录片，1992 年首次放送。

[2] *Monty Python*，又译为蒙提·派森、蒙提巨蟒，是英国的一组超现实幽默表演团体，成员 6 人。1969 年首次在公众面前亮相，至今依旧活跃。该剧团之于喜剧的影响力，不亚于披头士乐队对音乐的影响。

[3] Michael Palin，英国喜剧家，演员，编剧和电视节目主持人。

想象你站在地球上。好，这一步应该很简单。现在想象地球在自转，一天转一圈。能想象吗？好，现在想象你站在赤道上。地球的自转带着你向东移动，一天之后，你在太空中画了一个大大的圆圈，这个圆圈的半径就是地球的半径。站在赤道上，也就意味着你一天之内经过了约 40 000 千米的路程。

现在想象你站在北极点。一天之后，你在北极点原地转了一圈，但是实际上你并没有**经过**任何距离。所谓的北极点，是指地球自转轴与地表相交的那一点，所以根据这个定义，站在北极点的你是不能像在赤道上一样“画圈”的。你只是在旋转，并没有向东移动。

如果从赤道起向北移动，你会发现向东移动的速度减慢了。站在赤道的时候，你向东移动的速度大概是 1670 千米 / 时（≈ 40 000 千米 /24 小时）。在佛罗里达州萨拉索塔市，北纬 27° 的地方，你向东移动的速度大约在 1500 千米 / 时，而当你来到北纬 44° 的缅因州威斯卡西特市，你向东移动的速度则只有 1200 千米 / 时了。如果你不畏严寒地来到位于北纬 71° 的阿拉斯加州巴罗市，你向东移动的速度更慢了，只有 550 千米 / 时。最后，你来到了北极点，完全不向东移动，你只是在原地转着小圈而已。

现在让我们假设你留在了萨拉索塔市，这的确是不错的选择，鉴于和巴罗比起来这里的气候更加适宜。现在想象有个人站在你正南方向的赤道上，他手里拿着一个棒球，向正北方向投掷，也就是直接朝你投掷。在这个棒球向北飞行的过程中，它**向东**运动的速率相对于地面来说逐渐增加。相对于你来说，这个棒球在到达你的所在地的时候，向东运动的速度差不多为 1670 −1500=170 千米 / 时。虽然这个棒球是对准你投掷的，但是它的实际落点会和你有好长一段距离！等这个棒球到达你所在的纬度的时候，它会远远地落在你的东边。

这就是为什么炮弹在向南或向北飞的时候会偏离发射方向。炮弹离开炮膛时，有一个向东移动的初始速度。但是如果炮弹是朝北发射的，以地面为参照物，炮弹向东移动的速度比它的发射目标向东移动的速度要快。因此，炮手们在开炮的时候需要瞄准偏西一点的位置。如果要向南开炮的话，也是一样，以地面为参照物，炮弹向东移动的速度要比它的发射目标向东移动的速度**慢**，所以炮手们开炮的时候，需要瞄准偏东的位置。

以我们上面那个棒球的例子来说，因为涉及的距离很远，时间很长，因此科里奥利效应将会体现得很明显。而在现实生活中，科里奥利效应几乎不可察觉。让我们假设你从缅因州的威斯卡西特市开着一辆汽车以 100 千米 / 时的速度向北行驶。在科里奥利效应的作用下，你每秒钟将会偏离正北方向约 3 毫米。在连续不停开了一小时车之后，你一共偏离了正北方向也不过 10 米。如此微小的变化，你根本不可能注意到。

然而，科里奥利效应还是**存在**的。虽然几乎难以察觉，但若是经过长距离和长时间的累积，就会变得明显。在合适的情况下，偏移的距离可以是相当巨大的。

这些情况确实会出现。在大气层中，一处低气压的区域就好比一个吸尘器，会吸引四周的空气。让我们来举个简单的例子，我们身处北半球，假设空气流动的方向不是朝着正南，就是朝着正北。相对于前面说到的那个低气压区域来说，从南边过来的空气向东移动的速度要比该区域空气向东移动的速度快，此时空气向东偏移。从北边过来的空气向东移动的速度比该区域空气向东移动的速度慢，此时空气向西偏移。两个方向的空气偏移叠加起来，形成了一个以该低气压区域为中心的逆时针方向旋转的漩涡。这个气象系统就被称为**气旋**系统。

对于南半球来说，这一现象是反过来的。南半球的低气压区域会形成

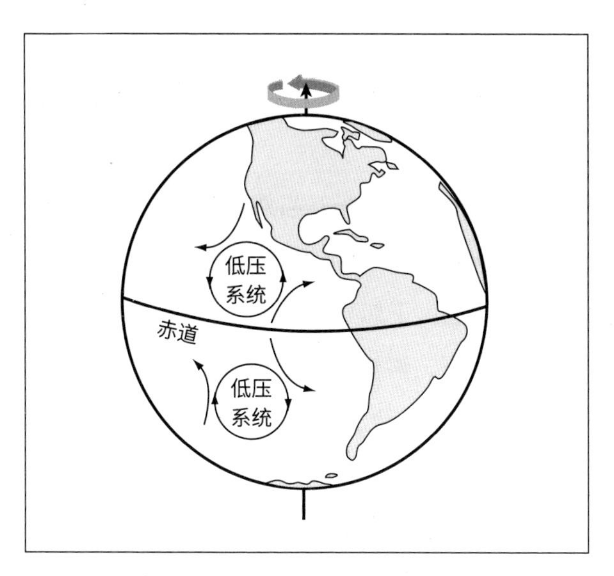

科里奥利效应只有在距离很长的情况下才有意义。当大气中的低气压区域吸引更高和更低纬度的空气流向它时，飓风就诞生了。因为科里奥利效应的存在，在北半球的大气中，南来的空气向东运动，北来的空气向西运动，形成了一个逆时针方向的气涡流

顺时针方向旋转的漩涡，因为从北方来的空气向东运动的速度更快，从南方来的空气向东运动的速度更慢。南半球的空气漩涡方向和北半球相反，这一系统则被称为**反气旋**系统。

如果这一系统持续的时间足够长，达到几天或者几周，它蕴含的能量能够增至巨量。温暖的海水源源不断地把更多的能量带入系统，让它变得越发强盛。系统中，空气越靠近中心区域就流动得越快，就像花样滑冰运动员收紧胳膊就会旋转得更快一样。如果风能够获得足够能量，达到每小时 100 千米甚至以上的速度，飓风就诞生了（如果是在太平洋区域的话，

就是台风）[1]。

所有这一切都始于微小的偏移——如此微小以至于开车的你根本感觉不到！

上面的故事听上去很耳熟对吗？当然了！肯尼亚的彼得·麦克利里就是用同样的原理来解释水流旋转的不同方向的。

但是这里面有个问题：正如我们在上文已经说过的，只有在距离足够远、时间足够长的情况下，科里奥利效应才能够累积成一个明显的现象。哪怕是全世界最奢华的浴缸，也要放大数千倍才能够观察到科里奥利效应，正常浴缸里的水很快就会流光，根本没有时间让科里奥利效应呈现。我们可以从数学上证明，你浴缸里的水随机地运动都要比科里奥利效应影响下的运动强度大好几千倍，也就是说，任何随机方向的漩涡都可以轻松地盖过科里奥利效应。如果你浴缸的下水总是朝着一个方向旋转，那么浴缸的具体形状在其中产生的作用要比地球自转在此处起到的作用多得多。

梦想当物理学家的执着人士已经用家用洗手池做过相关实验了。他们发现，普通的洗手池中的水需要静置超过**三周**，随机产生的水流才会逐渐消失，使得科里奥利现象被人们所观察到。不仅如此，他们还不得不让洗手池一滴一滴地往外排水，为了让科里奥利效应有足够的时间慢慢积少成多。而你在家里洗手池中洗娇贵衣物时，恐怕看不到科里奥利现象。

对于你家的马桶来说，也是一样。一想到这事我就觉得好笑：事实上，让水流旋转是马桶专门**设计**出的功能。这样的设计能够让那些——呃，怎么说呢——不肯被轻易冲走的东西更容易被冲走。抽水马桶里的水

[1] 飓风和台风都属于热带气旋，实质上是一样的，只是不同地方的人对其称呼不同。大西洋和太平洋东部附近的人们称之为飓风，太平洋西部的人们称之为台风，印度人则称之为旋风。

在通过管道注入马桶的时候是有一定角度的，所以它总是朝同一个方向冲！如果我把我的马桶从墙上拆下来，抱着它飞到澳大利亚，它的下水方向也不会发生任何变化！

将科里奥利效应曲解为某种可以作用在小范围内的效应是一个贻害无穷的谎言。我在电视上、杂志上见过它无数次，甚至有一次它还被刊载在《运动画刊》（*Sports Illustrated*）的泳装特刊上。说来也怪，这本杂志上说，他们在中美洲的哥斯达黎加步行直至穿越赤道，实际上哥斯达黎加距离赤道还有好几百千米呢。杂志的员工对于地球的尺寸不太在行，不过话说回来，他们的卖点本来也就不是这类“尺寸”[1]。另一方面，杂志上的那些模特看上去那么苗条，大概因为是从哥斯达黎加玩命走到赤道的缘故吧。

那么既然科里奥利效应对于小型物品，比如洗手池、盘子之类的不起作用，彼得·麦克利里是怎么做到的呢？毕竟，正如迈克尔·佩林所说，他是亲眼见到的。

事实上，麦克利里作弊了。如果去看他在《从南极到北极》中的表演，你就能看出来他耍的花招。他站在他的“赤道线”上，给他的盘子注满水。然后他向北走了几米，随即**迅速地向右转面向他的观众们**。他在盘子底部开了一个洞，水自然而然地以顺时针的方向流走。随后，他重新在“赤道线”上给盘子注满水，朝南边走了几米，然后**迅速地向左转面向他的观众们**。打开塞子，水自然而然地以逆时针方向流走。

你发现他的小伎俩了吗？只要迅速地朝着不同的方向转身，他想让水流怎么旋转就怎么旋转！方形的盘子事实上也对这个小把戏有所帮助，在

[1] 原文是figure，有数字、身材的意思，在这里指的是：这本杂志的卖点是“好身材”而不是地球的尺寸。

旋转的时候，盘子的四角能够帮助推动水流运动，让水流旋转得更明显。

气象学教授阿里斯泰尔·弗雷泽在他的课堂上重复过这一演示。他在教室的中间画了一条线，声称这就是“赤道”（他在宾夕法尼亚州教书）。然后他重复了麦克利里做的演示，得到了和麦克利里一样的效果。

怎么，你还是不相信我吗？那么想想看吧：科里奥利效应应该让下水漩涡方向在北半球呈逆时针，南半球呈顺时针。在北半球，从南向北流的水会向东偏移，呈逆时针方向；从北向南流的水会向西偏移，还是逆时针方向。在南半球也是如此，水流会呈顺时针旋转。

可是这正和麦克利里展示的完全**相反**。他是个大骗子！

法官大人，我已陈述完毕。

呃，事实上，我的陈述还没完。我最后还有一个故事要讲。在搜集关于纳纽基信息的时候，我发现了一位游客写的旅行见闻，他描述了位于纳纽基镇外的、三个相距 10 米的洗手池。第一个位于赤道南部，第二个位于赤道之上，第三个位于赤道北部。或许还有别的什么人也打算抢下麦克利里的生意。总之，这位游客写道，位于赤道北部的那个洗手池，下水漩涡呈顺时针，南部的那个则呈逆时针，而位于赤道之上的那个，水流是笔直向下流的。很明显，这三个洗手池的下水孔是被特殊处理过的，因此水流才能按照被设计的方向流动。看看吧，它们再一次地流错方向啦！

这事想来也真挺有趣的。这些人费了这么大劲，就为了赚那么几美元的小费，然而就算骗人他们也没有骗对！可我却觉得这些诈骗艺术家永远不会挨饿。骗子们很少挨饿，他们总能把人骗得团团转。

天文习语大乱炖：日常用语中的坏天文学

03

Idion's Delight:
Bad Astronomy in Everyday Language

领先好几个光年（Light-years ahead）

在孩提时代，天文学让我着迷的原因之一就是它总是涉及很多超大的数字。哪怕是距离地球最近的天体月球，也在约 400 000 千米开外！我儿时喜欢待在自己的房间里，守着一张纸、一支铅笔，努力把这个数字换算成不同的单位，比如米、厘米、毫米。这种换算真的很有趣，虽然别人会把我看成书呆子。当然，现在一切都变了。作为成年人，我可以成为电脑呆子，在电脑的帮助下以比童年时代快百万倍的速度运算。

大数字真的很有意思。而不幸的是，这些数字变大得太快了。金星是距离地球最近的行星，与地球的距离从来不少于 4200 万千米。太阳与地球之间的距离平均为 150 000 000（1.5 亿）千米，而海王星距离我们大约有 4300 000 000（43 亿）千米。人类已知的、距离太阳最近的恒星人马座比邻星，与我们的距离是难以想象的 40 000 000 000 000（40 兆）千米！试试看把这个数字换算成厘米，你需要好多好多零。

于是，人们发明了一种方法，用来记录这些笨拙的超大数字。比较下面两种度量衡：①我身高 17 780 000 000 埃；②我身高 1.78 米。很显然方法②更适合用来描述我的身高。“埃”真的是一个非常小的单位：1 亿埃等于 1 厘米。人们用埃来描述原子的大小和光波的波长，除此以外，“埃”这个单位用在哪儿都显得不合适。

所以结论就是，你可以通过选择合适的数字单位，更方便地描述距离。在天文学中，并没有太多大单位。但恰好有一个正合适，那就是光！光的速度**非常**快，以至于人们直到 19 世纪才成功测量出它的准确数值。现在我们知道，光速为每秒 300 000 千米，是声速的 100 万倍！难怪人类直到近代才发展出足够的技术来测量光速。

因此，天文学家用光作为大单位。“阿波罗”号的宇航员乘坐慢悠悠的太空船花了 3 天才抵达月球，然而光只要 1.3 秒就能“嗖”地从地球抵达月球。于是我们说，地球与月球之间的距离为 1.3 **光秒**。光从地球抵达太阳的时间为 8 分钟，所以太阳距离地球 8 光分。冥王星距离地球大约 6 光时。

“光分”或者“光时”或许对于太阳系来说是很合用的，但是对于我们广袤无垠的银河系来说，可就太小家子气了。光 1 分钟跑得还不够远。我们讨论银河系时需要使用**光年**这个单位，也就是光在 1 年内跑过的距离。1 光年大约等于 10 兆千米，这是很长的一段距离了。比邻星距离我们 4.2 光年，也就是说在某位美国总统发表就职演说那天发出去的光，可能到总统任满卸任的那天还没有到达比邻星呢！

对于天文学家来说，光年是他们的惯用标尺。问题就在于那个麻烦的字眼“年”。如果不熟悉这个单位，你或许会觉得这是一个时间单位，好比小时、天啊之类的。更糟糕的是，因为光年是一个天文学的单位，人们会误以为它指的是很长很长的时间，比如好多年什么的。可是光年并不表示时间，它表示的是**距离**。

而对“光年”的误用则一直存在。“领先好几个光年”就是一个常见的广告口号，用来形容某个产品多么先进，超越时代。

我可以想象，某位广告主管给他的团队开会说，将他们的产品描述为“比同类产品先进好多年”一点儿都不高端大气上档次。正在此时，广告团队的一位成员羞涩地举手说：“用‘领先好几个光年’，怎么样？”

我也承认听上去的确很酷炫，但这是错误的。于是更多的坏天文学事例诞生了。

更糟糕的是，有一家互联网服务提供商居然声称他们家的互联网速“比其他的常规链接快好几光年”。他们居然把光年当作**速度**单位使用！

同样不出所料，好莱坞也是生产坏天文学的罪犯之一。比如，在第一部《星球大战Ⅴ：帝国反击战》电影中，汉·索洛跟欧比旺·克诺比和卢克·天行者吹牛，说他的“千年隼”号可以在12秒差距之内跑完卡瑟尔赛程。同光年一样，秒差距也是天文学家使用的距离单位，1秒差距等于3.26光年（这听上去也许挺傻，但它是基于使用地球轨道大小的角度测量）。汉的声明听上去就好比一个跑步运动员说自己可以用8千米跑完10千米赛事。完全说不通！机智的星战迷可能已经注意到，汉在吹牛的时候，欧比旺的脸色变得很难看。或许因为他被驾驶员汉·索洛的自夸给吓到了，而我则选择认为欧比旺变脸是因为他懂得天文单位。

流星般蹿红（Meteoric rise）

如果你逃离灯火辉煌的都市，在一个清朗的夜晚仰望星空，只要一直等待下去，很有机会看到一颗划过夜空的星星。这种星星的学名叫作**流星**。当然了，流星并非真的恒星。它们是彗星在围绕着太阳做漫长的星际旅行的过程中从彗星表面上脱离剥落的微小砾石或灰尘，还有些流星是小行星彼此撞击时产生的碎片。大部分流星都非常小，平均只有一粒沙子那么大。

太空中的这些小碎片被称作**流星体**。它们和地球一样，也围绕着太阳运行，有的时候，它们的轨道和地球的运轨道正好相交。当其中一个和地球相遇的时候，这微小的碎片就进入我们的大气层。因为它速度很快，在通过大气层时会受到巨大的压力，导致快速升温，当温度上升到一定程度，它就热得发光。那道光就是我们所见到的流星。如果碎片落在了地面上，我们就称之为**陨星**。

流星、流星体、陨星，这三个名字造成了不少的误会。流星体快速穿越大气层时，作为流星闪耀着光芒；如果它落在地球表面，就变成了一颗陨星。我有一次和一个朋友争论流星运行在不同的位置上的不同称呼。我说，当它们落在地面上的时候，就被称作陨星。他问我："那要是它击中了谁家的房子然后落在二楼地板上了呢？"我反驳他说房子和地球是连在一起的，所以那还是一颗陨星。他马上又继续反驳我："那要是它击中了一架飞机然后留在飞机上了呢？"

我绞尽脑汁想了半天。飞机降落后，流星体算不算是一颗陨星呢？飞机要是坠毁了呢？讨论到这一步，我们都觉得自己有点儿傻，于是决定还是走到外面去直接抬头看流星算了。我们的友谊大概也因此得到了拯救。

不管怎么说，流星来自于太空，然后坠落到地球上。它们总是华丽登场，闯入我们的视野，然后在穿越大气层向地面坠落的过程中突然燃尽，有时候身后还留下一条长长的、闪烁余光的灰烬尾迹。它们一开始炫目耀眼，随即黯然消亡。

下面就该说到坏天文学了。有一天我正在看某个大都会的报纸，提到某位俄罗斯官员在国内政治舞台上“流星般蹿升”的时候，我简直被逗笑了。当然，这位记者的本意是想说，这位政治官员在极短时间内从无人知晓到平步青云。然而，“流星般蹿升”的**真实**含义却和这位作者想要表达的恰好相反：从字面上理解，这位官员应该是突然间在政治舞台上闪亮登场，然后热度随着他的不断降职快速冷下去。他可能在身后留下痕迹，最后甚至也许会搞出冲击性大新闻！

月之暗面（Dark side of the moon）

某天清晨，我不幸被广播中正播放的《织梦者》[1]这首歌吵醒。我承认，我小时候是挺喜欢这首歌的，但是正如我一个朋友所说的那样，“我们不需要为15岁时爱上一些歌的黑历史负责。”总之，那陈腐又无趣的歌词还在继续，突然有一句吸引了我的注意力：“带我飞去月之亮面，让我们在月之暗面相会。”

诚然，月球之上是有所谓“亮面”存在的，你也可以去那里。但是如果不挪窝，你最多也就只能待在那里两个礼拜。月之亮面与月之暗面一样，并不是一成不变的，随着月球的自转，它们的位置也在发生着变化。

站在地球表面看过去，月球似乎并没有在自转。它面朝地球的一面看上去总是一样的。事实上，月球真的在自转，只不过它围绕地球公转一周的同时自转一周。它的自转与公转周期合二为一，因此它看上去总是对我

[1] 《织梦者》（*Dream Weaver*）是美国著名摇滚歌手加里·怀特（Gary Wright）1975年12月发行的专辑《织梦者》中的同名主打歌。这首歌一问世就迅速打榜，名列告示牌榜单（Billboard Charts）第二位。

们展现同样的一面。我们把这一面称之为月球的**近地面**。月球的另外一面是我们从来看不见的那一面，被称为**远地面**。月球的远地面只有空间探测器或者环绕月球旋转的航天员才能看到。因为它距离我们很远又不为人们所知，就变成了“极其遥远”或者“未经探索”的同义词。

问题在于，人们混淆了**远地面**和**暗面**。你几乎从来不曾听过“月之远地面”这样的表述，人们总是在说“月之暗面”。这句话并不见得不对，但是它确实**不准确**。

同地球一样，月球也在自转。地球 24 小时自转一周，因此地球上的人们才能每天看到一次日出和一次日落。站在地球之外观察，身处地球暗面的人们正位于远离太阳的那半侧。但是这个暗面并不是永远不变的！只要稍微等上几个小时，地球自转过足够的角度之后，身处地球暗面的人就能看到阳光。他们现在正位于地球的亮面。地球上没有哪一个角落会处于永恒的黑夜。

对于月球来说，情况也是一样，只不过月球上的一天等于地球上的 29 天那么长。如果有人在月球上生活，他或她将看到的是两周一次日出，两周一次日落！因为月球有一半位于阳光照耀之下，而另一半则处于黑暗之中，所以我们可以说后者就是月之暗面。但是随着月球的自转，这个“暗面”也在时时发生变化。除了靠近月球两极的区域，月球上的任意一点都会处于“亮面”两周，接着又处于“暗面”两周。

现在你明白了，所谓的“月之暗面”其实只不过是月球处于**黑夜**的那一面，跟地球上处于黑夜的一面差不多，并不是一成不变。有的时候，月球远地面**会**处于黑夜之中，但是有时候远地面也会处于阳光照耀之下。只是取决于你什么时候观察罢了。

英伦摇滚乐队平克·弗洛伊德有一张自问世以来就一直畅销的专辑：

《月之暗面》。它或许成绩耀眼夺目，但是从天文学的角度来看，它的光辉立刻就黯然失色[1]了。

顺带一提，在《月之暗面》这张专辑的最后有一段轻声的旁白："月球上并没有所谓暗的一面。事实上，月球上只有黑暗。"从某种角度上来说，这句话并没有错：月球本身的确很暗淡，因为它只能反射不到10%照射到它表面的太阳光。这就让月球看上去跟板岩一样灰暗！夜空中的月球看上去如此明亮的原因在于，它的亮面完全处于日光照射之下，这就意味着有大量的阳光照射其上。具有讽刺意味的是，虽然阿波罗计划中有6次让人类宇航员成功地在月球近地面着陆，他们在月球表面上的实际探索区域也不过是极其微小的一点点。实际上，就连月球**近地面**的绝大部分都尚未被人类开发，近地面离我们同样很远。

实事求是地说，月球上或许有些区域是永久处于黑暗之中的。在月球的两极有些很深的陨石坑，坑的四周围绕着环形山。对月球两极来说，太阳始终处于地平线上，就好比地球上的南北两极。因为月球上有些陨石坑特别深，因此阳光可能被环形山口阻挡，永远都不会照射进坑底。有证据显示，这些陨石坑底也许存在永远不受阳光加热而融化的冰，这种可能性令人心驰神往。如果月球表面真的有冰，将会产生两个巨大的影响。其一就是这些冰可以被月球殖民者利用制造空气和水，这样就不需要他们从地球万里迢迢地带水到月球。这为人类节省了大量的金钱、燃料和精力。

另外一个巨大的影响就是"月之暗面"这个短语从"完全错误"变成"有限正确"了——至少陨石坑底真的一直是暗的！或许我该创建一个名为"并不太坏的天文学"的网站。

---

[1] 原文是 in eclipse，字面意思为"处于日食或月食之中"，引申为（名望等）黯然失色。

量子飞跃（Quantum leap）

还记得我们上面提到过的那位广告主管吗，有的时候，比竞争对手“领先好几个光年”这样的措辞也不能让他满意了。他们的新产品是如此具有革命性，将竞争对手远远地甩在身后。它不止“领先好几个光年”，因为它是全新的产品。要怎么样描述它呢？

有的时候，人们会说某个产品相对于其他产品来说有“量子飞跃”。但是，“量子飞跃”到底是多远一跃呢？

对于人类来说，物质的属性是几千年来都没有被破解的谜团（事实上，直到今天依然如此）。与我们这些现代人认为古人没有我们聪明的偏见相反，古希腊人已经提出了原子理论。思想家德谟克利特推断，如果你将一块石头一分为二，再分为二，然后再分、再分……最后你可能会达到手中石头分无可分的境地。德谟克利特将物质的最小构成称之为原子（atom），意为“不可分割的”。

这个想法很有趣，但是一直等到几千年之后才有了深刻的意义。科学技术的进步让我们能够研究这些极微小的原子。最开始，人们认为原子看上去像一个实心的球体，但是实验迅速证明了原子是由独立的两部分构成的——位于原子中心的部分是原子核，由质子和中子两种微粒构成，原子核外部则包含一种叫作电子的微粒。我们现在认为，原子看上去像是一个迷你太阳系，原子核就好比太阳，电子围绕其旋转，好比小小的行星。

原子“类太阳系结构”的发现，引得很多科幻作品都写道：我们的太阳系本身其实也不过是一颗原子，位于一个更广袤的物质宇宙之中云云。上述概念其实只不过是一个模型而已，并非对真实情况的描绘。可直到今天，这个想法在公众之中还是很有市场。

然而这个模型后来被证明是错误的。20 世纪初，一种新的物理学诞生了。这种物理学叫作“量子力学”，提出了一系列十分怪异的理论。其中一个理论是，电子并不能在原子内随心所欲地变换轨道，它们与原子核之间的距离是被限定的。这些距离就好像是楼梯一样，你可以待在最底层的台阶，或者第 2 级台阶、第 3 级台阶，但是你不可能位于 2.5 级台阶，没有这样的一个地方。如果你站在最底层的台阶，想要到第 2 级台阶上去，要不你得有足够能量攀上去，要不你就得在原地待着。

对于电子来说情况也是如此。它们不得不待在特定的轨道上，除非获得足够的能量跳跃到另一级轨道上。就算它们获得了跳跃所需要的 99% 的能量，不得不依然留在原有的轨道上。它们必须获得跳跃**所需要**的全部能量，才能跃至下一级轨道。电子的这种跳跃就称为量子飞跃。

在现实生活中，量子飞跃实在是特别渺小的一跃，距离微小得难以想象，大概还不到十亿分之一厘米。

所以现在你知道那些号称自己产品实现了量子飞跃的广告看上去有多么愚蠢了吧，这种飞跃，说到底也不过是 0.000 000 000 01 厘米啊！

其实我对“量子飞跃”这个表述还是挺欣赏的，这也许出乎你意料。事实上，我觉得这个表述并不赖！电子移动的实际距离可能非常渺小，**但那仅仅是针对我们人类的尺度来说**。对于一个电子来说，这可是**实实在在**的量子飞跃，从一个层级突然跳跃到下一个层级。这个表述本身并不是想强调电子移动的绝对距离，而是代表一个重大的飞跃，跨过一定的空间，然后在距离之前位置很遥远的新地点着陆。

有时候，人们想表达某件事情很简单，会说这不是造火箭[1]。但是量子飞跃的知识还真的会用在造火箭上！

---

[1] rocket science，字面意思是“火箭科学”，在英语中也比喻艰深的学问、复杂伤神的工作。

第二部分

从地球到月球

From the Earth to the Moon

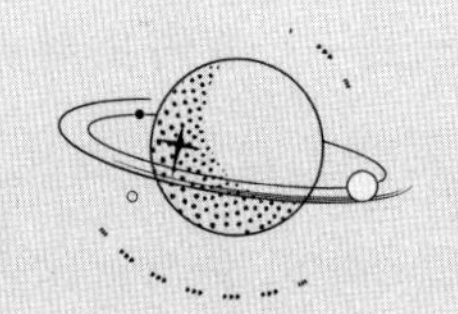

地球是一个很大的空间，表面积约为 511 209 977 平方千米，误差大约在一两平方千米。这么大一个空间，看上去无论干什么都够用了。但是即使这么大的空间，也不足以囊括下所有的坏天文学。离装下还差得很远。我很希望坏天文学能够至少被约束在近地空间（near-earth space）以内，但即便如此，既有的空间还是很快就都用光了。不过我们的地球周围的“街坊”里还是有很多可看之处，甚至都不需要等待夜幕降临。大多数人把天文学与夜晚联系在一起，但是我们在白天也能凑出来点儿发现。我写到此处时头顶的天空深邃湛蓝，温暖的阳光正洒在我家后院。只需要走出家门几步路，我就可以感受到充斥着的谎言、误解与误判的环境将我纳入它温暖的怀抱。

头顶上那一片蔚蓝色的天空就是一个很好的起点。我承认这事真的是陈词滥调：有一天我 5 岁的女儿问我为什么天空是蓝色的，我不得不绞尽脑汁思考怎么回答她才合适。我向她解释了什么是分子和阳光，来自太阳的光线如何像天地间巨大的弹珠球游戏那样最后进入我们的眼睛。在我解释完毕之后，她思考了一秒钟，然后说：“你说的都是些什么乱七八糟的。”

我希望自己在下章里写得比说得清楚。

但是我们为什么要止于空气呢？我们可以进入太空再回望我们的地球，看冰天雪地的南北两极和热带风情的赤道。为什么南北两极与赤道气候截然相反，为什么位于它们之间的地方会有一年四季？这也是一个相当正经的问题，而问题的答案就根植于天文学之中。

让我们再去到更远一点的地方，来到月球，它是我们在宇宙中最近的邻居。我甚至想不起来还有什么别的天体和月球一样背负着如此多的错误理论。月球面向地球的一面是固定不变的，但是月球的确在自转；月球每月阴晴圆缺好似小型月食，但是那和月食根本不是一回事；月亮看上去是恒常且不可变的，但这也是一个错觉。在过去，在未来，甚至当你阅读这段文字的时候，月亮正在被看不见的力量塑造，正如它也时时刻刻地改变着我们的地球。整个宇宙之中到处遍布着这种力量，可以撼动火山，撕裂星辰，吞没一个又一个星系。

我们既然都把人送上月球了，按理讲也该能够消灭漂浮在地球周边空间的坏天文学才对。

蓝蓝的天上白云飘[1]：为什么天空是蓝色的

04

Blue Skies Smiling at Me:
Why the Sky Is Blue

所有的父母都曾面对孩子问的这样一个问题："为什么天空是蓝色的？"作为成年人，我们或许已经学会不去提这样的问题，又或者，我们只是对习以为常的现象视而不见。世界上大多数的成年人成千上万次见过澄澈的蓝天，然而只有一小部分人知道天空**为什么**是蓝色的。如果你不知道为什么，也别苦恼：这个问题也困扰了科学家好几个世纪。如今我们可以自信满满地说，人类弄清楚了这个问题的答案，但是我从来没有听说过在中小学里会教授学生这一知识点。更糟糕的是，我在好多网站上看到过错误的答案。我们在光学和大气物理学的大学教材中倒是能找到完整正确的答案，但是谁会没事买这些书放在家里呀？

好吧，**我**会买，但我是个超级书呆子。而我预计此刻正在看我的书的你是普通正常人。你运气不错，蓝色天空背后隐藏着的原因并不是那么复杂，解释起来也很容易，你甚至可以解释给 5 岁的小朋友听。那么，关于天空为什么是蔚蓝色的，让我们先来介绍一些不正确的回答。

[1] Blue Skies Smiling at Me，美国著名爵士歌手埃拉·菲茨杰拉德（Ella Fitzgerald）的一首歌。

最常见的一种错误解释，可能是这个：天空之所以是蓝色的，是因为它反射了海洋的蓝色。然而，只要稍微反思一下就知道这不可能是正确的：如果这是真的，那么当你在海上航行的时候，看到的天空应该比你在陆地上看到的天空更蓝。但是这显然不是事实。无论是在离哪个大型水体都挺远的堪萨斯州——美国中部的内陆州，还是在从美国开往英国的邮轮之上抬头望天，你看到的天都是一样的蓝。

另一个常见的错误解释是说，来自太阳的蓝色光线在空气中的灰尘颗粒上发生散射。等一会儿我们就会看到，这个答案很接近正确答案，显然比上一个反射海水的答案要靠谱很多，但是灰尘并不是其中的原因之一。

如果你想知道具体情况，我可以告诉你正确的答案要更复杂一些。最终我们可以把它简化到 5 岁小朋友也能听懂的程度，但是首先，让我们先来看一看问题整体。

考察大多数天文学问题或者任何其他科学领域的问题时，你往往会发现，要得到解决方案，需要双线作战。要想解决天空的颜色问题，情况也是如此。事实上，为了搞清楚那蓝色是怎么回事，我们需要弄懂三件事：首先，太阳光到底是什么；其次，它是怎么穿越我们的大气层的；最后，我们的眼睛是如何工作的。

太阳光离开太阳表面的时候是白色的，你或许会对这一点感到很吃惊。科学家称阳光呈白色，因为它是多种颜色光线的混合。那些诸如红色、绿色、蓝色等单独的颜色都是在太阳表面附近通过复杂的物理过程产生的。太阳表层由汹涌翻腾的气体组成，不同颜色的光正是由此诞生。但是当这些颜色不同的光线混合到一起的时候，它们在我们眼中就像是白色的光。你可以自己动手试试看：在太阳光下放置一个玻璃棱镜。阳光穿越棱镜后，合成的光“分解”为构成它的不同色彩的光线。这些不同的颜色构成了**光谱**。

在雨过天晴之后，也会出现这种现象。悬浮在空气中的雨滴就好比一个个小小的棱镜，将白色的太阳光分解为一道光谱。这就是彩虹的来历。彩虹的颜色顺序总是固定不变的：最外侧是红色，然后是橙色、黄色、绿色、蓝色、靛蓝色，最后是构成彩虹内部弧线的紫色。这个颜色顺序可能不大好记，因此学校里会教学生用首字母记忆法ROY G BIV[1]，就好像这是个常见人名似的。不过**我**的确就这么记，所以这一招肯定还是管用的。

所有这些颜色的光都同时自太阳发出，但是它们抵达地球表面时却发生了很有趣的事。空气中的氮气分子（N_2）和氧气分子（O_2）能够截住这些来自太阳的光。光子——这是构成光的微粒的学名——撞在这些气体分子之后弹开，每次撞击之后光子弹开的方向都是随机的。换句话说，氮气分子和氧气分子好像弹珠球游戏中的缓冲器一般**遍布**太阳光的路线上。

19 世纪中叶，伟大的英国物理学家瑞利勋爵发现了一个有趣的现象：光子在空气分子上的散射与光的颜色有关。换句话说，红色光的光子发生散射的概率比蓝色光的光子要低很多。如果你观察一颗来自太阳的红色光子和一颗来自太阳的蓝色光子，它们穿越大气层时，蓝色的那颗光子会被迅速地撞离既有的直线运行轨道，而那颗红色的光子则可以顺利地一路直行，直到抵达地面。因为瑞利勋爵发现并且量化了这一现象，我们便称之为瑞利散射。

那么，这和天空的蓝色又有什么关系呢？让我们假设你是一颗漂浮在大气中的氮气分子，在你身旁有另外一颗跟你一样的氮气分子。现在假设

[1] ROY G BIV，英语 Red Orange Yellow Green Blue Indigo Violet 的首字母缩写，中文简称“红橙黄绿蓝靛紫”。

一颗来自太阳的红色光子朝着你俩来了。正如瑞利勋爵发现的那样，你俩对于这颗光子没有什么影响。它基本上无视你俩的存在，继续直行，直到一头扎进地表。针对红光而言，天空中的太阳像是一个手电筒，占据小块天空的红色光光源。所有从太阳发射出来的红色光子都能直线前进，直达地表上的观察者眼中。

现在让我们想象一颗来自太阳的蓝色光子。它先是一头撞上了你的氮气分子朋友，从他身上弹开，随即热情地朝你而来。从你的视角看去，**这颗蓝色光子来自你的氮气分子朋友所在的方向而不是太阳那个方向**。对于你的氮气分子朋友来说，这颗光子是来自太阳那个方向的，但是对你来说不是，因为在光子撞到你朋友之后就改变了行进方向。当然了，这颗光子在撞到你之后，又会被你弹开，然后继续朝另外一个方向前进。对于第三颗氮气分子来说，这颗光子是从你那个方向来的，而不是太阳，也不是第一颗氮气分子。

现在，你变身回人，站在地面上。一颗来自太阳的蓝色光子穿越大气层，经过多次散射，最终会在你身边撞上最后一颗空气分子，完成最后一次散射，然后进入你的眼睛。对于你来说，这颗蓝色光子看上去来自最后一次撞击发生的那个方向，而不是来自太阳的方向。空气中的分子遍布天空，而太阳占据的不过是天空中的一小部分。既然蓝色的光子可以经过空气中的任何氮气或氧气分子散射而来，最终的结果就是天空中的蓝色光子看上去来自四面八方，而不仅仅来自太阳。

这就是为什么天空看上去是蓝色的原因。那些蓝色的光子从四面八方而来，最后汇聚入你的眼睛，因此对于你来说，就好像是天空本身散发着蓝色光一样。那些来自太阳的黄色、绿色、橙色、红色的光子发生散射的概率要远远低于蓝色光子，所以它们从太阳出发直直朝你而来，不受散射

红色光子可以相对畅通无阻地穿越地球大气层，因为它们的波长相对其他光子而言更长。而蓝色光子的波长更短，在遇到空气中的氮气和氧气分子的时候会发生散射现象。当它们最终抵达你的眼睛的时候，看上去就像是从空中四面八方而来的，使得天空看上去是蓝色的

的影响。

至此，你或许会提出一个非常符合逻辑的问题：天空为什么不是紫色的呢。毕竟，紫色光在大气中弯曲的程度更大，事实上也比蓝色光子发生了更多的散射。以下两个原因可以解释天空为什么不是紫色而是蓝色的。其一，从太阳发射出的紫光原本就没有蓝光多，所以紫光在数量上没有什么优势，因此天空看上去更蓝而不是更紫；其二，人类的眼睛对蓝色比对紫色更敏感。因此，不但来自太阳的紫光比蓝光更少，你也更不容易注意它。

事实上，你可以在家里轻松安全地验证上述散射现象。取一玻璃杯

水，然后滴几滴牛奶进去。搅匀，取一只白光手电筒，让光线透过玻璃杯与其中的混合物。如果把玻璃杯置于自己和手电筒之间，你会发现透过玻璃杯的那束光呈偏红的颜色。如果站到玻璃杯侧面，你会发现杯中牛奶混合物看上去更蓝了。来自手电筒的蓝色光子被散射，偏离了光线原来的方向，从玻璃杯侧面射出，让光看起来偏蓝。而直直穿过玻璃杯的光线因为缺少蓝色光子而看起来偏红。

这也同样解释了日落时分常见的漫天红霞。另外一个更少为我们——生活在如地球这般超大型球体上的人类——所知的常识是，当太阳下山的时候，太阳光所需要穿越的大气层变得越来越厚。因为大气层包裹住地球表面，好比一个球形的外壳，因此与地面垂直的光线所需要穿越的大气层比与地面几乎平行的光线所需要穿越的大气层要薄得多。

因此当太阳位于地平线附近的时候，相对于正午时分，阳光需要穿越更多更厚的大气层才能抵达地球。这也就意味着在阳光抵达地球的过程中要经过更多的空气分子，得到更多的散射机会，使你观察到更多的散射。就拿黄色光子举例，虽然在空气中蓝色光子比它们发生更多的散射，但是黄色的光子也不是完全不发生散射。当太阳位于地平线附近的时候，因为光线要经过足够多的导致散射的空气分子，甚至绿色和黄色光子在沿直线抵达你的眼睛之前也几乎散射殆尽。因为射入你眼中的光线中，蓝色、绿色和黄色的光子在半路被散射光了，那么最后穿越重重大气抵达你的眼睛的只有红色光子（因为它们光波最长）。这就是为什么日落时分的太阳看上去呈现绚烂的红色或者橘色，以及为什么与此同时地平线上方的天空也变了颜色。日出的时候，情况也是一样，但是我认为很多人在日出的时候还没起床，因此我们更经常在日落的时候看见这现象。月亮的光芒也来自其反射的太阳光，因此当月球位于地平线附近的时候，颜色也会发生改

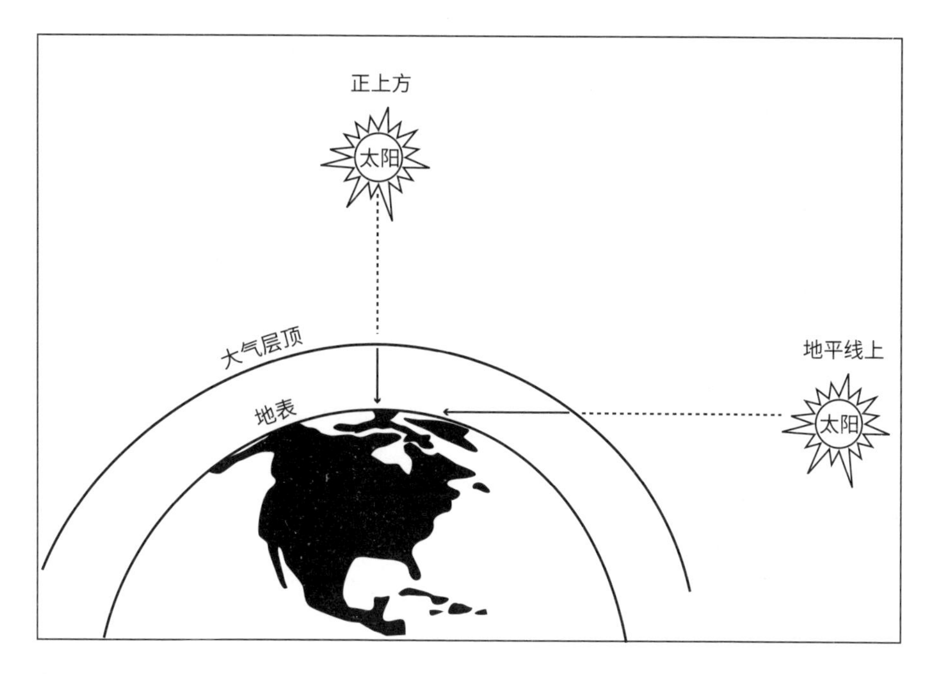

在抬头看向正上方之时，你的视线比你看向地平线时穿越的空气更少。在从地平线抵达你双眼的漫长过程中，甚至绿色和黄色的光子都已经散射，因此日出和日落时分的太阳呈现红色或者橘色

变。在极度理想的情况下，月球出现在地平线上的时候会呈现出令人心惊的诡异血红色。

空气中如果多了些其他物质，这一现象将体现得更加明显。有时，火山大喷发之后的很长一段时间内日落景象会蔚为壮观。关于火山喷发，似乎没有什么好处值得一说，但是它的确使得在喷发后的几年内，傍晚的天空都变得格外绚丽。

关于曲面的大气层，还有另外一个现象，你肯定也见到过。你有没有注意过，太阳位于地平线附近时，看上去好像被压扁了一样？大气层就像一滴水，可以让光线弯曲。光线弯曲的程度取决于光线需要穿越的空气的薄厚程度。需要穿越的空气越多，光线就越弯曲。当太阳位于地平线的时候，来自太阳底部的光线要比来自顶部的光线穿越更多的空气，因此来自太阳底部的光线就比“顶部”的光线更加弯曲。空气将光线向上折，朝着太阳顶部的方向，让太阳看上去好像被压扁了一样。但是在太阳的左右两个方向上，并没有什么影响，因为来自太阳左侧与右侧的光线需要穿越的大气层厚度是一样的。所以太阳的水平方向看上去很正常，但是在竖直方向上却被压扁了。地平线上发光的紫红色扁太阳是一道令人难以忘怀的风景。

现在我们知道了关于天空为什么是蓝色的三个理由。首先，太阳发射出各种颜色的光线；其次，在大气层中，蓝色光和紫色光被散射得最多；最后，来自太阳的蓝色光比紫色光更多，我们的眼睛还对蓝色光线更加敏感。

现在我们弄清楚了天空的颜色，接下来可以开始考虑另外一个令人头疼的相关问题——太阳是什么颜色的。

如果别人问我太阳是什么颜色的，我会说是黄色的。我想大多数人也会这么觉得。然而，通过刚才那一系列的分析、论证，我们知道太阳光其实是白色的。既然太阳是白色的，为什么我们觉得它看上去是黄色的呢?

上面这句话的关键词在于“看上去”。这里有一个快速鉴别真相的方法：如果太阳**真的**是黄色的，那么天上的云看上去也应该是黄色的，因为云朵同时反射照射在它们身上的全部颜色的光。既然云朵看上去是白色的，那么太阳一定也是白色的。不相信我吗？做个简单的小实验吧：拿一张白色的纸去室外。纸是什么颜色的？看看，是白色的吧。纸看上去是白色的，和云朵看上去是白色的原理是一样的。它们都反射太阳光，所以太阳光也是白色的。

这就让我们不得不回到最初的那个问题：为什么太阳看上去是黄色的?

在这里我只得逃避一下作为解释者的责任了，其实没人清楚太阳到底为什么看上去是黄色的。有些人认为是因为天空是蓝色的缘故。蓝色的光线经过大量散射后偏离太阳光原本的方向然后射入我们的眼睛，导致太阳看上去呈现黄色。没错，的确有些蓝色的光被散射了，但是散射的程度还**不足以**让太阳呈现很黄的黄色。虽然有大量来自太阳的蓝色光子被散射，让天空看上去是蓝色的，但是被散射的蓝色光子也不过是来自太阳的蓝色光子**总量**的一小部分。大多数的蓝色光子还是笔直地射向我们的眼睛，没有被空气分子阻碍。因此相对少量的光子导致天空呈现蓝色一事并不足以对太阳本身的颜色产生肉眼可见的影响。

另外一种常见的观点认为，太阳之所以看上去是黄色的，是因为我们将太阳和蓝天放在一起看，对比使得前者看上去呈现黄色。研究表明，我们的眼睛所接受到的颜色不仅受到光线本身颜色的影响，也受到我们同时看到的其他参照物品颜色的影响。换句话说，在蓝色的背景下，一个黄色的物体看上去可能显得更黄。然而，如果这是为什么太阳看上去是黄色的原因的话，那么云朵看上去应该也是黄色的，所以这个观点也不可能是正确的。

还有另外一种可能。当太阳高悬的时候，你从来不能够直接看向它。它太亮了。你会不由自主地眨眼，被光线刺出眼泪，因此很难直视。你只能通过眼角的余光来看向太阳。在这种情况下，如果颜色显得有些失真，大概也不是什么令人吃惊的事。

如我们在前文中所述，在日出和日落时分，太阳看上去可能是红色、橘色或者黄色——这与空气中的物质成分有关。同样地，此时大量的光线也被空气过滤掉了，因此太阳的光芒显得更加暗淡，于是我们可以直视太阳。所以在一天之中，我们唯一可以清楚地看见太阳的时候正是它位于地平线附近的时候，并非巧合的是，这也是太阳呈现出黄色或者红色的时候。此事或许也对我们对于太阳的颜色的认知有所影响。既然它在我们能够亲眼看见的时候呈黄色，或许在我们的印象中就认为它是黄色的。这是一个很有趣的论点，虽然我也表示怀疑。因为在我的印象中，地平线附近的太阳在大多数时候是炽烈的紫红色，或者是红色的余烬一般，而不是黄色，但是我为什么不认为太阳是红色的呢？

我也听过一些人说，他们认为太阳看上去**就是**白色的，但是我怀疑他们是不是早就知道了太阳光其实是白色的，然后自我欺骗告诉自己太阳**就是**白色的。反正对我来说，太阳看上去就是黄色的，而我其实了解真实情况。

但是显然，太阳的全部奥秘无法一眼看穿。

在了解了所有这些知识之后，我要提个脑筋急转弯了：在彩虹的所有颜色之中，太阳产生哪种颜色的量最大？我们前面已经知道，太阳产生的紫色光比蓝色光要少，也就是说，来自太阳的紫色光子比蓝色光子要少。那么哪一种颜色光子最多呢？

答案是：绿色。吃惊吧！太阳**看上去**为什么不是绿色的呢？因为太阳并不**仅仅**产生绿色的光，还产生涵盖整个光谱的光。只不过太阳产生的绿色光要比其他颜色的光**更多**而已。这些颜色的光混合在一起后，我们的眼睛只能看到白色的光。

或者是黄色的。你说是什么就是什么吧。

好吧，刚才说只提一个脑筋急转弯是骗你们的，我其实还有一个问题。既然天空的蓝色并不是因为它反射了海洋的颜色，那为什么海洋是**蓝色**的呢？因为海洋反射了天空的颜色吗？不是的。当然了，海洋的确反射了一点点天空的颜色，因为海水在阴云密布的时候看上去颜色更灰，而阳光灿烂的日子里看上去更蓝。但是真正的原因却更复杂一点。事实上，水可以非常高效地吸收红色的光。当你向深水中射入白色的光线时，所有的红光都被水吸收了，只有偏蓝色的光才能够透过。太阳光射入水中时，有些光穿透到水底，有些则经过反射进入我们的眼睛。这些被反射的光中，红色的光线被水吸收了，因此看上去就是蓝色的。所以，天空是蓝色的是因为空气散射了来自太阳的蓝色光线，而海水是蓝色的因为只有蓝色的光线才能顺利通过海水。

在本章的开头，我向读者们保证，你们一定能够充分理解天空之所以是蓝色的原因，并可以轻松地解释给 5 岁的小朋友听。如果有小朋友问你为什么天空是蓝色的，你就直视他们的双眼，然后说："这是由于有瑞利散射参与的量子效应和我们的视黄醛中缺乏紫色受体这两个因素共同导致的。"

好吧，这可能行不通。真要解释的时候，这样跟孩子们说：来自太阳的光就好比树上的东西掉落。轻一些的东西，比如树叶，往往会被风吹往各个方向，散落得到处都是；而重一些的东西，比如坚果什么的，只会垂直落向地面。蓝色的光就好比树叶，在天空中四处乱飞；红色的光就好比那些更重的东西，从太阳而来，直直地落入我们的眼中。

如果孩子们还是不能理解，也没有关系。告诉他们，就在不久以前，还没有人知道天空为什么是蓝色的。而有些人勇敢地承认自己的无知，然后努力钻研，终于发现了原因。

永远不要停止发问"**为什么**"！有关极其平凡事物的伟大发现都始于一句"为什么"。

季节滋味：为何夏去秋来

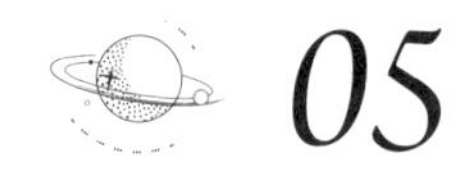

05

A Dash of Seasons:
Why Summer Turns to Fall

有些坏天文学的例子是很阴险的。它们听上去很有道理，甚至和一些先入为主的观念以及人们记忆中模模糊糊的高中科学课的内容不谋而合。这些想法可能真的深深根植于你的大脑之中，而且会非常难以拔除。

这些坏天文学的例子中最根深蒂固的恐怕就是一年四季产生的原因了。

四季变换或许是天文学对我们的生活产生影响最明显的例子，这个星球的大多数地方都是夏暖冬凉。毫无疑问，最显而易见的解释就是地球与太阳之间的距离变化。你距离热源更近时就会感觉到更热，这是一种常识。另外一个常识就是，太阳是所有热源中最大的。只要在炎炎夏日走过树荫下，你就会相信这一点。所以如果有人说，地球距离太阳更近时会大幅度升温，距离太阳更远时则会降温，这话听上去真的是格外有道理。而且，你们在高中科学课上不都学过了嘛：地球围绕太阳运转的轨道是一个椭圆。所以有的时候地球与太阳的距离**的确**更近，而有的时候与太阳的距离则更远。这个逻辑过程看上去简直必然能推出是地球的椭圆轨道导致了四季。

不幸的是，这个逻辑过程缺少了关键的几环。

没错，地球围绕太阳公转的轨道的确是个椭圆。我们现在清楚地知道了这一点，是通过仔细地测量得出的结论，但是它其实并不是那么明显。数千年以来，人们都以为**太阳**围绕着**地球**旋转。1530 年，波兰天文学家尼古拉·哥白尼第一次发表了他的“日心说”观点。但问题是，他认为地球（以及所有其他行星）的轨道都是正圆形。他试图用日心说的观点预测天空中行星的位置时，却发现行不通。他不得不来回修改他的模型来使得它符合观测结果，但是这个模型在预测行星位置的时候从来就没有好用过。

17 世纪初，约翰尼斯·开普勒发现了行星的运行轨道实际上是椭圆形，而不是正圆形。400 年过去了，今天的我们依然利用开普勒的发现来预测天空中太阳系行星的位置。我们甚至利用他的发现来计划送往那些行星的空间探测器的飞行路径。想象一下，如果开普勒地下有知，他会是什么反应！（他或许会说：“喂！我可都死了 350 年啦！你们动作也太慢啦！”）

但是，开普勒的椭圆形公转轨道理论也有个弊端，它要弄我们的常识，导致我们得出一些错误的结论。我们知道包括地球在内的行星沿着椭圆形的轨道围绕太阳运转，所以也知道有的时候我们与太阳的距离更近，而另一些时候则更远。我们还知道距离在我们对温度的感知上起了重要的作用。于是我们就得出了一个相当“有逻辑”的结论，地球上四季的产生是由于我们与太阳之间的距离变化导致的。

然而，在常识之外，我们还有另外一种可以使用的工具，那就是数学。天文学家真的**测量**过一年之中地球与太阳之间的距离。将距离变化换算为温度变化所需要的数学并不太难，这通常是天文系本科生的课后作业之一。这里我就不具体展开过程，只是直接告诉你们结论了。令人吃惊的是，一年中地球与太阳之间距离的变化导致地球上的温度变化，在 4℃左右。这个数字对于生活在热带的人们来说，可能不算太惊人，毕竟，在热带，一年四季的温度变化都不是很明显，然而对于某些生活在比如缅因州的人们来说，这个结果可能令人惊讶——毕竟这里一年内的温差更接近 44℃。

显然，除了与太阳之间的距离变化之外，还有另外的因素存在，才能够导致如此巨大的温差。它就是地轴的倾斜。

想象地球正在围绕着太阳运转，运转轨道是一个椭圆形，处在一个平面。换句话说，地球在围绕着太阳运转的过程中，并没有上下来回移动，而是位于一个规矩的二维椭圆轨迹上。天文学家把该椭圆所在的这个平面称为**天黄道**。地球在围绕着太阳公转的过程中，同时也围绕着地轴发生自转，好比一只陀螺，自转一周的时间为一天。你的直觉或许会认为，地球的地轴是与天黄道垂直的，但事实并非如此。实际上，地轴在与天黄道垂直的方向间有一个 23.5° 的倾斜角。你有没有想过，为什么地球仪上的地球模型，北极部分都不位于正顶端呢？因为地球是倾斜的，地轴并不朝向正上方。

这个倾斜角看上去似乎并没有什么大不了的，却产生了深刻的影响。你可以做一个简单的小实验：拿一支手电筒和一张白纸。关掉房间里的灯，用手电筒的光直射在白纸之上。你会看见一个正圆形的光斑。现在，倾斜这张白纸，让光线与白纸所在平面呈 45° 角。现在光斑是什么形状的？椭圆形，而不是正圆形。但是更重要的是，看一看那个椭圆形光斑的亮度变化。它比之前正圆形的时候更加**暗淡**了。投射到这张白纸上的光线总量并没有发生变化，但是通过倾斜这张白纸，你让光斑延展了。白纸上被光照亮的部分增加了，但因为光线的总量不变，所以平均下来，光斑的亮度就变暗了。如果你把倾斜角增大，光斑的面积会变得更大，也会变得更暗淡。

对于地球来说，情况也是一样的。想象一下，如果地轴倾斜角不存在会怎样，也就是说，地轴与黄道面相互垂直。现在假设太阳是一只巨大的手电筒，从太阳发出的光投射在地球上。假设你站在厄瓜多尔，位于地球的赤道上。对于你来说，在正午时分，太阳处于天顶，光线垂直于地面。这时光线是高度集中的，就像在刚才的小实验中你用手电筒垂直射向白纸一样。

现在，让我们假设你位于明尼苏达州的明尼阿波利斯市，这里是北纬45°，正好是北极与赤道之间的中点。此时，照射在你那里的阳光是延展开的，好像在小实验中倾斜白纸时的情况一样。地球受阳光加热，此时平均投射在每平方厘米上的热量更少了，因此地面从太阳那里获得的热也就少了。照射在地面上的光线总量不变，但是延展得更厉害了。

现在让我们使用极限法，假设你站在北极点上。投射向地面的太阳光线几乎与地面平行，也就是说光斑延展得极大。换一种方式思考，太阳在北极点始终处于地平线附近。这就好比在我们之前的小实验中倾斜那张白纸，直到白纸几乎与手电筒的光线平行的情况。光斑得到了极大地伸展，以至于在白纸上几乎看不到任何光斑了。这也就是为什么南极与北极这么冷的原因！太阳在南北极上空与在厄瓜多尔和在明尼阿波利斯上空一样亮，但是光线在南北两极得到的延展却几乎不能让地面升温。

地轴与黄道面的倾斜角是客观存在的，所以问题就变得更加复杂一点。地球围绕太阳转动时，地轴总是指向天空中的一个定点，有点儿像是罗盘——无论你面朝何处，罗盘的指针永远指向北。你可以把天空想象成一个笼罩在地球外侧的水晶空心球。如果延伸地轴，使其与天空所在的球面相交，你会发现这个交点始终固定不变；对于位于地球表面的我们来说，地轴看上去总是指向天空中的一个定点。对于身处北半球的人们来说，地轴所指方向与北极星非常接近。一年中的任何时候，地轴总是指向同一个方向。

但因为地球是围绕着太阳运转的，以**太阳**为参照物，地轴的指向是变化的。每年6月21日前后，对于北半球来说，地轴指向太阳的程度最大。6个月之后，地轴指向背离太阳的程度最大。这也就意味着，对于北半球的人们来说，6月21日正午，太阳在天空中的位置格外地高；而12月21日正午，太阳在空中的位置格外地低。6月21日，太阳光的集中程度最大，因此阳光对于地表的升温作用高效；12月21日，阳光得到最大程度的延展，因此对于地表的升温就起不了太多作用。**这就是**为什么夏天更热，冬天更冷，我们拥有一年四季的原因。四季产生的原因不是因为我们与太阳之间的**距离**变化，而是地轴相对于太阳的**方向**变化导致了阳光角度的变化。

地轴相对于太阳的角度变化见下页图。请注意，当北半球的地轴朝向太阳的时候，南半球的地轴则背向太阳，反之亦然。这也就是为什么南半球的人们在春天过万圣节，在夏天过圣诞节的原因。我猜《我渴望一个绿色圣诞》这首歌曲在澳大利亚也许很有市场……[1]

另外，还有一个原因使得四季更加分明：因为地轴倾斜角的存在，太阳在夏季天空中的位置更高——如我们肉眼所见。这也就意味着一天之中我们看到太阳在天空中所经过的距离更长。这一点则使得太阳有更多的时间来加热地球。我们不光得到了相对更加直射地面的光，而且阳光照射的时间也比平时要多。双管齐下！太阳在冬季天空中的位置不够高，因此白昼也更短。于是，阳光能使地球升温的时间也就更少，让冬天冷上加冷。

[1] 《我渴望一个白色圣诞》（*I'm Dreaming of a White Christmas*）是传统的圣诞歌曲；当然南半球的圣诞节在夏天，所以应该是“绿色”的。

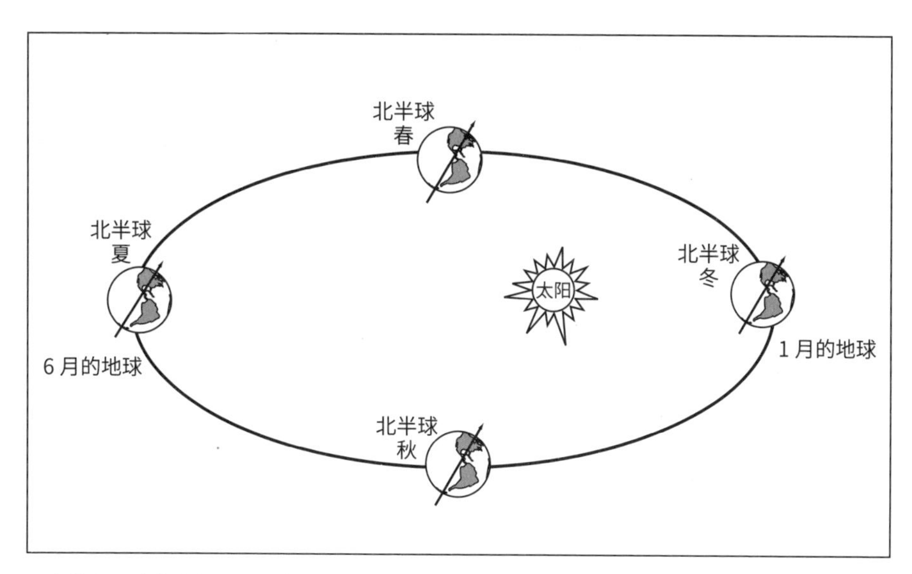

四季是由于地轴的倾斜角而产生的，不是地球与太阳之间的距离变化。北半球的夏季正好是北极点最朝向太阳的时候，而在冬天，北极点朝着最背离太阳的方向。请注意，在北半球处于冬天的时候，地球与太阳之间的距离其实比处于夏天的时候更近

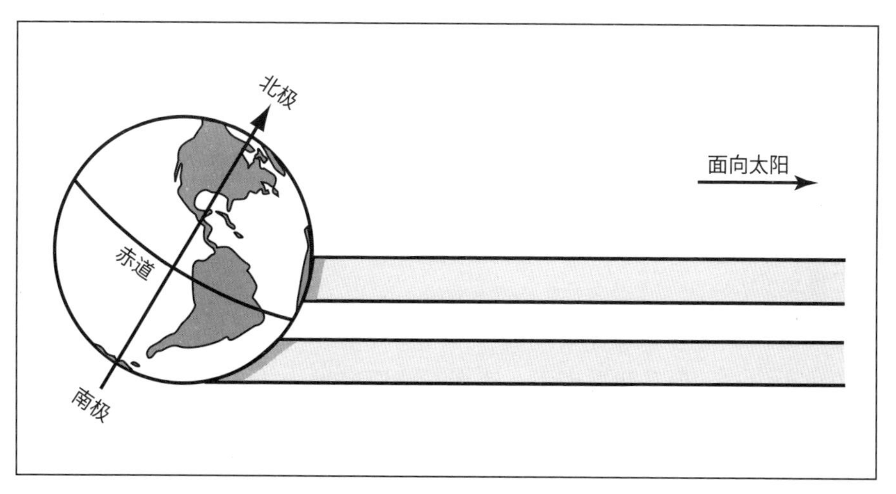

夏天，太阳在空中的位置更高，投射在地球表面上的阳光更加集中。冬天，太阳在空中的位置更低，投射在地球表面上的阳光更分散，加热地球的效率更低

如果地轴倾斜角不存在，那么无论你在地球的什么位置，日夜的时间都是相同的12小时，四季将根本不会存在。

让我们再来看一眼上页图。图中显示，1月，地球与太阳之间的距离更近。好了，这一下铁板钉钉，证明了地球与太阳之间的距离变化并不是四季产生的主要原因。如若不然，生活在北半球的我们应该在1月过夏天，半年之后的6月过冬天。既然现实与上述假设正好相反，那么距离因素在四季产生的过程中所起到的作用想必也不是太大。

然而，我们并不能够**完全地**忽略距离因素。距离对于四季变化确有影响，虽然并不是很大。对于生活在北半球的诸位来说，这意味着我们的冬天要相比地球公转轨道是正圆的情况下平均暖和上几摄氏度，因为在冬天我们与太阳之间的距离更近。相应地，北半球的夏天要凉爽一些，因为我们与太阳的距离更远。这也意味着，生活在南半球的人们的夏天比北半球更热，冬天比北半球更冷。

然而，实际上这个问题还要更加复杂。我们的南半球几乎被水覆盖。如果不信，你可以找一个地球仪自己看看。相对于土地来说，水的升温和降温过程都要更慢一些。这一点在地球的热量安排上也起到了相当的作用。现实中南半球的夏季与冬季的气温事实上和北半球差不多。赤道以南存在的大量水作为隔热物质保护着南半球，使其不会受到大幅度气温变化的干扰。

神奇的是，这些还不是故事的全部。我之前说了，地轴总是指向天空中的一个定点，但是我撒谎了。读者们请原谅我，之前我那样说是因为不想让我们的讨论看上去过于复杂。事实是，地球的地轴是会移动的，它缓慢地横跨天空。

小小跑个题：小时候，我的父母给我买过一个玩具陀螺。我很喜欢转它，观察它在地板上留下有趣的运行轨迹。我还注意到，一旦陀螺的旋转速度慢下来，它就开始来回地摇晃。那个时候我太小，还不理解那是为什么，但是现在我知道了摇晃的原因是由于旋转的陀螺所受到多种力的相互作用。如果陀螺的旋转轴不是绝对垂直的，重力就会让陀螺歪向一侧。产生了在物理学上称为**扭矩**的作用。因为陀螺在旋转，你可以认为这种力在水平方向上使得陀螺发生偏斜，使其慢慢地晃动。如果你在太空中玩陀螺，然后戳它一下，让它稍微歪斜，也会发生同样的事情。旋转轴会开始晃动，在空中画小圆圈，你戳得力度越大，它画得圆圈也就越大。

这种绕轴转动被称为**进动**，它产生的原因是任何作用于陀螺上的与其旋转轴方向不平行的力。对于一切受力的旋转物体来说，进动都存在。当然了，我们的地球也在旋转，就像一只陀螺，恰好也受力：来自月球的万有引力。

月球围绕着地球旋转，对地球产生引力。月球对地球的“拉力”就好比从偏离旋转轴的方向戳一只正在旋转的陀螺，地球的地轴自然会产生进动。地轴的位移在天空中形成了一个圆锥面，轴截面顶角为47°，恰好是地轴倾斜角的两倍。这并不是巧合。地轴相对于黄道面水平轨道垂直方向的倾斜角是固定不变的，总是23.5°。然而，地轴指向天空的**方向**却随着时间的变化而变化。

地球进动效应很缓慢，地轴需要26 000年才能画完一个圈。不过，这个过程还是可测量的。目前，地球的北极极轴正指向北极星，这也就是我们将这颗恒星命名为北极星的原因。但是地轴并不总是指向北极星的，过去不是，将来也不会是。随着地轴的进动，它在天空中所指的方向也在发生变化。大约公元前2600年，地轴指向的是右枢（亦称“紫微右垣一”），是天龙座内最亮的一颗恒星。到了大约公元14 000年，地轴将会指向明亮的织女星附近。

进动是一个让天文学家有些头疼的现象。为了测量天文物体的具体位置，天文学家也用网格标记天空，就好像地图绘制者用经纬标记地球表面。天空的北极点与南极点对应地球的北极点和南极点，但是天空的北极点随着进动过程也在移动。想象一下，在地球上的你试图给东南西北定位，可是如果北极总跑来跑去，那会多么麻烦。你必须知道北极到底在哪里，才能知道你要去的是什么方向。

天文学家在面对天空的时候遭遇了同样的问题。他们测量某个天体的位置时，必须将地轴的进动考虑进去。进动的影响并不算太大，大部分天图只需要 25~50 年更新一次就好。但是，对于像哈勃空间望远镜之类对于朝向精度要求极高的望远镜来说，进动产生的误差则尤为关键。如果我们在计算天体位置的过程中没有考虑进动因素，那么这个天体很有可能根本不会出现在望远镜的视野之中。

进动对于天文学家的影响是即时的，但是对于四季变化的影响却是缓慢的。目前，地球的北极极轴在 6 月指向太阳。但是由于进动的影响，13 000 年后——半个进动圆周期——地球的北极会在 6 月**背离**太阳，而在 12 月才**朝向**太阳。对于我们现在的日历来说，四季将实现彻底的翻转。

同样不要忘记，由于地球的椭圆形公转轨道，1 月我们与太阳的距离最近。所以，从现在开始，半个进动周期之后，对于北半球来说，彼时的夏天正好是地球与太阳距离最近的时候，将更热；冬天也恰好是地球与太阳距离最远的时候，将更冷。季节变化将更加明显。对于南半球来说，四季的变化将比现在更加温和，因为南半球的夏季正好是地球与太阳距离最远的时候，而冬季则是地球与太阳距离最近的时候。

后有来者意味着前也有古人：在距今 13 000 年前，四季与今天是相反的。在北半球，夏天比现在更热，冬天比现在更冷。气候学家根据这一点，推断当时地球上的情况或许和今天迥异。地轴指向的缓慢变化甚至可能正是撒哈拉沙漠形成的原因！每年地轴进动的影响或许微不可见，然而经过一个个世纪、一个个千年，微小的改变也会积少成多。大自然展现给我们的往往是蛮横又迅猛的一面，但是同样也可以行事微妙。这都取决你看事情的角度。

月有阴晴圆缺：你看，月亮在变脸

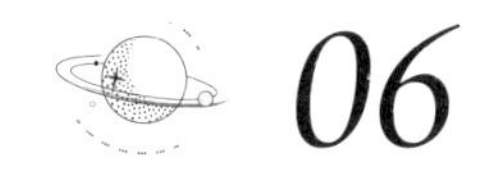

06

Phase the Nation:
The Moon's Changing Face

有件事我始终不知道是否应该为它感到惊讶，那就是在所有受坏天文学影响的主题中，有关月亮的占据了最大的比重。

我感到惊讶，是因为在所有的天体之中月球可能是最显眼的。有些人可能会说，太阳才是最令人瞩目的，但是事实上你永远都不可能直视太阳。见到太阳的总是你的眼角余光，而不是整双眼睛。

而月亮和太阳完全不一样。当夜幕降临，甚至蟋蟀都已经入眠，满月莹莹，在幽深夜色的衬托下皎洁非常。甚至，哪怕是黄昏后，新月如钩，斜斜地挂在低空尽头，依然能够夺人眼球。无论是高悬于夜空，还是低垂至地平线附近，月亮总是夜晚的绝对统治者。

所以，我惊讶于我们居然对月球有如此之多的误解。我本以为既然月亮是一道最常见的风景，那么人们对它的理解一定也是最透彻的。

或许是我想法幼稚。毕竟，我们对于某个事物的了解越多，误解存在的机会也就越大。对于月球来说，正是如此。

为什么月亮在地平线附近时看上去比高挂夜空中时个头更大？为什么月有阴晴圆缺？月球是如何导致潮汐的？为什么有时候在白天也能看见月

亮？为什么月亮面对地球的一面是固定不变的？所谓“月之暗面”到底在什么地方？

上面这些问题的答案都伴随大量的坏天文学，我保证会一一向你们解释。不过，紧要的事先办。关于月亮，最显而易见的一个现象就是它的**时圆时缺**。哪怕是最马虎的天空观察者也会注意到，有的时候月亮是一道细细的弯钩，有的时候月亮是一只大圆盘，挂在夜空之中。在弯钩与圆盘之间，月亮可以是半圆，或者比较圆。有的时候它甚至会从夜空中消失！月亮的形状变化被称为**月相**。是什么导致了月相呢？

很多人都觉得月亮的阴晴圆缺是由于地球投射在月球上的阴影导致的。月亮是一个硕大的球体，所以当它几乎被淹没在地球的阴影中之时，我们会很自然地认为，此时的月亮会是一道弦月。月球完全躲避开地球的阴影时，就是一道满月。

这个想法很聪明，却是错误的。在太阳系中，太阳是最主要的光源。这也就意味着，地球的阴影总是指向远离太阳的一侧。而这反过来也就意味着，月亮只有在天空的另一侧时，太阳投射在地球上所产生的阴影才能够落在月球之上。但是月亮不可能总处于地球的阴影之中，尤其是它在天空中处于靠近太阳的位置时。我们还知道，月球位于地球与太阳之间，三者成一条直线时，会发生日全食。日全食是一个相当罕见的天文事件，而月相的变化则每晚都在发生。很显然，“地球阴影”的理论不可能是正确的，月亮的阴晴圆缺必然还有其他的理由。

关于月亮，我们都了解些什么呢？首先，月亮是一颗大球，围绕地球旋转，一个月为一个周期。事实上，月份的“月”就是月亮的“月”。随着月亮围绕地球旋转，月相也在发生变化，所以很明显，月相的变化必然与月球的轨道有关系。在科学研究中，最好先明确你看到了**什么**现象，然后再试图理解你**为什么**看到了它。所以，让我们先来厘清一下月相，从头开始。

新月是一个月相周期的初始阶段，这也就是为什么它被称之为“新”月。新月阶段的月球是完全黑暗的。月亮此时在天空中位于太阳附近。太阳十分明亮，而月球不发光，因此新月很难被观察到。以伊斯兰教的月份为例，它们就开始于新月可以被识别的最初时刻，所以伊斯兰教的教徒针对月亮保存着非常详细的记录，他们中非常敏锐的观察家会尽可能早地观察新月。

上弦月（first quarter，**直译为“第一四分周期”**）指的是当月球被照亮一半的时候，这个名字看上去很让人困惑。此时的月亮被如此称呼，是因为月球呈现了在围绕地球走过四分之一个月相周期之后被太阳照亮的状态。上弦月差不多在新月之后一个星期出现。对于生活在北半球的人们来说，这意味着月球的右半侧——面向太阳的一侧——被照亮，而左半侧则位于黑暗之中。对于生活在南半球的人们来说，情况是相反的，因为在北半球的人的视角中，南半球的人们是“大头朝下”的。

再一个星期之后，**满月**出现。整个“白玉盘”被均匀地照亮。这时，月球在天空中位于太阳的对面，月升伴随日落。

又一个星期过去了，月亮位于**下弦月**（third quarter，**直译为“第三四分周期”**）的阶段。和上弦月阶段一样，月亮被照亮了一半，同样被照亮的是面向太阳的那一半。不过这一次，它是先前处在阴影中的那半。对于北半球来说，月球的**左侧**是亮的，**右侧**是暗的。对于南半球来说情况正好相反。

最后，又过了一个星期，新月又一次到来，月相周期将再一次重复。当然了，在新月、上弦月、满月和下弦月四个主要阶段之间，不同的月相还有更多不同的名字。月球被照亮的部分越来越多的过程我们称之为**“盈”**。月亮位于新月阶段和上弦月阶段之间，看上去依然像一弯银钩，只不过更宽一些，向半圆形靠近，我们称之为**蛾眉月（亦称眉月、三日月）**。月球经过了半亮的上弦月阶段，向着满月阶段发展，我们称之为**凸月**，或者更准确地说，**盈凸月**。在满月之后，月亮被照亮的部分变得越来越少，这个阶段我们称之为**“亏”**。月亮在满月阶段和下弦月阶段之间是**亏凸月**，在下弦月与新月之间是**亏眉月（亦称残月）**。

我们现在知道了月亮各阶段的名字。但是问题依然存在，那就是：为什么月亮会有月相的变化？既然我们仔细地观察过了月相周期，距离找出问题的答案也就更进了一步。不过，我还需要你做一件事情，去拿一只乒乓球或者棒球。手头没有吗？那也没关系，你可以使用想象力。

想象一下，你手里正握着一只白色泡沫塑料球。这就是我们的月球模型。我们站在地球之上，在这个演示中，房间里另一侧的台灯就假装是太阳。在开始演示之前，让我们先设想：拿起这只球，它的一半被房间里的台灯照亮，而另一半则处于阴影之中。这看上去显而易见，但是对于我们理解月相却有着至关重要的作用。不管你怎么拿着这颗球，它总是一半亮，一半暗。明白了？好的，下面让我们的月亮动起来。

让我们从新月开始。新月的时候，月亮位于太阳与地球中间。想象你举着“月亮”，你的眼睛、“月亮”和“太阳”三者构成一条直线。从你所在的地方看过去，“太阳”很明亮，而“月亮”本身是暗的。这是因为，“月球”被“太阳”照亮的一半位于**远地面**。在地球上，我们只能看到没有被“太阳”照亮的半侧“月球”，所以“月亮”是暗的。

现在移动手里的“月亮”，让它围绕着你旋转四分之一个圆周。“太阳”位于“月亮”的右侧，所以你看到“月亮”的右半侧被照亮了，左半侧则是暗的。记住，无论何时，月球总有一半是被太阳照亮的，但是月球处于四分之一周期这个阶段时，我们只能看见一半的一半，即四分之一的“月球”表面被照亮。

现在让我们继续转动“月亮”，让它转到另一侧，与“太阳”相对。此时你背对“太阳”，你可以看见面前的整个“月亮”被“太阳”照亮，满月就出现了。（顺带一提，这就是为什么摄影师在拍摄人像时总是背对阳光：如是，你的脸就完全地处于阳光之中，从而不会产生阴影。当然了，这个时候你面对直射的阳光不得不眯起眼睛，不过为了拍一张好照片，做这点牺牲也是值得的。）

最后，转动“月亮”四分之三个周期，让它位于下弦月的位置上。现在“太阳”正位于“月亮”的左侧，因此“月亮”的左侧被照亮了。当然，再一次地，虽然被照亮的是月球表面的二分之一，但是你只能看到二分之一的二分之一。这一次，因为“太阳”在左侧，你看到的是“月亮”的左侧被照亮了。“月亮”的右侧则位于阴影之中，因此是暗的。

这就是月相产生的原因，跟地球的阴影根本没有什么关系。月相之所以存在，是因为月亮是球状天体，总有一半表面是被太阳照亮的。在一个月之内，月球相对于太阳的位置发生了变化，因此我们看到被照亮的月球的部分也发生了变化。

一旦弄清楚了这一点，你还可以观察到一个有趣的“副作用”。举例来说，在新月阶段，月亮在天空中总是在太阳的附近出现。这也就意味着，月亮与太阳一同升起，一同落下。在满月阶段，月亮在天空中总是在太阳的对面。日落时月亮升起，日出时月亮落下。月亮此时就像是一个位于天空中的巨大时钟。如果满月高悬于夜空之中，意味着必然时近午夜（日出时分与日落时分的正中间）；如果月亮向西落下，那么日出一定也不远了。

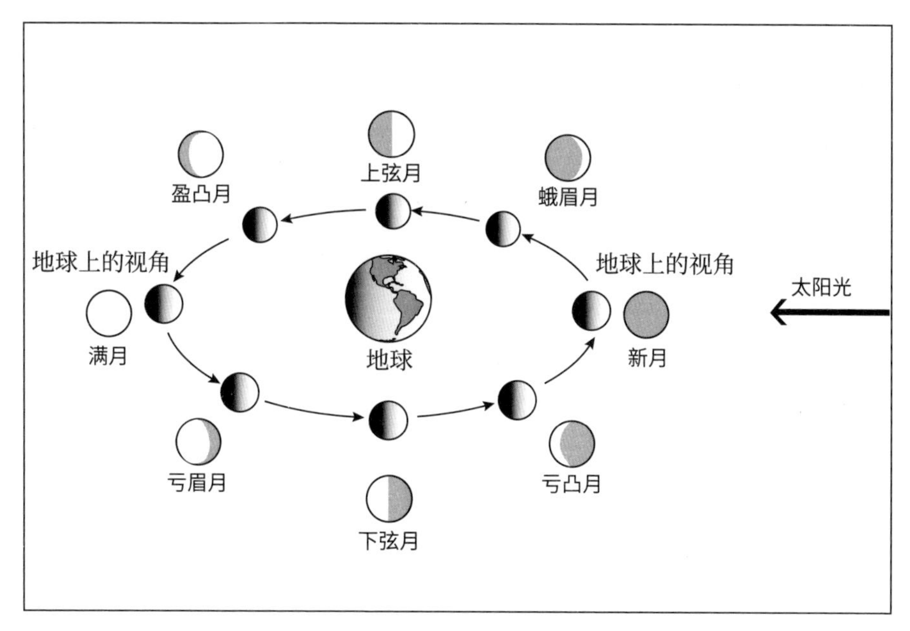

月相的产生是一种几何学现象，与地球投射在月亮上的阴影没有关系。在图中，太阳位于右侧远处。里面一圈是月球的位置示意图，外面一圈是地球上的人所观察到的月相。月亮在天空中距离太阳最近时是新月，距离太阳最远时是满月。随着月球围绕地球旋转，其他的月相也逐个出现

在弦月阶段的月相甚至更有意思。上弦月时，月亮走过了四分之一个周期，于是在日落的时候，上弦月正高挂空中（地球和月球所在直线与太阳光呈 90° 角）。所以上弦月在正午时分升起，在午夜时分落下。另外一个常见的误会，就是认为月亮只有在夜晚才出现在天空里。事实上，在上弦月的阶段，人们可以很容易在下午的时候看见天空中的月亮；下弦月也可以在日出之后看到，因为它要到正午时分才落下。

月球另外一个明显的特征是它的亮度随着月相的变化而变化。这看上去显而易见，毕竟，满月时可见的月球被照亮的部分比弦月的时候要多一

倍。因此，你或许会觉得月亮看上去亮度也增强了一倍。

不过事实上并不是这么回事。和天文学中其他的问题一样，这个问题比你想的更复杂。天文学家通过对月球亮度的仔细测量，发现满月时的月球的最高亮度可以达到上弦月亮度的**十倍**。

这一现象的产生主要有两个原因。其一，满月在我们看来是太阳光直射于月球表面。太阳直射地球表面的时候，物体没有阴影，而太阳在天空中的位置越低，物体的阴影就越长。对于月球来说，情况也是一样。满月时的月球表面没有阴影。上弦月时的月球表面上有很多阴影，导致了月球表面变暗，因此月球整体看上去要更暗一些。满月时，这些阴影都不存在，所以在我们看来，月球表面的亮度看上去比上弦月的时候要高不止两倍。

其二，月球的亮度和它的表面也有关系。陨石的撞击、来自太阳的紫外线热辐射，以及月球上剧烈的早晚温差变化侵蚀了月球表面大约 1 厘米厚的土地。侵蚀之后的地表尘土变得十分细腻，好像精面粉一般。这一层薄薄的尘土有个奇特的属性：它倾向于将光线直接反射回光源。大多数物体对于光线的散射是朝向四面八方的，但是月球上这层怪尘土却能将照射在月球表面的光线集中反射回光源。这种现象被称之为**反向散射**。

当月亮处于弦月状态时，在我们看来，太阳位于月球的一侧。这也就意味着，月球上的尘土会将太阳光反射回太去，远离我们。在满月的时候，太阳位于我们的“正后方”。投射在月球上的阳光主要被反射回太阳的方向，而我们也正在这个方向。这就好像月球把光投向我们这个方向。这种效应再加上阴影的缺失，使得满月有可能看上去比你设想的要亮得多。

甚至，新月也可以比你设想的亮得多。通常情况下，新月是暗的，很难被肉眼观察到。但是有的时候，就在日出之后，你可以看见一弯新月低垂于天际。如果你仔细观察，有的时候可以看到像是月亮余下部分的轮廓，尽管余下部分是暗的。

这不是错觉，这种现象被称为**地球反照**。对于月球来说，地球也有相位变化。地球的相位变化与月相变化的阶段正好相反，所以当地球上的人看见满月的时候，在月球上看地球是类似于新月的情况，以此类推。因为地球的体积要比月球大很多，因此地球反射的太阳光也就更多。在月球上看到的“满地”，要比在地球上看见的满月亮好多倍。

这个明亮的地球同时也照着新月，微弱地照亮了月球表面处于阴暗中的部分。如果你通过望远镜或者双筒望远镜看，地球反射的光甚至使得月球表面的环形坑清晰可辨。当地球被照亮的一侧被云覆盖的时候，这种效果甚至会更明显，因为云使得地球对阳光的反射更加高效。

地球反照是个不错的名字，不过还有另外一个更加诗意的说法：“新月亮怀抱着老月亮。”

月相现象或许比你所想象的更复杂、更巧妙。如果你在阅读本章节之前对于月相怀有任何误解，希望它们和月相一样不会一成不变吧。

举足轻重：月亮与潮汐

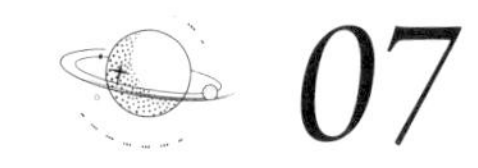

07

The Gravity of the Situation:
The Moon and the Tides

"人生世事如潮汐……"

——威廉·莎士比亚《恺撒大帝》

如果每次有人问我关于潮汐的事情，我都能赚5个硬币……那我也就只会有一堆5分硬币而已。

关于潮汐，人们有很多错误的观念。任何人只要在海滩上待过一天，就会知道什么是潮汐；潮起潮落间海平面的高度落差是相当可观的。但是，潮汐现象的细节却有点让人不可思议。举例来说，一天之中，基本上有两次涨潮和两次落潮。人们总是问我关于这一现象的问题。大多数人都听说，是月球的引力导致了潮汐，所以为什么每天有两次涨潮呢？难道不应该月亮高悬时有一次涨潮，而月亮在地球另一侧时有一次落潮吗？

在当初撰写关于潮汐的网页，以及现在为本书查阅潮汐相关信息时，

[1] 本章中 gravity 的译法，将根据语境而变化，但读者们请记住一点，重力和万有引力其实是同一种力。

我都找不到任何有道理的信息来源。不同的网页和不同的书里有对于潮汐的不同解释。有些解释刚开始还挺有道理，但是随后就说了一些明显错误的话；有些解释一开始就在胡说八道，然后越说越离谱。大部分解释在这一点上接近正确答案，指出潮汐现象依赖于多种因素。更糟糕的是：我在写好本章的草稿，甚至把它提交给编辑之后才意识到我写的东西彻底错了！现在你看到的这个版本是正确的。这事也很有意思，就算那些能够正确解释清楚潮汐现象的人也很少深入讨论它。潮汐现象影响深远，不但导致了月球的自转和它围绕地球的轨道的运转同步，还引发了木卫一上的火山活动。潮汐力之巨大，甚至可以让整个星系被更大的星系撕裂成碎片。

天文学家谈论起潮汐的时候，通常指的不是海水的运动。我们用“潮汐”这个词来代指**潮汐力**。潮汐力是一种和重力很相似的力，事实上它和重力的确有关。我们自从人生第一次蹒跚学步起，就感受到了重力的存在。随着我们渐渐长大，对于重力的感受越发深刻。对于我来说，似乎早晨起床越来越困难，掉东西却越来越容易。有的时候我甚至在想，是不是地球对我的引力一天比一天强。

当然啦，这是不可能的。引力并不会随着时间的变化而变化。作用在某个物体上的**重力**只和两个因素有关：该物体的质量，以及该物体与地球的距离。

任何具有质量的物体都受到万有引力的作用。你有，我也有，行星有，一片羽毛也有。我可以微小地“报复”地球的引力，因为地球在吸引我的同时，我也在吸引地球。我对地球的吸引力当然是微乎其微，但是它的的确确存在。物体的质量越大，它产生的引力也就越大。地球的质量比我可大得太多了（差不多也就 78 000 000 000 000 000 000 000 倍吧，但是谁这么无聊真的会算啊），所以地球对我的吸引比起我对它的吸引可强多了。如果我远离地球的话，地球对我的引力就会减弱。事实上，万有引力的衰弱和距离的平方成正比。也就是说，如果我与地球的距离变为现在的2倍，那么万有引力的衰弱则是2的平方，即2×2=4倍；如果我与地球的距离变为现在的3倍，那么万有引力的衰弱就是3×3=9倍，以此类推。

但是这并不意味着，如果爬上一个高度是我身高两倍的梯子，我感受到的重力就变成了原有的四分之一！我们测量物体与地球的距离，指的并不是物体到地表的距离，而是到地心的距离。几百年前，17世纪的哲学家和科学家牛顿用数学工具向我们展示，考虑距离时，你可以想象地球的全部质量集中在其中心的一个小点上，计算任何物体的重力时，我们用的距离就是它到地心的距离。

地球的半径大约6400千米，所以如果要让我与地球的距离翻倍，我就得坐个火箭上天：我需要到距离地表6400千米的太空中去，这个高度基本上是地球与月球距离的六十分之一。只有在那个地方，我才能感觉我的重力变成了现在的四分之一。这种减肥方式看上去还真有点儿极端哪。

因为月球比地球个头小很多，质量也轻很多，所以如果你站在月球表面，感到的重力会是你在地球上重力的六分之一。这依然是一个相当可观的拉力。当然了，因为月球离我们的距离很远，所以它对地球上的物体的引力要小很多。月球围绕地球的运行轨道平均半径为384 000千米。在那个距离上，月球对我们的引力差不多是月表重力的五万分之一，所以我们根本感觉不到。

但这个引力还是存在的，万有引力从来不会彻底消失。虽然对于地球上的物体来说，月球产生的引力相当地弱，但它依然张开隐形的手，抓住我们的星球，拉扯它。

因为月球对地球的吸引力随着距离的增加而减弱，因此对地球产生了一个有意思的影响。地球上，距离月球**较近的**一侧感受到的月球拉力，要比距离地球**较远的**那一侧感受到的拉力要强。距离的差别——也就是地球的直径——导致了月球引力的差别。地球近月一侧比远月的那一侧感受到的月球引力要强大约6%，这个引力大小的区别会撕扯地球。因为地球两侧受到的月球**引力**有所**差别**，所以我们称之为**重力差**。

引力是一种吸引力，所以月球产生的引力总是**指向**月球的拉力。于是，读者们或许会认为，既然近月侧的地球感受到更强的拉力，水面或许会上涨，于是涨潮现象就发生了。而在远月一侧的地球，就会发生落潮现象，可以理解为水面被摊平了，因为虽然来自月球的引力很弱小，但是它依然是指向月球的。

但我们知道这是不对的。一天之中，总有**两次**涨潮和**两次**落潮。这也就意味着，在任何时间点，地球远月的一侧会有涨潮现象。这怎么可能呢?

很显然，重力差不足以解释潮汐现象。为了得到答案，我们需要再回头看看月亮。

请允许我暂时先跑个题。

几年前，我的两个好朋友本和妮姬结婚了。他们请我当时只有三岁的女儿佐伊做花童。那真是一个特别美好的婚礼，后来在招待会上我们所有人都跳起了舞。佐伊想和我一起跳舞，作为一个自豪的老爹，我怎么能拒绝呢?

于是，我牵起了她的小手，我们转着圈翩翩起舞。跳舞的时候，我不得不稍微向后仰身才能保证我们不会摔倒。在我和她转圈的时候，我还注意到了她的脚步在地板上画出的圆圈很大，而我画出的圆圈则很小。因为当时我的体重是她的五倍，所以她画出的圆圈是我的五倍大。

所以这个故事和潮汐有关系吗？**太有关系了**。我和佐伊的一小段舞蹈就好比是地球和月球之间探戈舞步的迷你翻版。地球和月球并没有像我们一样手拉手，但是它们彼此之间存在着引力。而就像我和佐伊一样，地球和月球也同时转着圈。

月球的质量是地球质量的八十分之一，因此月球对地球产生的作用效果是地球对月球产生的作用效果的八十分之一。就好比我的女儿在舞池里画大圈，我画小圈一样，月亮围绕着地球转大圈，地球同时也在转小圈。

这也就意味着，月球和地球实际上是围绕着两者之间的某一个点做轨道运动，可以认为，地－月系统的全部质量都集中在这一点上。这一点我们称作**质心**，或者严格地说，称之为**质量中心**。因为地球的质量是月球质量的80倍，地－月系统的质心与地球中心的距离就是其与月球中心距离的八十分之一。也就是距离地心差不多4800千米的位置，或者说，地表之下约1600千米的地方。如果从外太空观察我们的地球，你会发现它围绕着一个点做小小的轨道运动，一个月转一周，而这个点就在地表之下1600千米。换句话说，地球的质心（基本上也就是地球本身的中心）围绕地－月系统的质心做轨道运动，每个月画一个小小的圆周。

这个现象产生了非常有意思的影响。为了说明这一点，请读者们想一想身处太空站的宇航员。他们可以自由漂浮，好像不受重力作用一般。事实上，他们感受到的重力和位于地球表面的我们感受到的重力几乎一样强；毕竟，他们距离我们只有几百千米远，和地球半径的6400千米比起来算不了什么。宇航员之所以能够漂浮，是由于他们处于自由落体状态，地球对他们产生吸引力，所以他们会向地球落去。但是因为他们同时还有很高的切向速度，所以可以说他们会一直错过地球，落不到上面去。他们围绕着地球做轨道运动，该轨道的曲率和地球的曲率保持一致，因此，他们一直在做朝向地心的自由落体运动，但是与地表的距离始终没有改变。

身处太空空间站的宇航员如果称体重，体重秤显示的数字会是零，因为她正在向地心做自由落体运动。重力作用在她身上，但是她感觉不到。对于做环形轨道运动的物体来说，总是如此。

但是请记住，地球的中心也在围绕着地－月系统的质心做轨道运动。所以，虽然地球的中心受到来自月球的引力的**影响**，但是如果有人站在地球的中心，他将**感受**不到这种重力。他会处于自由落体的状态！

但是，月亮当空时，地表之上的人是**可以**感受到来自月球的牵引力的。而站在地球的背月一侧的人同样也可以感觉到这种力，只不过力的作用更加微弱。但是，既然在地球的中心时对于月球的引力感知为零，我们可以**以地心为参照物**来测量月球引力。地球近月侧的人会感到来自月球的这个引力是指向月球的，而位于地心的人不会感觉到任何引力（记住，此时人处于自由落体状态）。但是，位于地球远月一侧的人，感受到的指向月球的引力比位于地心的人要少。可是，比零还小的力是什么力呢？是一个负值的力；换句话说，是相反方向上的力，**这个力指向远离月球的方向**。

在重力的某种作用下，某物可以感觉到与重力方向相反方向上的力量——这看上去是一个充满矛盾的结论，但是在这种情况下，是因为我们是以地心为参照点来衡量万有引力的。这样做，使得我们在地球的远月一侧的的确确得到了一个远离月球方向的力。

这就是为什么地球上会有一日**两次**涨潮的原因。在地球的近月侧有一个指向月球的净力，在地球的远月侧有一个背离月球的净力。地球上的水受到这些力的影响，在地球的两面同时引发了涨潮。在这两次涨潮中间是退潮，退潮当然也有两次。当地球上的一点转到潮汐隆起（亦称潮汐波、隆堆）发生处，水面上升。几个小时之后，当地球自转过了四分之一的周

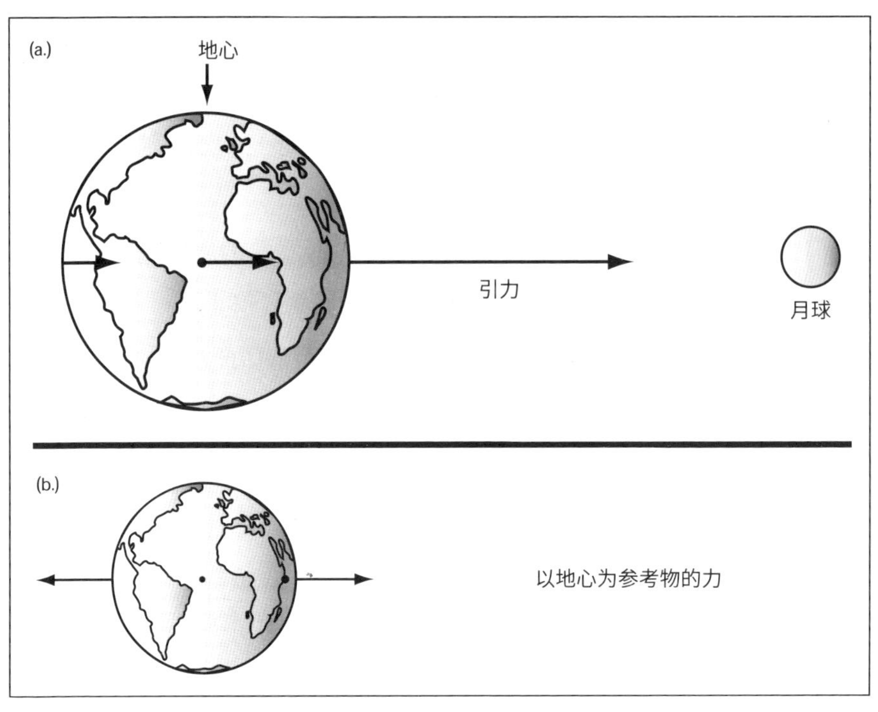

作用在地球上的、来自月球的引力永远是“指向”月球的。该力随着距离的增加而减弱，因此地球在近月侧受到的引力，比在远月侧受到的引力要强。如果我们以地心作为参照点，地球远离月球的一侧实际上感受到一个远离月球方向的月球引力，而在靠近月球的一侧，月球引力依然是指向月球的。这一结果让地球在两侧都被撕扯，导致了地球上一日两次的潮汐现象

长，该点则位于退潮位置，水面下降。再转过四分之一个周长，又一次涨潮来临。周而复始，涨潮与退潮间或交替，大约 6 小时改变一次。

但是，事实上这个周期并不是**精确地以** 6 小时为界。如果能够让月球静止不动，我们的确会感受到一日两次的潮汐，每隔 12 小时一次。但是，正如我们在上一章中所看到的，月出的时间每天都会比之前一天晚一个小时，因为地球在自转的同时，月球也在围绕地球运转。月球时刻围绕地球运动，我们也不得不每天多旋转一点来追赶上它。所以对地球上的我们来

说，两次月出之间的时间间隔不是一天的 24 个小时，而是大约 25 个小时。这也就意味着，两次涨潮之间的间隔时间要更长一些，是 25 小时的一半，也就是 12.5 个小时。因此，每天的涨潮落潮时间都不一样，每天大约相差半个小时。

说句题外话：大多数人都觉得，只有水才会受到潮汐力的影响。这是不对的，其实地面也会受到潮汐力的影响。我们坚实的地表其实并没有那么坚实，而是可以弯曲变形的（问问那些经历过地震的人就知道了）。来自月球的潮汐力事实上也作用于地表，每天都使得地球表面上下浮动约 30 厘米。你并不会感受到这一点，因为它发生得很慢，但是的的确确发生了。潮汐力的作用甚至也影响了大气。空气的流动比水更容易，因此大气受到潮汐力的影响所做的运动更剧烈。所以，如果下次有人问你地有没有在晃动，你就告诉他晃了，大概动了三分之一米。

顺带一提，还有另外一个关于潮汐普遍存在的误解。有些人认为，潮汐会直接影响人体。我经常听到这样一个观点，说人体大部分是由水构成的，而水对于潮汐力是有反应的。但是我们可以看出这个想法其实有点儿蠢。首先，空气和固态的大地也受到潮汐力的影响。但更重要的是，人类个头太小了，我们受到的潮汐力根本不可能被感知和注意到。地球会受到潮汐力的影响，因为它个头很大，直径好几千千米。在这种情况下，来自月球的引力就可能在地球的两侧产生不同的数值。哪怕一个人两米高，从头到脚能够感受到的引力差别最大也不过 0.000 004%。而作用在地球两侧的潮汐力比作用在人身上的潮汐力要强超过 100 万倍，因此，显然作用在人身上的潮汐力实在太小，可以忽略不计。事实上，和人体处于站立姿态时受到的自然压力比起来，潮汐力真是不值一提。你受到重力压缩的程度要远远超过你被潮汐力拉伸的程度。甚至大湖也几乎感受不到潮汐，就比如五大湖吧，它们在“涨潮”和“落潮”之间，湖面只有 4~5 厘米的高度差。对于更小的湖泊来说，这个差值就更小了。

虽然前文内容已经显得很复杂，神奇的是，我们还没讨论完全部。月球在潮汐产生中只起了一半作用。呃，实际上是三分之二的作用，另外三分之一则来自太阳。

太阳的质量比月球大太多倍了，所以太阳的引力作用也比月球的要强很多倍。然而，太阳与我们的距离也比月球与我们的距离要远得多。地球围绕着太阳旋转，就像月球围绕着地球旋转一样，所以原理也都是一样的。地球感受到了一个朝向太阳的引力，同时也感受到一个向心力。如果读者们动笔算一算，会发现来自太阳的潮汐力差不多是来自月球的潮汐力的一半。在潮汐力的游戏中，质量很重要，但是距离更重要。距离我们更近的、质量更轻的月球对地球所产生的潮汐力，要比距离我们更远的、质量更重的太阳所产生的潮汐力大。在作用于地球全部的潮汐力当中，有三分之二来自月球，三分之一来自太阳。

地球始终处于一场复杂的、同时与月球和太阳三者之间发生的拔河游戏当中。有的时候，来自太阳和月球的引力位于同一条直线上。如同我们在上一章讲“月相”时提到的，月亮在太阳附近时，就是新月；位于地球另一侧时，则是满月。无论是新月还是满月，来自月球的潮汐力和来自太阳的潮汐力都在同一条直线上（因为，不要忘了，涨潮现象同时发生在地球的两侧，所以跟你在地球的哪一侧并没有什么关系），我们这时会看到很高的涨潮。同时，这也意味着落潮幅度更大，我们会看到更低的退潮。它们被统称为**大潮**。

太阳和月亮在天空中呈 90° 角时，对地球的作用力彼此抵消了一部分，于是我们看到了不太高的涨潮和不太低的退潮（好比更低的涨潮和更高的退潮）。它们被统称为**小潮**。

更麻烦的是，因为月球围绕地球运转的轨道是一个椭圆形，所以有的时候月球与我们之间的距离比其他时候更近，因此月球的潮汐力也就比其他时候更强。**地球**围绕着**太阳**运转的轨道也是一个椭圆形，所以当我们距离太阳最近的时候（每年 1 月 4 日左右），也会得到更加夸张的大潮。如果这两个事件——月球位于近地点，地球位于近日点——同时发生，我们就会得到有史以来最强的大潮。当然，这个超级“大潮”也没有大得太出格，只是比平时增强了几个百分点而已。但是读者们可以看到，潮汐现象是很复杂的，潮汐力也始终处于变化之中。

然而，我们还不能就此结束。还有另外一个现象更加微妙，但是影响却颇为深远。

正如我前面提到的，地球围绕着地轴自转，而月球围绕着地球运转。在潮汐力对海水的作用起效迅速，在月球之下和地球的另一侧，海面都高高隆起。然而，地球始终是在自转的，自转速度（每天一圈）要比月球围绕地球运转（每月一圈）的速度快。地球上的海平面在月球之下隆起，却在地球自转的影响下向“前方”涌去，总是在月球正下方的前面一点点的位置。称为潮汐隆起（潮汐波、隆堆）的海水“堆”并不直接指向月球，却总是指向月球前方一点的地方。

所以想象一下这个画面：潮汐隆起的顶点实际上落在地 – 月中心两点规定的直线之外，稍微“靠前”一些。这个隆起具有质量——质量并不大，但还是有质量。因为它有质量，就有引力，于是对月球产生了拉力。这个拉力让月球沿着它的运行轨道做**向前**加速的运动。这个拉力的效果好像一只小火箭，推着月球加速前进。你推一个正在做圆周运动的物体前进，会让它进入更高的运行轨道，也就是说，它的轨道半径会增加。因

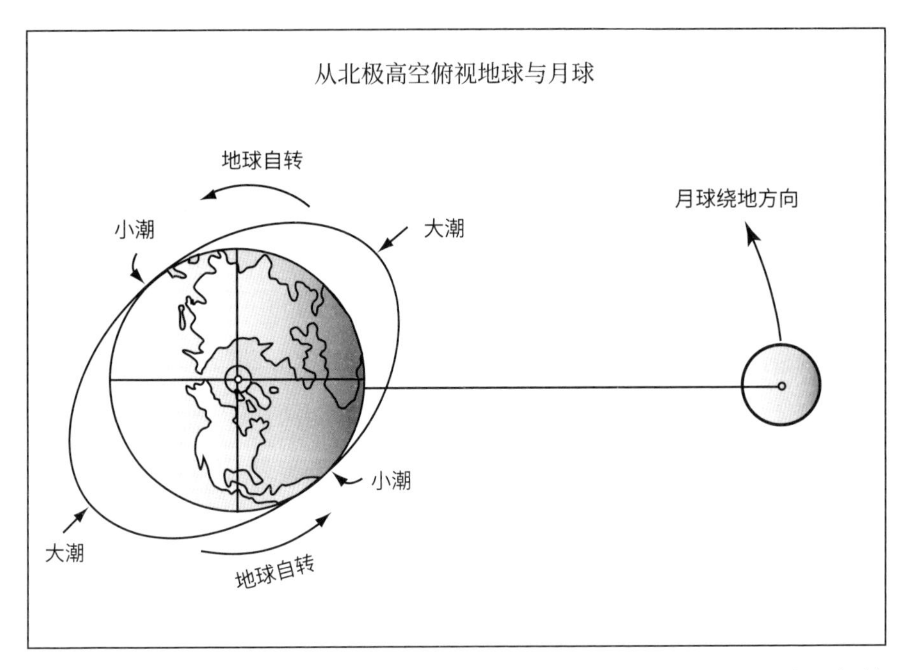

地球的自转（每天一周）比月球围绕地球运转（每月一周）的速度更快。地球上，由月球引起的潮汐隆起受到地球自转的影响，位于月球运行方向的前面。反过来，这个潮汐隆起也作用于月球之上，使得月球围绕地球旋转的速度更快，导致月球以每年 4 厘米的速度离地球而去。同时，地球的自转也因此减慢了

此，随着地球的潮汐隆起拉着月球向前运动，月球与地球的距离也越来越远。人们已经精确地计算出了这一现象的数据。月球与地球的距离要比一年前增加了大概 4 厘米。一年之后，这个距离将再增加 4 厘米，年复一年。

当然，月球对于潮汐隆起也有拉力。如果说隆起位于月球的**前方**，那也就是说，月球位于隆起的**后方**（相对于地球的自转方向来说）。这意味着，月球对于隆起的拉力是向后的，使其减速。因为隆起与地球其余部分的摩擦，月球对于隆起的减速作用实际上也在为地球的自转减速！这使得我们的一天正变得越来越长。同样，这种变化极其微小，但是可以被测量

出来。

除了月相变化之外，月亮最显著的特征是它面对我们的一面是永远不变的（详情参见第 3 章）。这是因为月球围绕月轴自转的周期与月球围绕地球运转的周期时间是一致的。这个时间看上去似乎是一个神奇的巧合，但其实并不是。这是由潮汐力引起的。

无论何时，月球的引力都作用于地球之上，引发潮汐，而地球对于月球也有同样的潮汐作用。但是，地球对月球的潮汐力是月球对地球的潮汐力的 80 倍，因为地球的质量是月球质量的 80 倍。地球上的各种潮汐力作用也存在于月球上，但效果更快、更强。

地球在月球上施加了一个巨大的潮汐力，撕扯月球。在月球上有两个潮汐隆起，就在其坚硬的岩石之上发生。月球刚刚形成时，与地球的距离比现在更近，自转的速度也更快。由于地球对月球的潮汐力作用而形成的潮汐隆起使得月球的自转速度开始减慢，好比地球的潮汐隆起一样。因为月球渐渐远离地球，同时它的自转也在变慢，直到月球的自转周期和它围绕地球的运转周期时间一致（换句话说，月球上的一天相当于地球的一个月）。这个时候，月球的潮汐隆起和地球恰好在一条直线上，月球的自转周期也变得稳定下来；也就是说月球的自转不再减速了。

这就是月球面向地球的一面总是固定不变的原因。月球在自转，然而这一切都是潮汐力“**力求**”而来的。这不是巧合，这是科学！

请同样记住地球的自转正在减速。就像月球在极久以前经历的那样，最终地球的自转会慢到一个程度，使得地球上的潮汐隆起恰好位于地球和月球的中点定义的直线之上。到了那个时候，月球对于地球的潮汐隆起将不再起向后拉的作用，地球的自转也将不再减速。彼时，地球上的一天将会变得有一个月那么长（与此同时，因为月球与地球的距离增加，意味着

“一个月”的时间也会变得更长，大约 40 天)。在那个遥远的未来，如果站在月球上望向地球，你将看到的是永远不变的地球一面，就像我们现在在地球上会看见永远不变的月球一面一样。

这种因为受到潮汐力作用而产生的变化被称为**潮汐演变**，对地球和月球都产生了深远的影响。地球和月球都还年轻时，彼此之间的距离更近，自转速度都比现在更快。然而经过数十亿年的相互作用，形势发生了巨大的变化。

一旦地球的自转和月球同步，地 – 月系统的潮汐演变就不复存在。然而，那时来自太阳的潮汐力依然还会存在。它也会影响地 – 月系统，但等到这情况发生之时，太阳早已开始向红巨星转化了，地球和月球都会直接被烧成灰烬。那时，我们要面临的麻烦可比潮汐力什么的严重得多了。

当然了，我们的地球并不是唯一有卫星的行星。以木星为例，它有好几十颗卫星。木星作用在它的卫星之上的潮汐力大得令人毛骨悚然，因为木星的质量是地球的超过 300 倍。小小的木卫一围绕着木星做轨道运动，与木星中心的距离和月球与地球中心的距离一样。于是，它受到的潮汐力是月球受到地球潮汐力的 300 倍。木卫一同样也被木星潮汐锁定了，这意味着它每绕木星运转一周的同时自转一周。如果能够站在木星表面观察木卫一，你总是会看到它固定的一面。

但是木星有好多好多卫星，其中的一些个头还不小。以木卫三为例，它的个头居然比水星都大！所有这些卫星之间也有彼此作用的潮汐力。当一颗卫星从另一颗卫星身旁经过的时候，引力差对它们的挤压和拉伸使两者都产生形变。

你有没有玩过金属衣架，将它快速地折来折去？金属会升温，甚至可能会烫伤你。木星的卫星产生形变时，也会发生同样的现象。压力的变化会导致卫星内部的升温，这种现象甚至使得木卫一的内部热到融化。和地球一样，木卫一内部的熔岩会突破地表喷发而出，形成巨大的火山。1979年，“旅行者”一号探测器掠过这颗表面疮痍的卫星时首次发现了火山的存在。从那以后，更多的火山被发现，这颗可怜的卫星上似乎总是有火山在不断喷发。

潮汐引发的摩擦阻力同样会使其他的卫星升温。木卫二显示出在它冰冻的表面之下存在液态海洋的证据，液态水很有可能是在木卫二身边经过的卫星的潮汐力产生的热量而导致的。

如果我们将视线放得更远一些，会看到更多的潮汐力现象。有的时候，宇宙中的两颗恒星会围绕着彼此旋转，形成联星。如果这两颗恒星距离非常近，在潮汐力的作用下，它们会变成卵形。如果靠得再近一些，它们之间甚至会发生物质交换，气体会从一颗恒星流向另一颗恒星。这会改变恒星的演化过程，影响它们的衰老。有的时候，如果联星中的一颗是个头小而密度大的白矮星，来自另外一颗正常恒星的气流会包裹在这颗白矮星的表面之上。当聚拢在白矮星表面的气体足够多的时候，它会突然发生一个宇宙级别的核爆炸。这个爆炸力量之大，可以将白矮星撕成碎片，制造出一颗硕大的**超新星**，这颗超新星每秒钟释放的能量可以等于我们的太阳一生所释放的能量总和。

我们还可以再踏出更大的一步，采取极为宏观的视角。星系整体也受潮汐力的影响。星系是由数十亿颗恒星通过万有引力聚集在一起形成的庞大集合，有时也会和其他星系擦肩而过。一个路过的星系作用在另一个星系上的引力差不仅可以挤压、扭曲整个星系，甚至可以把这个星系撕碎。有的时候，和联星系统一样，质量更大的那个星系从质量较小的星系那里攫取大量物质——恒星、气体和星际尘埃，这一现象被称为**星系吞食**。这在宇宙中并不是什么罕见的现象。有证据表明，我们的银河系之前就干过这种事。事实上，我们此时此刻正与一个名为人马座矮椭球星系的小型星系发生碰撞。该星系在银河系的中心区域附近穿银河系而过，在这个过程中，它的恒星被我们所在的规模更大、质量更重的银河系所吸纳。

所以，下次去海边的时候，花一点儿时间思考你面前发生的事吧。潮汐力的作用不仅仅让海水起起伏伏，还延长了我们一天的时间，把月球越推越远，制造火山，吞噬恒星，凶猛地撕裂整个星系。当然了，由于潮汐力的存在，我们也更容易在海岸线上找到美丽的贝壳。有的时候，把宇宙当成一个整体来思考，确实很刺激，但其他时候单纯踩湿沙子玩也挺好。

江清月近人：大月亮错觉

08

The Moon Hits Your Eye Like a Big Pizza Pie:
The Big Moon Illusion

记得当我女儿还在襁褓中时，一个温暖的春日傍晚，妻子和我把她放进婴儿小推车里，出门在家附近散步。我们一路朝着南边走去，在街上转过一个弯后，面向几乎正西的方向。红色的夕阳就在我们眼前，看上去个头很大，色泽火红，一点点沉入地平线以下。真是令人叹为观止的一幕。

我想起那晚应该是满月，于是转过身，面朝东方。在东方的地平线附近，一轮皎月正在升起，看上去和我们正后方的夕阳居然一般大——当然没有那么红。

我呆呆地凝视着月亮。它看上去**硕大至极**，低垂在房子、树木、街上停的车和电话亭之上。我可以想象自己快要被它吸引过去，或者伸手就可以轻而易举地触碰到它。

当然了，我知道这不可能，还知道好些别的知识。那一晚的晚些时候，大约夜里 11 点，我又来到了室外。夜晚依然清朗，我很快就在夜空中找到了月亮。已经过了好几个小时，地球的自转让地平线附近的月亮升到夜空之中，此刻，一轮满月洁白又明亮，高高地挂在天上闪耀着光芒。我发现此时的月亮看上去“缩水”了不少，于是嘴边挂上了令人玩味的微笑。跟傍晚时分地平线附近那个硕大逼人的圆盘相比，此时的月亮看起来明显变小了，变成高悬在我头顶之上一个几乎可以说是小小的圆。

我是又一个被“月亮错觉”所欺骗的受害者。

毫无疑问，绝大多数见过月升（或月落）的人，都会觉得月亮在地平线附近的时候，个头看上去比高悬于夜空之中时要大得多。测试结果表明，月亮在地平线附近时，看上去的大小是其在夜空正中时的两三倍。

人类早在数千年前就注意到了这个现象。公元前 350 年左右，亚里士多德就将它写了下来，人们也在亚述尼尼微皇家图书馆的一块泥石板上找到了关于这个现象的描述，比亚里士多德还要早 300 年。

在现代流行文化中，关于月亮的这个现象有很多种解释。其中有三个解释流传最广：月亮在地平线附近的时候，与观察者的实际距离更近，因此看上去也就更大；地球的大气层好比一个凸透镜，放大了月球，让它看上去更大；看到地平线附近的月亮时，我们会在头脑中将它和周围的诸如树木、房屋等物体比较，通过对比，月亮显得更大。

我还需要多说吗？这三个解释都是错的。

第一个解释，说月亮在地平线附近的时候距离我们更近，简直错得不能更离谱了。如果想要月亮看上去是正常情况下的两倍大，那也就意味着它与我们的距离是正常情况下的二分之一。然而，我们都知道，月球围绕地球的运行轨道并不是如此地“椭圆”。事实上，月球轨道的近地点（距离地球最近的点）和远地点（距离地球最远的点）分别到地球的距离大约相差 40 000 千米。月球轨道的平均半径为 400 000 千米，所以这个距离浮动也不过是 10%，与两倍的距离相差甚远，因此根本不可能造成看上去两倍大的月亮。更不消说，月球从近地点走到远地点需要两个星期，因此你根本不可能在同一个晚上看到月球在近地点和远地点的状态。

具有讽刺意味的是，月亮在你头顶时，与你的距离其实比它在地平线附近时**更近**一些，所以它看上去个头会更大一点。在一个晚上的时间内，从月球到地球中心的距离基本上可以认为是恒定不变的。当月亮位于地平线附近时，你看向月亮的视线大致与从月球到地心的直线平行，所以你与月球的距离大致等于从月球到地心的距离。但是，当你望向头顶夜空中的月亮时，你**和**月球的距离等于月球到地心的距离。此时你与月球的距离实际上比月球在地平线附近时要近 6000 多千米。这个距离会使得月球看上去比在地平线上时大 1.5%，而不是看上去更小。很显然，月球与观测者的物理距离在这里不是重点。

第二个常见解释——地球的大气层扭曲了月亮的影像，让它显得更大——也是错的。光在从一种介质进入另一种新介质的时候会发生折射现象，比如从空气中射入水中。这个现象使得插在水中的勺子看上去像是弯曲了一样。

光在从太空的真空环境中进入密度相对较高的地球大气层时，也会发生折射现象。你看向天空时，地平线附近大气层的厚度随着视线角度的变化而变化得非常快，因为大气层是包裹在地球表面的一层球状气态“外壳”（解释参见第 4 章）。这种变化导致了光线发生弯曲——弯曲的程度取决于光线与地平线的夹角。当月球位于地平线附近时，它的顶部比底部要高大约 0.5°，这就意味着来自月球底部的光线要弯曲得更厉害。大气层使得光线向上弯曲，看上去月亮的底部好像被挤扁了一样。这也就是为什么月亮（当然，太阳也是一样）在地平线附近的时候看上去总是更扁一些。

月亮虽然在竖直方向上被挤扁，但是水平方向上却没有受到影响。这是因为在地平线附近，大气从左到右的厚度是一致的。月亮被挤扁的现象只有光来自不同高度的时候才能看到。

驳斥“距离说”的解释中提到，在地平线附近时的月亮其实应该比夜空正中的月亮更小一点，所以这个解释肯定也是错误的。即便如此，这个解释还是流传甚广，为各类人所接纳。高中里就有这么教的，甚至大学里也有这么教的，我甚至听说有的教科书里也有这么写的，虽然没有亲眼见过。

不管你的眼睛和大脑是如何感知的，如果你走到室外，分别测量地平线附近的月亮和夜空正中的月亮的大小，会发现这两次的测量数据几乎是一致的。你不用精确地测量出具体数值，而可以伸直手臂，举起一只橡皮擦，拿它和月亮的大小比较。如果这样做了，你会发现，虽然月球在地平线附近的时候看上去很大，但是**在测量上**却没有体现出来这种区别。

地平线附近的月亮可以看上去硕大到令人震撼，但月亮大小上的变化却是一种错觉。如此看来，如果这不是物理现象，那就肯定是心理现象。

第三种“比较说”就是建立在心理学基础上的，它不认为月亮在物理学意义上变得更大，只需要有地平线附近的其他物体作比较就好。在头脑中，我们将月亮和这些物体作比较，因此月亮显得更大。而当月亮位于夜空正中的时候，我们不能再作这样的比较，所以它看上去就离我们更远。

但是这种说法也不可能是对的。因为月亮错觉和地平线附近有没有东西没关系，哪怕地平线附近空无一物，比如从船上看海平面附近的月亮，或者在飞机上看地平线附近的月亮，这种大月亮错觉依然存在。另外，你可以跑到高楼大厦建筑群中仰视当空明月，在这些高耸入云的建筑物对比下，月亮看上去也并没有更大一点。

如果想要更多的证据，试试这个：下次当你在地平线附近看到大满月的时候，背对月亮弯下腰，从你的两腿之间上下颠倒地看月亮（为了不显得傻，建议你在四下无人的时候再试）。大多数做过的人都说，这样看月亮时，大月亮错觉就消失了。如果大月亮错觉真的是因为比较它和它附近的物体造成的，那么当你弯腰劈腿看月亮的时候这个错觉应该依然存在，因为即使你看到的月亮是上下颠倒的，它附近的那些参照物体却并没有什么变化。然而月亮错觉却消失了，所以“比较说”肯定也不是正确的解释。另外，请注意，这个现象也证明了大月亮错觉不是由于月亮可测的真实大小发生了变化。

所以，**究竟是什么**导致了月亮错觉呢？我就不卖关子了：没有人知道具体原因。虽然我们明确知道月亮错觉的的确确是一种错觉，它的产生和我们大脑处理图像的方式有关，心理学家却不知道这种错觉**究竟**为什么会产生。学界里发表过言之凿凿的论文，但是在我看来，月亮错觉产生的原因依然没有完全被搞清楚。

但是这并不意味着我们对月亮错觉的原理一无所知，有几个因素和月亮错觉相关。其中最主要的两个因素可能要数我们判断远方物体大小方式，以及我们感知天空形状的方式。

在一条熙熙攘攘的街道上，站在你附近的人看上去就比远处的人个头大。如果你在眼前举一把尺子，测量他们看上去究竟有多高，某个距离你 5 米开外的人看上去大概有 30 厘米高，但是距离你 10 米远的人看上去只有 15 厘米高。这些人的身影在映入你的视网膜时，高度是不同的，但是你会**认为**他们的身高是一样的。你当然不会觉得远处的那个人身高只有近处这个人身高的二分之一，所以你大脑中的某个位置会负责处理这些影像，让你觉得这些远远近近的人身高都差不多相同。

这种现象被称为**大小恒常性**。它有显而易见的优点：如果真的认为越远的地方人的个头越小，那么你对距离的感知会彻底紊乱。这样的物种面对那些可以轻松辨别你所处的距离（和个头）的捕食者存活不了太久。在这种意义上说，大小恒常性是一种生存要素，因此它在我们的感知机制中

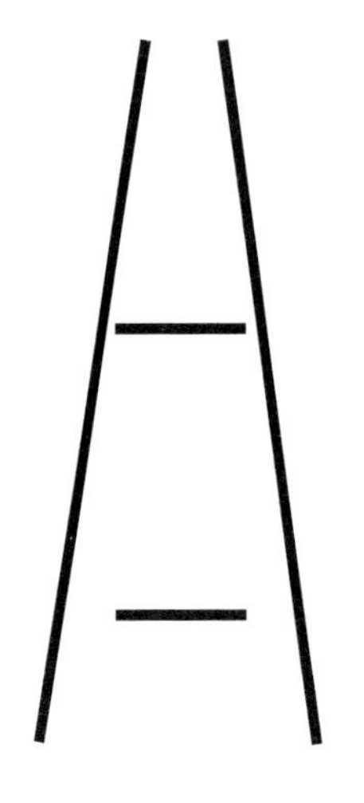

庞氏错觉是最著名的视错觉之一。两条水平线段的长度实际上是一样的，但是因为两条相互靠近直线的影响，上面那条线段看上去更长

根深蒂固也就不足为奇了。

然而，我们还是可以被骗的。在上图中，你会看到两条直线，它们在图片的上方相互靠近。这两条直线之间有两条平行的线段——其中一条更靠近位于图片上方的两条直线相互接近处，而另一条则位于图片下方两条直线相距更远的地方。这两条线段哪一条更长？大多数人都会觉得上面那条线段更长。然而，如果你测量一下两者的长度（请随意尝试），你会发现这两条线段的长度是一样的。

这种现象被称为庞氏错觉，以提出者的姓氏而命名。之所以出现这种错觉，是因为你的大脑将两条相互靠近的直线想象成一对平行线，就好像两条铁轨一样。它们相互靠近的地方被你的大脑理解为离你更远，类似平行的铁轨看起来像是在远方地平线处相交。因此你的大脑认为上面的线段要比下面的线段更远。

现在让我们回想一下大小恒常性。你的大脑想要觉得上面的那条线段距离你更远。但是因为两条线段的实际长度是一样的，你的大脑就会认为这意味着上面那条线段比下面那条线段更长。大小恒常性和透视效果协力诱使你的大脑认为上面的线段比下面的线段更长，而事实上并非如此。

这和月亮错觉又有什么关系呢？要解释清楚，我们还要再来说一说天空的形状。

天空通常在示意图中呈现为半球形，也就是一个球形的一半。当然了，这并不准确，地球上空并没有半球形天空外壳。天空是无限远的。然而，我们的确会觉得天空像是我们头上的一层外壳，也的确觉得它有形状。天空看上去是球状的，球面上所有的点与地心的距离都是相同的。在天空中，位于我们正上方的那个点被称为天顶点。如果天空真的是一个球面的话，天顶点与我们的距离就会和我们到地平线的距离相等。

但是这并不是事实。大多数人，也包括我自己，在仰视天空的时候会觉得它的顶部更平一些，更像汤碗而不是半球。不相信我吗？试试看这个：走到室外，找片能够让你清楚地看到从地平线到天顶点的天空的空地。想象有一条直线从天顶点出发，穿过天空，与地平线相交。伸直你的胳膊，用手指指向你认为的从天顶点到地平线之间的线段的中点，也就是说，此时你的胳膊应该与地面呈 45° 角。

现在，请一位朋友来测量你的手臂与地面之间的角度。我几乎可以保证，你的胳膊与地面呈大约 30° 角，而不是 45° 角，而后者才是真正的从地平线到天顶点之间的“中点”。我和好多朋友都一起做过这个实验（当中有些天文学家），没有**任何**一个人的胳膊抬到了 40° 角以上。这正是因为在我们眼中，天空是偏扁的；对于偏扁的天空来说，天顶点与地平线之间的中点要比半球状天空的中点更低。

至于为什么在我们的眼中天空是这样的形状，原因并不太清楚。阿拉伯学者阿尔哈曾在 11 世纪时指出，这是由于我们从脚下这片平坦的地面习得的经验。当我们低头看的时候，视线中的地面与我们距离最近；当我们慢慢抬起目光的时候，眼中的平地越来越远。我们对天空的认知也一样。这次让我们仰起头，直视正上方，此时天空与我们距离最近，而随着我们的视线慢慢落下，眼中的天空也越来越远。虽然这个解释距今有 1000 多年的历史了，但是它的确有可能是正解。

但是，不管究竟原因为何，这种认知一直存在。我们眼中的天空是扁的。正如阿尔哈曾指出的那样，这意味着地平线附近的天空看上去比我们头顶正上方的天空距离更远。

现在，让我们把所有的知识点都统合到一起。月球无论是在地平线附近还是在天顶点，在物理学意义上的大小当然都是一致的。我们感知中天空的形状让大脑觉得月球在地平线附近的时候比在头顶的时候与我们距离更远。最后，庞氏错觉告诉我们，面对两个在视野中大小相同却不一般远的物体，大脑会认为更远处的物体个头更大。因此，当月球在地平线附近的时候，我们的大脑认为它的个头更大。月亮错觉的效果非常明显，达到了庞氏错觉的等级，所以我们似乎可以安全地下结论说这就是月亮错觉产生的原因。

这个解释最近被一个非常精妙的实验证实了，主持实验的是长岛大学的心理学家劳埃德·考夫曼和他的儿子，IBM 公司阿尔马登研究中心的物理学家詹姆斯·考夫曼。他们使用了一种设备，受试者可以通过其判断所感知到的地月距离。这个设备向空中投射了两幅月球的影像。其中一幅影像中，“月球”是固定的，就像现实中的月亮一样；而另外一个“月球”的远近是可调节的。受试者被要求调整那颗可调节“月球”的远近，直到它看上去像是位于那颗固定的“月亮”与受试者之间的中点之上。毫无例外地，所有人在月球位于地平线附近时找到的“中点”都比月球位于天顶

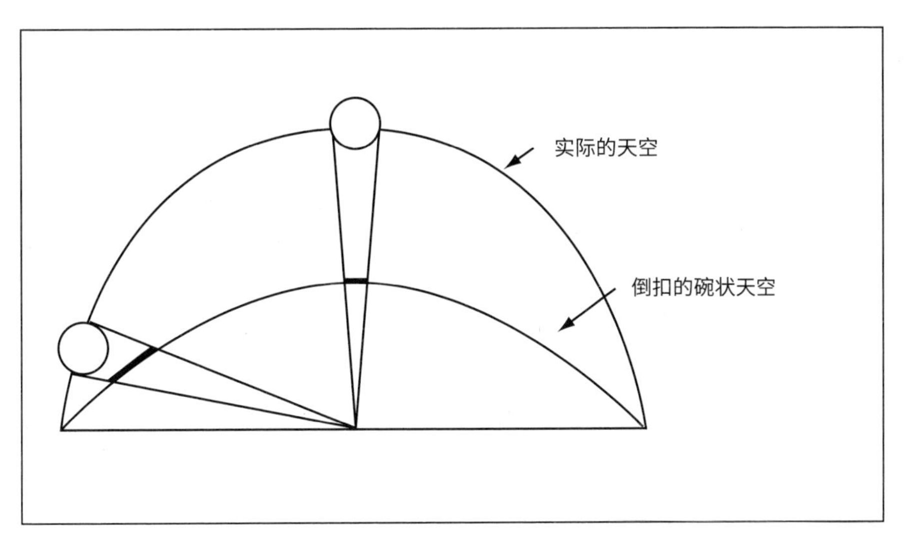

我们眼中的天空并不是半球形，而是一个倒扣的碗状。当月亮位于地平线附近的时候，它看上去比位于我们正上方时更远。这时，我们的大脑被欺骗，认为月球看上去比实际要大

点时找到的“中点”距离要远，前者平均是后者的四倍。这也就意味着，对于受试者来说，地平线到他们的距离看上去是天顶点到他们的距离的四倍，证明了月亮错觉是旁氏错觉的变体。

然而，有些人并太不认同这个结论。举例来说，你问别人：“你觉得哪个月亮离你更近，是地平线附近的大月亮，还是天顶点处的小月亮？”他们会说地平线附近的月亮看上去更近。这显然与庞氏错觉的解释背道而驰，因为根据庞氏错觉的理论，我们的大脑会认为越大的物体距离我们**越远**。

但是，用这个例子反驳是不对的。庞氏错觉说的是更远处的物体更大，而不是更大的物体更远。发现区别了吗？在庞氏错觉中，大脑首先下意识地建立了距离关系，**然后**才来解读物体大小。而当你问别人哪个月亮看上去更大的时候，他们首先看的是大小，**然后**才有意识地估算距离。这

是两个截然不同的思维过程，而且很有可能是由大脑中不同的部位处理的。所以这个反驳实在是没有什么价值。

我认为，庞氏错觉再加上大小恒常性和天空的形状，三者合一足够解释清楚这个有上千年历史的月亮错觉之谜。真正的问题或许是，为什么我们的大脑会这样感知我们看到的东西。然而，我不是心理学家，只是个好奇的天文学家。作为天文学家，我需要指出，我只能做到验证心理学相互冲突的诸多理论的预测真实与否这一点，不具备在其他方面评判这些理论的资质。很有可能在未来的某天会出现更好的理论，又或者有人发现了庞氏错觉理论的致命缺陷。如果那一天真的到来，希望心理学家能给天文学家讲清楚，这样我们就可以修正对于月亮错觉的解释。

顺带一提，我总是在想，宇航员在太空是否也能看到月亮错觉。不管怎样，这可能会给月亮错觉产生的根源提供一些有趣的线索。我问过宇航员罗恩·帕里塞他有没有注意过这一点。很不幸，他告诉我太空飞船的舷窗太小了，无法看清天空的全景。也许有一天，NASA 说不定会考虑让宇航员太空行走的时候顺便观测月亮错觉是否存在。他或者她可以比较位于地球视觉上边缘附近的月球和远离地球的月球的大小，看一下有没有发生变化。有意思的是，在太空中做这个实验可以比在地面快很多：太空梭用 90 分钟环绕地球一周，这意味着对于宇航员来说月出和“月上中天”之间只隔了 22 分钟左右！

说了这么多，让我来问最后一个问题：如果你手举一枚 10 美分硬币望向天空中的满月，需要把这枚硬币拿到眼前多远，才能让它看上去和月亮差不多大？

答案可能会让你大吃一惊：超过 2 米开外！除非你的四肢特别长，否则几乎不可能做到这一点。大多数人都觉得夜空中的月亮看上去个头很大，但是它实际上挺小。月球的直径在地心构成的圆心角只有 0.5°，也就是说，180 个月亮依次排开，才能从地平线排到天顶点（构成 90° 的圆心角）。

我的意思是，我们的感知经常和现实发生冲突。通常情况下，现实是对的，而犯错的是我们自己。在某种意义上说，这不仅仅是我写作本章的意义，同样也是我写本书的意义。或许我们应该时刻记住这一点。

第三部分

愈夜愈美丽*

Skies at Night Are Big and Bright

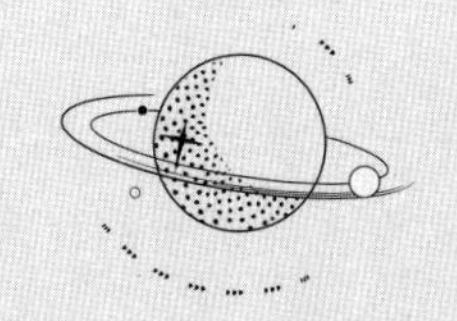

* 该标题字面意思为“夜空又大又美丽”，来自 1942 年的美国歌曲《得克萨斯内心深处》的歌词“夜晚的星星又大又美丽”。这一部分的中文题目使用了经典歌曲《愈夜愈美丽》的曲名。

如果敢于离开月球，开始一段“寻找坏天文学”的星际旅行，我们会发现一个充满离奇事物的宇宙，它们好似一个个等待我们跳进去的“误会陷阱”。

流星是坏天文学的主要来源之一。18世纪，两位耶鲁大学的科学家提出流星来自于外太空，一个爱耍嘴皮子的人回应道：“我认为，两个北方佬教授会撒谎比石头会从天上掉下来可信。”这人就是托马斯·杰斐逊。谢天谢地，杰斐逊当年一直忙着别的事情，比如创立弗吉尼亚大学（我的母校）啦，当当总统啦什么的，没顾得上涉足天文学。

你在一个晴朗无云的夜晚来到室外，如果足够幸运，大概能看到一两颗流星。如果距离城市和它带来的光污染并不太近，你会在夜空中看见成百上千的恒星。和流星一样，星光也是穿越了好长一段距离才进入你的视线，甚至人类所知的距离我们最近的恒星也有足足40兆千米那么远。和流星一样，恒星发出的光子也滋养了大量我们对宇宙错误认知。恒星有颜色，会闪烁，亮度不同，所有这些特征都遭受了拙劣的误解。

坏天文学同时也催生了一批灾难预言者。在2000年5月太阳系六大行星排列成直线之前的好些年、月、天里一直有各种灾难预言者冒出来。据我的最新观察，世界还好好的。日食发生的时候似乎也总是伴有各种末日哭喊。长久以来，日食都被认为是神怒的预兆，然而事实上，日食是天空中出现的最壮丽的景象之一。

最后，在这一部分我们还会穿越时空，回到一切的原点——宇宙大爆炸。说不清为什么，关于宇宙起源的思考让我们本就不清晰的思维更加扭曲，对于大爆炸的描述通常与其说厘清了这个问题，不如说让它更加复杂难懂。在我看来，大爆炸理论的讽刺之处在于它甚至比我们能提出的最奇怪的理论猜想还要奇怪。

一闪一闪亮晶晶：为什么星星会闪烁

09

Twinkle, Twinkle, Little Star:
Why Stars Appear to Twinkle

“一闪，一闪，小星星，我多想要了解你。”
——简·泰勒词，莫扎特曲

“一闪，一闪，小行星，不见你闪盼你闪。”
——坏天文学家

我坐在天文台中，等待着。那是 1990 年，我正试图做一些硕士学位要求的天文观测。问题在于天在下雨。从那天下午起就大雨滂沱（对于 9 月的弗吉尼亚州山区是常有的事），我一直等着天空放晴，好让我能够拍摄下一些优质的照片。

几个小时之后，我转运了，雨停云开。我赶紧着手工作，找到了一颗很亮的恒星，然后将天文望远镜对准了它。但是我费尽九牛二虎之力，电脑屏幕上的恒星图像总是不清楚。我来回变换焦距，什么招都想了，但是不管我怎么鼓捣，那颗恒星的身影看上去还是相当模糊。

所以，我做了任何一位被关在小黑屋里三个小时的天文家都会做的事。我走到室外，抬头望天。

那颗被我选中的恒星正高悬于夜空，疯狂地闪烁。我静静地观察着它，只见它一阵阵地放光，甚至还时不时地改变颜色。我立刻就知道了为什么无法得到它的清晰图像。并不是天文望远镜的错，而是我们的大气层在捣鬼。我又等了几个小时，但是这颗恒星始终拒绝变清晰。我放弃了，收拾东西回家，准备第二天晚上再试试运气。

谁不曾在深夜置身于天鹅绒般的夜幕之下，欣赏夜空中的星星？它们那么遥远，那么明亮，那么……焦躁不安？

星星会眨眼，看起来很美丽。观察一颗星星，你会看到它一闪一闪。有的时候它甚至会在一瞬间改变颜色，从白色变成绿色，再变成红色，然后又变回白色。

但看**那颗**星星。它比其他星星更亮，散发着稳定的白色光芒。为什么这一颗星星不闪烁呢？如果你问出声来，身旁的人或许会扬扬得意地告诉你："那是一颗行星。行星不会闪烁，恒星才会。"

如果你想稍微打压一下他们的嚣张气焰，就问问他们**为什么**恒星才会闪烁。他们八成说不出。无论如何，他们的说法是错的。行星也会闪烁，和恒星一样。只是它们的闪烁基本上不会影响它们的外观。

地球大气层的好处毋庸置疑，它让我们可以呼吸，玩纸飞机，骑着自行车玩风车，等等等等。然而虽然人人都热爱空气，有的时候天文学家却希望大气层不存在。空气会拖我们研究的后腿。

如果大气层稳定、安宁又静止，那倒也没什么问题。但它不是。空气是澎湃汹涌的。大气层有好多层，每层温度也不一样。它一会儿朝这儿吹，一会儿朝那儿吹。而大气的乱流，就是恒星会闪烁的根本原因。

空气有一个令人讨厌的属性，它可以使光线弯曲。这种现象称为**折射**，你肯定见过无数回了。光线从一种介质进入另一种介质时，会发生弯曲，比如从空气进入水，或者从水进入空气。你把一只勺子放入一玻璃杯水中，在空气与水的交界面上，勺子看上去变弯了。但是，事实上，这只是因为从水中射入空气的光线发生了弯曲。如果你在小溪中用渔网捞鱼，肯定也切身经历过同样的现象。如果你不考虑折射现象的存在，那很有可能什么也捞不到，晚饭就没找落了。

光线在穿越大气层的时候，如果从密度较大的地方射入密度较小的地方，就会发生弯曲。比如，热空气就比冷空气密度小。沥青马路路面附近的空气就比马路更上方的空气要热，光线穿越这些空气层时就会变弯。这就是为什么夏天你前方的沥青路面看上去在闪烁一般，光线在空气中发生折射，让公路路面看上去液化了似的。有的时候，你甚至能看到空气中反射出的汽车身影。

地表附近的空气可以是很稳定的。但是，在我们头顶上遥远的地方，情况可就不一样了。在几千米以上的高空，空气在不停地翻涌。一个个称为“云泡”的小小空气包，在大气中前后左右四处飘。每个云泡直径大概有几十厘米，永远都在运动。光线从这些云泡里穿过时因折射而发生微小的弯折。

这就是恒星会闪烁的原因。恒星发出稳定的光，经过以光年计的距离来到地球。如果地球上的大气层不存在的话，恒星的光芒将直接射入我们眼中。

但是大气层是存在的。星光穿越大气层时，就必须穿越云泡。每个云泡都使得光线稍微弯折，通常弯折方向是随机的。每一秒钟都有数百个云泡飘过星光的路线，每一个云泡都让星光偏离原路。从地面上看，恒星显得很小，比云泡小多了。因此恒星的影像看起来就像在跳来跳去，我们在地面上见到的星光跳动是光线向随机方向折射导致的。恒星在闪烁！

天文学家一般不把这个现象称为闪烁，而称之为**视宁度**——一个几个世纪之前遗留下来的令人有点儿困惑的叫法，但是和其他大多数专业术语一样，它被一直沿用下来。天文学家通过测量某个夜晚夜空中的恒星大小来确定视宁度有多糟糕。因为恒星的身影跳动得极快，所以在我们的肉眼看来它是一个模糊的光斑。视宁度越糟糕，恒星看上去个头就越大。视宁度在普通夜晚大概为几个角秒。作为对比，月亮的视宁度大小接近 2000 个角秒，肉眼可见的光斑最大可达约 100 个角秒。地球上最佳的视宁度在半个角秒左右，但是视宁度的数值也可能变得很大，这取决于空气的动荡程度。

视宁度同样也随着时间的变化而变化。有的时候，空气会突然平静下来几秒钟，恒星身影形成的光斑这时会大幅度缩小。因为来自恒星的光线会集中到一个更小的区域里，这时你就能够看清楚那些更暗淡的恒星。我记得自己有一次坐在天文望远镜的目镜之前观察了好几分钟，想寻找某片星云中心一颗非常暗淡的恒星。这颗恒星勉勉强强刚刚够上这台望远镜的可见度限制。突然，视宁度好转了一瞬间，那颗幽灵般的淡蓝色恒星映入我的眼帘。同样突然地，视宁度又变坏了，那颗恒星的身影消失不见。它是我亲眼观测到的最暗淡的恒星，这份经历实在是太美好了。

所以为什么行星不会闪烁呢？行星个头很大。嗯，事实上它们的个头比起恒星来小太多了，可是它们离我们的距离也**近多了**。哪怕是用全世界最好的天文望远镜观测，夜空中最大个的恒星也不过是一个小光点，可是只需要一只双筒望远镜，你就能看到状似圆盘的木星。

木星和其他恒星一样，也受到视宁度的影响。但是因为木星的身影足够大，因此看上去并不会跳来跳去。木星的身影也会移动，但是移动的程度相对于它看上去的个头来说微不足道，所以木星不会像其他小恒星一样看上去像是在闪动。木星上具体细节变得模糊，但是行星大体上还是岿然不动的，几乎不受气流振荡的影响。

只是几乎。在视宁度极度糟糕的情况下，就连行星也会闪烁。一场雷雨之后，空气状态可以变得十分不稳定，如果行星位于太阳的另一侧，远离地球，它的个头看上去会格外小，因此也更容易闪烁。但行星闪烁意味着视宁度极度糟糕，当晚无法观测。

想要看到闪烁更频繁的恒星，另一种方法就是在它们位于地平线附近时观察它们。一颗恒星初升或者落下时，我们的视线需要穿越更多的空气——因为大气层是曲面的。这就意味着我们和恒星之间隔着更多的云泡，因此恒星的闪烁可能会更厉害。讽刺的是，如果你恰好在城市之中举目仰望，空气状态会更加稳定。因为污染，城市上空总是有多层烟雾笼罩，烟雾可以稳定视宁度，这大概是它唯一的益处。

有些颜色的光碰巧比其他颜色的光更容易发生折射，比如蓝色光和绿色光比红色光更容易弯曲。有的时候，在视宁度很糟糕的情况下，你可以发现恒星的颜色在不断变化，原因是先前的星光在发生折射之后改变了颜色。天狼星是夜空中最亮的星，通常情况下，它在我们的眼中是稳定的白色。但当天狼星在低垂的一些时候，它会剧烈地闪烁，迅速变换颜色。我就亲眼见过好多次，情景摄人心魄。

这种现象同样也会给我们带来困扰。想象一下：夜幕降临，你独自一人驱车在一条寂静的路上，突然，一个发光物体出现，跟在你的身后。你看着它疯狂地闪烁，从明亮到暗淡，然后发现它的颜色忽然在变幻，从橙色到绿色到红色到蓝色！这是不是宇宙飞船啊？你是不是要被外星人绑架了啊？

不，你只是被坏天文学欺骗的受害者。但是，这个故事听上去很耳熟，不是吗？有很多不明飞行物的故事看上去就是这个样子的。当你开车的时候，恒星看上去像跟着你，因为它们距离我们太遥远了。恒星的闪烁导致它的亮度和颜色都发生变化，剩下的就靠发挥想象力了。我每次听见诸如此类的不明飞行物的故事，总是会心一笑，我认为，就算那不是外星人，也**绝对是**颗地球外的星星。

闪烁的星星可能会引人创作歌曲和诗词，但对于天文学家来说，却是件麻烦事。我们建造大型天文望远镜的原因之一就是它们可以帮助我们提高对天体的**分辨率**。想象有两个天体，其中一个是另外一个的一半大小，但是在某个晚上，它们都小于视宁度。因为视宁度的存在，它们两个看上去都很模糊，差不多大，我们根本无法判断哪个天体更大。这就为我们的观测设了一个最低阈值，即我们能够观测到并且精确测量其大小的对象的最小值。任何比这个阈值更小的物体都会变得模糊，使其看上去显得更大。

更糟糕的是，因为视宁度的存在，彼此靠近的天体因为变得模糊而看上去合二为一，我们用肉眼无法区分它们。这大大限制了我们分辨更小的天体。

为了避免视宁度的影响，人们发明了很多种方法。其中之一就是越过它。如果在大气层之外设置一台望远镜，那么它将完全不受视宁度的影响。这就是 1990 年人们将哈勃空间望远镜送入太空轨道的根本原因。因为在望远镜和被观测物体之间没有了大气层的存在，哈勃空间望远镜比地面上的望远镜视野更清晰（详见第 22 章）。哈勃望远镜不受视宁度的束缚，通常比它那些留在地面的兄弟们“看”得清楚得多。问题在于，送望远镜上天耗资巨大，以至于安置一台天文望远镜的造价可达地面望远镜造价的十倍之多。

另一个避免视宁度干扰的方法，是对被观测天体进行大量的短期曝光拍摄。如果曝光足够快，就能够在流动的空气使其变得模糊之前，拍摄下恒星清晰的身影。和对于移动物体进行快速曝光拍摄同理，用一秒钟的曝光时间来拍摄赛车，只能得到一个模糊的轮廓，但是如果曝光时间缩短为万分之一秒，画面就会清楚又干净。一个极短的曝光时间可以让恒星的身影变得清晰，不过，随着光线在空气中会发生折射，每次曝光时图像中恒星的位置会发生变化。天文学家会用快速曝光的方式拍摄下成百上千张恒星的照片，然后通过电子计算机将这些图像叠加处理，得到长曝光拍摄所不可能得到的结果。借助这个技术，我们第一次清晰地拍摄到除了太阳之外的恒星。红超巨星心宿二是我们的目标，获得的图像虽然有点儿模糊，但却可辨，并非仅是一个光点。

这个技术的最大弊端在于，它只能用来拍摄发光的天体。一个暗淡的天体不管短期曝光多少次，也不会出现在画面上。这就严重限制了可以被

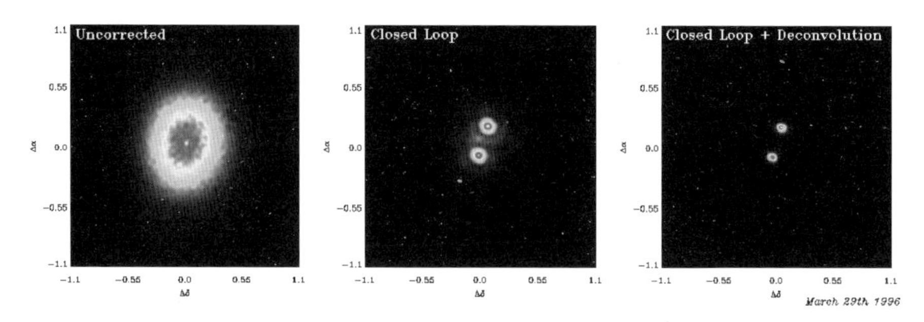

没有 AO 系统的帮助，一对距离很近的联星可能看上去就像一块光斑。①但是一旦采用了 AO 技术，加拿大 - 法国 - 夏威夷天文望远镜就可以清晰地捕捉到它们各自的身影；②经过电子计算机的进一步处理，图片的清晰度还可以变得更高；③这两颗恒星之间的距离只有 0.3 角秒，长度等同于将近 15 千米开外一枚 25 美分硬币的直径（图片版权所有，加拿大 - 法国 - 夏威夷天文望远镜公司，1996 年拍摄）

拍摄的目标范围，因此也就限制这种技术的应用广度。

还有第三种技术，它看起来大有前途。如果观测者能够准确地测量出大气层扭曲恒星图像的程度，天文望远镜反射镜的形状就可以通过适当弯曲抵消大气的作用。这个技术被称为**自适应光学**，简称 AO，因为天文望远镜的视觉系统可以适应视宁度的变化。适应性调整是通过一系列固定在金属杆上的小活塞实现的，这些小活塞被称为**促动器**，位于望远镜反射镜的背后。在一些情况下，金属杆推进反射镜，改变它的形状，扭曲反射镜至可以抵消视宁度变化的程度。还有一种方法，就是使用一组六角镜片，镜片彼此相邻，好像厨房瓷砖一般，每个镜片都有自己的配套促动器。小镜片比大镜片更容易制造，成本也更低，因此世界上规模最大的那些天文望远镜中很多就有这样的设计。

结果着实惊人。上图就是采用 AO 技术的 3.6 米口径加拿大 – 法国 – 夏威夷天文望远镜所拍摄的图片。左边的图片是 AO 系统关闭时拍摄的一对联星，我们只能看见一个长形的模糊光斑。但是在右边的图中，AO 系统开启，修正了视宁度的影响，我们可以清楚地看见两颗恒星的身影。

欧洲南方天文台在智利安置了好几台带有 AO 系统的天文望远镜。其中之一就是甚大望远镜，简称 VLT。这名字起得的确没什么诗意，不过倒是很符合这台 8 米口径、六边形拼接的巨大镜面望远镜的形象。事实上，它是一组 4 台望远镜，通过 AO 系统的帮助，拍摄的图片清晰度足以和哈勃望远镜匹敌。AO 系统为数不多的缺陷之一在于它的视野过于狭窄，每次曝光只能看到一小块天空。当然，随着技术的改进，可视天空范围也会变得越来越大，最终，这些望远镜将常态化地使用 AO 技术来观测更大的天空。

下次你在晴朗的夜晚出门看到群星闪动时想一想，哪怕是眨眼这样最简单的事情也可能有复杂的起因，而应对它们带来的妨碍则可能很困难。

或者你也可以单纯地欣赏星星闪呀闪。这样也行。

闪闪的白星[1]：多姿多彩的恒星

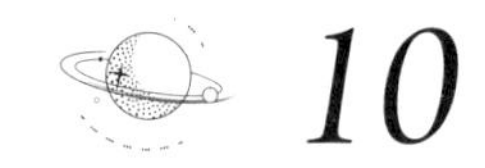

10

Star Light, Star White: Stars of Many Colors

在晴朗无云的夜晚，我最爱的活动之一就是把望远镜拖到室外，对准天上的东西看。通常情况下，我会把望远镜架在我家后院的什么地方，使其视野远离树木、街灯以及其他干扰。不过，还是总有一位邻居会看到我，于是跑过来一窥究竟。

上一次，我这位邻居带着她两个上小学的孩子一起来了。他们上的是家庭学校，正缺一个科学学分。我的邻居觉得在夜晚拿着望远镜看星星可以让他们挣得这一分。

我带着孩子们一起看了月亮、土星、木星，还有其他一些有意思的天体之后，孩子们想要通过望远镜观察恒星。我先和他们打好招呼，说夜空中的恒星看上去只会是一个小光点，而不是一个圆盘。普通的天文望远镜无法把它的身影放到很大。然后我将望远镜对准了织女星，它是夜空中最

[1] 标题源自一首古老的英文童谣，出处不详。全文如下："星光，闪亮的星光；今晚我看到的第一颗恒星；我想我可以，我想我可能；我怀抱着今晚的希望。"作者将"闪亮的星光"改为"白色的星光"。

亮的恒星之一。我没再多说什么，让孩子们自己观察。

孩子们的喜悦着实动人。"好像一颗宝石！"一个孩子惊叹地说，"我真不敢相信它有这么蓝！"

我就知道孩子们会有这样的反应。邻居的女儿视线离开了望远镜，我向她指了指夜空中织女星的位置。她盯着它看了一会儿，然后说："我以前都不知道恒星是有颜色的，我以为它们都是白色的呢。"

我也知道她会这样说，这样的话我听过无数次。虽然很多人都像她这么想，但恒星**的确**是有颜色的，而且其中有些的颜色还相当漂亮。大多数恒星看上去是白色这事要怪我们的眼睛，而不是它们自己。

神奇的是，恒星这样的庞然巨物可以发出彩色的光，却是因为最小的东西：原子。

恒星，基本上来说就是巨大的气体球。在恒星中心附近，由于来自外层的巨大压力，构成气体的原子被挤成一团。当你挤压某物的时候，它会变热。太阳之类恒星内部的压力如此之大，以至于它的温度可达几百万摄氏度。因为温度如此之高，原子核——原子的核心，包含质子和中子——彼此挤压、交融，这个过程被称为**核聚变**。伴随着核聚变的过程，会释放出大量能量，能量以一种高能光的形式散发，这种光被称为伽马射线。

光好比信使，带着能量从一处跑到另一处；在这个意义上，光和能量其实是一回事。伽马射线不会跑得太远，随即就被其他原子核吸收了。然后原子核再一次发出伽马射线，再被吸收。这个过程一次次地重复，重复了无数兆次，恒星内部的核聚变产生的能量一步步来到恒星的表面。

伽马射线撞在亚原子粒子上，粒子携带的能量上升。换句话说，粒子的温度上升。在恒星的核心位置，温度可以达到数百万摄氏度，但是越远离核心区域，温度就降得越低。最终，在恒星表面，温度降低到只有区区几千摄氏度（当然这个温度也是惊人的，地球上平均室温也只有22℃）。

虽然“只有”几千摄氏度，还是足以令原子中的电子脱离原子核的束缚分离出来。太阳表面附近的各种小微粒飞来飞去，互相撞击、交融，吸收和释放以光的形式存在的能量。在很长一段时间内，物理学领域中的一个重大问题就是弄清楚太阳为什么会发光。1900年左右，德国物理学家马克思·普朗克提出猜想，太阳中的小微粒好比一个个迷你振荡器，就像一个个迷你弹簧一样来回振动。彼时，人们已经清楚地知道如何计算振荡器释放的能量，所以普朗克很希望能够通过这个猜想解释太阳发光的原因。

但是普朗克失望了。在他的设想中，光是以波的形式发出的，每个微粒都散发出一定颜色的光。根据当时的物理学思想，任何微粒都可以散发出任意数值的能量。然而，普朗克却发现，如此假设和恒星发光的实际情况不符。为了解决问题，普朗克限定了每个微粒可以生产出的能量大小。他意识到，粒子释放出的能量是**量子化**的，也就是说，粒子能释放出的能量总量总是某个单位能量的整数倍。换句话说，一颗恒星能够发出2个单位的能量（不管这个单位是什么），或者3个单位，又或者4个单位，但它绝不可能发出2.5个单位或者3.1个单位的能量。这个倍数，必须是一个整数。

普朗克并不是很能接受此事，先前没有理由相信这会是真实情况。几个世纪以来，物理学家都假设能量的发出是连续的，而非段段分明。普朗克的量子化能量模型挑战了学界的认知！然而，普朗克的模型更能解释观测数据。他在意识到自己的模型和数据契合后，发表了它。

量子力学就此诞生。

普朗克的想法是对的，光的确是以某种“单位能量包”的形式被发射出来的。我们称之为**光子**。爱因斯坦把这个概念应用在他解释“光如何能够释放金属中的电子”的一篇论文中，把这一现象称为**光电效应**。今天，我们利用光电效应的原理制造太阳能板，为设备提供能量——从便宜的计算器到哈勃空间望远镜。与大众认知恰好相反，爱因斯坦最终获得诺贝尔奖是因为这个发现，而不是他更加著名的相对论研究。

普朗克构思出关于量子化能量的假设时，发现了一个有趣的现象：一颗恒星散发出的光量和颜色与其温度有关。他认为，如果两颗恒星大小相同，温度更高的那颗将散发出更多光，与温度较低的恒星相比，来自温度高的恒星的光线将会更蓝。蓝色的光子比红色的光子携带更多的能量，所以一颗温度更高的恒星会具备更多的能量，也会制造出更高能的光子。处于某个温度的恒星会散发出**所有**颜色的光，不过主要集中在**一个**特定的颜色。

这也就意味着，一颗温度较低的恒星，比如说大约在2500℃，散发的红光最多。一颗温度较高的恒星，比如将近6000℃，散发的绿光最多。如果恒星的温度再高一点，那么它散发出来的光基本都是蓝色的了。如果温度超越了主要发蓝光的值，恒星发出的大部分光会呈紫外线的形态，肉眼就无法观察到了。

这就是第一个关键点：恒星的颜色取决于它的温度。所以，通过测量恒星的颜色，我们就能推断出它的温度。人类已经完全掌握这个转换的数学过程，事实上，如果我们能够测量某颗恒星散发出的光量，我们还能算出它的个头有多大。多么神奇，光凭看它发出的光，我们就能测量出恒星的温度和大小！这的确是很了不起的，要知道，距离我们的太阳最近的恒星，也在40兆千米开外呢！

然而，虽然恒星散发出的光会有一个“主色调”，却并不意味着我们看到的恒星就是这个颜色。举个例子吧，让我们看一下太阳：太阳的“主色调”其实处在光谱上的绿色区域，但它看上去却是白色的（请翻看第4

章，重新复习关于白色太阳的知识）。太阳同时也发出蓝色和红色的光，所以太阳呈现的颜色是所有这些光叠加起来的颜色。你可以这么想：如果我烤了一炉巧克力屑饼干，配方中最主要的成分肯定是面粉。然而我的饼干吃上去可不只是面粉味，它还混合着其他配料的味道。对于恒星来说，情况也是如此：太阳散发出的光芒中，绿色的光比其他的光都多，但是这些光混合起来，却让太阳呈现白色。

这儿还有个有趣却又讽刺的附带知识：夜空中，没有任何一颗看上去是绿色的恒星。不管这颗恒星的温度有多高，因为多种颜色的光线混合在一起，总能够保证最后的混合光不是绿色的。天文学家通常将几颗恒星描述为绿色的，但是这些恒星都处于联星系统中；也就是说，它与另外一颗恒星距离非常近。通常情况下，当联星系统中的另外一颗恒星是红色或者橘色时，对比就会让一颗原本是白色的恒星看上去呈现绿色。我亲眼见过这样的联星系统，看着一颗恒星在它红色的同伴身边显现出绿色真是一种很怪的感觉。

如果恒星的颜色都不尽相同，那么为什么大多数恒星看上去都是白色的呢？

再仔细看看。哪一颗恒星看上去是白色的？如果从夜空中最亮的那些恒星开始观察，你或许会注意到这一点：夜空中最亮的那些恒星，大多数都是蓝白色或红色的。夜空中最亮的星天狼星，是蓝色的。如果你能观测到天狼星，那么或许也可以观测到参宿四，参宿四则是一颗橘色的恒星。心宿二——天蝎座中心的一颗恒星，是铁锈红色的。心宿二的英文名意思是“可以与火星匹敌”，正因为两者的颜色相似。

但是如果继续观察那些亮度更低的恒星，你会发现它们的颜色也随亮度变暗淡。最终，达到了某个最小亮度临界值之后，所有更暗淡的恒星看上去都是白色的。很显然，这个现象跟恒星本身没有关系，是因为我们自身的缘故。

这就要从我们人体的眼睛结构说起了。在我们的视网膜中，有两种不同的感光细胞。**视杆细胞**可以感知射入我们眼睛中的光线强度，或者说亮度；**视锥细胞**可以感知不同的颜色。[我以前经常把这两个细胞的功能弄混，不过现在我有一个巧记法，视锥细胞（cone）和颜色（color）的前两个字母一样，这样是不是更好记一些呀。]视杆细胞非常敏感，在适当的条件下，甚至能够感受到单个光子；而视锥细胞就有点迟钝，需要在光线充足的情况下，才能辨认清楚颜色。所以，一颗暗淡的恒星对于你的视杆细胞来说可能已经足够亮了，因此你能够看见它，但是对于你的视锥细胞来说却还不够，所以你无法判断它的颜色。这种情况下，恒星看上去就是白色的。这颗恒星本身可能是蓝色的、橙色的或者黄色的，但是它还不够亮，无法激活你的视锥细胞，让你辨认清楚它的颜色。

这就是使用望远镜观测的好处之一了——虽然很多人都没有意识到。望远镜并不仅仅是一个放大远距离物体的设备，还可以聚拢光，就像一只桶可以收集雨水一般。水桶越大，你收集到的雨水就更多。望远镜越大，你收集到的**光**就越多。通过望远镜，这些光改变了方向，射入你眼中，所以哪怕是一颗暗淡的恒星看上去也变亮了许多。一些对于肉眼来说呈现白色的恒星，当我们用望远镜观察的时候，可能会展现出它们真正的色彩。更妙的是，那些原本就闪亮的恒星在望远镜镜头下会变得更加色泽鲜明。

这就是为什么我的邻居们吃惊地发现织女星看上去好似一颗宝石。织女星是夜空中的第四亮星，也是我们通过肉眼就能观测到其颜色的少量恒星之一。试试看通过望远镜观测它，你会发现它散发着蓝宝石一般的光芒。

由此就说到了我最后的一个想法。无论何时，我都喜欢拿出望远镜来观测夜空，但是最美好的夜晚却是万圣节前夜，那个时候街上会有很多的小朋友。每一年我的妻子马赛拉都会带着女儿佐伊上街要糖吃，留我一个人在家。这时候，我不仅能够给孩子们发糖，还能够让他们通过望远镜观察木星或者土星。大多数孩子之前从没有用过真正的天文望远镜，听见他们因为发现了土星的光环而兴奋地赞叹令我相当有成就感。

我在治安不太好的街区生活过，有些来我家要糖吃的孩子看上去就像在学校会被老师们认为是“问题青少年”，就算不犯事也很可能会辍学。然而，正是这些孩子，通过我的望远镜看到木星的卫星时，表现得尤为吃惊。他们会说：“酷”，或者“赞”，或者“牛”，总之就是当下流行的表达“哇！”这意思的字眼。在亲眼见到宇宙真实面目时，他们冷漠的面具会暂时掉落下来。

很多人说，现在这一代的孩子们对什么都提不起兴趣。我衷心地建议这些人在某个 10 月 31 日的晚上光临一位天文爱好者的家。或许他们可以发现自己错得到底有多么离谱。

坐井观天：在白天看见恒星到底有多难

11

Well, Well:
THe Diffiullty of Daylight Star Sighting

我从来没当过童子军[1]。

这或许也是件好事。我小的时候就挺自以为是的——有些人说我现在也还是挺自以为是的——我确定如果和其他同龄男孩一起在树林里活动，肯定会被教训得挺惨。直到高中的时候，我才学会开恶作剧玩笑，用来报复那些整我的家伙。

童子军有一个传统的小花招，我觉得我一准儿会上当。通常是在下午接近傍晚的时候，太阳还挂在天上。这个花招的最佳时机是孩子们在树林里度过了漫长的一天之后，所有人都身心俱疲，或许脑子都不清楚了。大家围坐一周，话题就会转到天文学荣誉勋章上面。要想获得这枚勋章，其中一个测验就是辨认星座，所以往往在闲聊了几分钟之后，某个（年长的）男孩会站起来，说："好吧，我现在需要练习寻找星座了。"

[1] 童子军活动，英文：Scouting，是按照特定方法进行的国际性青少年社会性活动。童子军活动的目的是向青少年提供他们在生理、心理和精神上的支持，培养出健全的公民，最终目的是希望这些青少年可以回馈社会并对社会有所贡献。童子军运动开始于 1907 年，英国陆军中将罗伯特·贝登堡在英国白浪岛举办了第一次童子军露营。

当然，这句话往往会激起一些反对意见，通常会来自新手。“但是太阳还没落山呢，”他一定会这么说，“在白天你看不见恒星的！”

这位年长的男孩会露出一抹居高临下的微笑，说：“我当然能看到。我只需要用纸筒就行！”然后，他会掏出一张纸，卷成纸筒。他通过纸筒抬头望天，会说什么“啊，我看见猎户座了”这样的话。他会邀请其他童子军（当然是年长的男孩们）一起看，大家一定会纷纷表示自己看见了恒星。

新来的童子军成员可能会犹豫一阵，但是毫无疑问地，好奇心会战胜一切。他会要求也看一看。年长的童子军就会把纸筒递给他，他必然会对准眼睛抬头朝天上看……然后，另外一个童子军就会把水壶里的水灌进纸筒里——又一个年轻的小家伙上当了。

如果是我，一定也会上当的。鉴于我是个彻头彻尾的怀疑论者和大嘴巴，我一定会据理力争地说，人们在白天看不见恒星。然后那一天我一定会被淋成个落汤鸡。

然而，我还会是一个**说对了**的落汤鸡。在白天，想通过纸筒看见恒星根本不可能。可是，这个想法的若干变体却存在了好多年。

我无数次听人说起，如果大白天在烟囱底或者深井下，就能够看见恒星。但是我从来没有听说过一个相关的合理解释**原因**，虽然人们会泛泛地说什么在井下看天空，天空的亮度会降低，于是就更容易看到恒星。他们认为，天空太亮了，所以掩盖了恒星的光芒。只要把天空的亮度降低，恒星就更容易被观察到。

这话**听上去**的确挺有道理的，而且这个想法由来已久。古希腊哲学家亚里士多德就在他的著作中简略提到过，大文豪查尔斯·狄更斯也在他至少一部作品中支持了这个想法。在狄更斯 1837 年出版的小说《匹克威克外传》中，第 20 章的开头就是这样一句迂回曲折的话：

在康希尔的弗利曼胡同的尽头，一座熏得黑漆漆的房屋的底层的前间，坐着道孙和福格律师事务所的四位办事员，那两位先生是威斯明斯特的高等民事法庭的法定辩护士兼高等法院的律师——这四位办事员每天都在这里工作，就像被放在相当深的井里的人似的，不大容易看到天上的光和天上的太阳，又因为工作时间是在白天，白天看不见星光，倒是在深井里的人还可以有这种机会[1]。

一口气读完这句话……没睡着吧？换句话说，这些办事员在屋子里和在井底看恒星一样清楚。很显然，狄更斯的出版商是按字数给稿酬的。

“井底观星”的传说还有其他的版本，生活在6世纪的基督教圣人、历史学家都尔的额我略在他的《奇迹之书》中写道，圣母玛利亚从一口井中打水，这口井因为被玛利亚使用而被赐福。那些足够虔诚的教徒可以望向井中，如果他们用布缠住头部，挡住射向井底的日光，就能够在井水中看见伯利恒之星[2]的倒影。这是一个颇为狡猾的花招：如果看不见这颗星，就说明你还不够虔诚。快回教堂祈祷去吧！

很明显，白日观星的传说在人们的印象中根深蒂固，在人类有迹可循的书面历史中也多次出现过。我认为，这个传说之所以经久不衰，要归功于它似是而非的“科学性”：正如我在上文中所说，它听上去很像是真的。就像“春分可立蛋”的传说一样，“白日观星”的神话中也撒了那么一点儿零星的科学术语，让它更具有欺骗性。人们听不懂，所以觉得它肯定是

---

[1] 节选自[英]狄更斯：《匹克威克外传》，蒋天佐译，上海：上海译文出版社，1979。

[2] 伯利恒之星，也被称作圣诞之星或者耶稣之星，是耶稣降生时天上一颗特别的发光体，在耶稣降生后指引来自东方的“博士”找到耶稣。

正确的。漫长的存在历史同样也支持了这个神话的“正确性”，但传闻并不算是决定性的证据！为了证实这一点，我们必须要从谣言中摆脱出来，求助于科学的帮助。

让我们再好好看一看这个传说：烟囱到底有什么特别的性质，才能让我们通过它在大白天看见恒星？一个明显特征就是它的底部很暗。一旦你的眼睛适应了黑暗，它们会变得对光更加敏感。可能这一点会帮助你看见恒星。

然而不幸的是，这行不通。想象你坐在一个长烟囱底下，恰好头顶上就有一颗恒星。让我们同样假设你的双眼已经适应了黑暗的环境。但是再仔细一想：如果说你的眼睛适应了黑暗，从而变得对来自恒星的光很敏感，可是同样地，黑暗也会让你的双眼对来自天空的光更敏感哪。所以这并不会让你更容易看清天上的恒星。这就好比站在一个喧闹的酒吧里和朋友说话一样。你发现自己很难听清楚他说的话，于是用助听器来加强自己的听觉。但是这不会有什么用。诚然，你朋友的声音在你耳中被放大了，可是来自酒吧的其他噪音也同时被放大了。实际上并没有什么本质变化，你还是很难听清你朋友在说什么。

这也同样证明了大白天在井水里看见伯利恒之星倒影的神话不幸是假的。水或许会降低天空的亮度，但是也会在同样的程度上降低星辰的亮度。还不如在烟囱底观察伯利恒之星的效果呢。想想看，耶稣诞生的场景将被彻底地改头换面。如果马槽边上矗立着一个大烟囱，对于圣诞节来说，可真是相当的煞风景啊[1]。

---

[1] 虔诚的基督教家庭会在圣诞节临近的时候在家中摆放耶稣诞生场景的迷你模型，这是除了圣诞树之外的另一个传统。

在夜里，你可以很轻松地看到恒星，但是在白天就不容易，或者根本看不到。原因也很显然：在夜晚，天空是又黑又暗的，但在白天却是相当明亮的。白天的天空之所以是亮的，从根本上说是因为阳光照亮了它的缘故（具体的解释，请回看第 4 章）。

但是阳光并不是照亮天空的唯一光源。如果在一个满月夜来到室外，你只能看见夜空中最亮的那些恒星，它们很努力地与月亮争光辉。来自城市的灯光同样也让天空变得更亮。这一现象被称为**光污染**，在靠近城市的地方光污染往往很严重，即使在小镇附近，光污染也不是什么好事情。这也就是为什么天文学家选择在远离人类活动的地方建造天文台的原因。

在白天，明亮的天空吞噬了微弱的点点星光。事实上，一个亮度正常的白天，天空的亮度大约是一个普通晴朗的无月夜的 **600 万**倍。难怪在白天很难见到恒星！毕竟在白天，星光的竞争对手太强大了。

然而，我们知道，在白天是有可能看见月亮的，所以如果一些天体足够明亮，那么我们也能在白天的天空里看见它们。一颗恒星究竟要亮到什么程度，才能让我们在白天看见它呢？

问题的关键在于**对比**。为了看见一个明亮背景下的物体，这个物体本身必须足够明亮，以至于你的眼睛能够将它从周围的光亮中分辨出来。20 世纪初人们做过实验，如果一颗恒星的亮度大约是天空亮度的 50%，那么肉眼就可以发现它。这个结论一打眼看上去似乎很奇怪，你居然可以看清比背景更暗的物体。但是恒星发射的光是集中在一点的，而来自天空的光却是分散在它周围的。因为与天空形成对比，使得这颗恒星可见。

1946 年，科学家进行了一系列实验，考察一颗恒星需要有多亮才能够在白天的天空中显现。他们设置了一颗仿真恒星，通过调整该恒星背景的亮度，模拟人类在白天和夜晚能够看到的景象。他们发现，人类在白天能够看到的最暗淡的恒星，亮度也需要为天狼星——（除太阳之外）天空中最亮的恒星——的 5 倍。也就是说，哪怕是天空中最亮的恒星，也不足以在白天被肉眼看到（《美国光学学会期刊》第 36 期，第 8 号，1946 年，第 480 页）。

因此，对于人类的肉眼来说，在白天根本不可能看见**任何**恒星。你或许以为故事到这里就结束了，不过还有一个小转折。科学家在 1946 年做实验的时候，是假设恒星以外的干扰光**来自整个天空**的。如果身处烟囱底部或者井底，你不会看见整个天空，只能看到一小块。如果**能够**摒除来自天空的大部分光，你就能够看到更加暗淡的恒星。

20 世纪伊始，有两位天文学家分别试图想搞清楚肉眼的视觉极限，并确定夜空中肉眼可见的最暗淡的恒星亮度为何。他们两位不约而同地发现，如果缩小观察范围，能够观察到的暗淡恒星的数量就会大幅度增加。他们认为，如果能只观察天空中的一小片区域，你所见恒星的亮度实际上是之前在整片天空中观测到它们的大约 10 倍——在这种情况下，你**勉勉强强**能够在白天看见天狼星，但这就是极限了。亮度仅次于天狼星的恒星老人星，亮度正好位于临界值之上。让我们大方一点，假设这两颗恒星都可以通过这种方式被观测到。可不要忘了，我们肉眼可见的，还有那些明亮的太阳系行星：水星、金星、火星和木星，看上去都比老人星或者天狼星要亮。

所以我们明确了也许，只是也许，我们可以堪堪通过烟囱看见 6 颗天体——在烟囱狭窄的出口挡住了大部分来自天空光芒的条件下。在得出结论的过程中，我们考虑到了从长且暗的筒状结构底部观测天空的所有优势。但是我们必须得公平一点，来看一看筒状结构的劣势。

有个劣势是致命的。讽刺的是，我们之前以为这正是筒状结构的优势所在：烟囱的狭窄出口。刚才我们在讨论的时候，说它可以有效地阻挡住来自天空的光芒，增强了对比度，因此看到恒星也就更加容易。然而，烟囱的小出口也意味着，在你的视野内正好存在亮度足够的天体的概率也会降低。

多数人都以为，天空中四处遍布着恒星。但这是一个错觉。人类肉眼能够看到的恒星差不多有 1 万颗，而这 1 万颗恒星分布在整个天际。因此我们可以估计一下你通过烟囱的顶部出口平均能看到几颗恒星。答案或许会让你大吃一惊：即使是大号烟囱，在一个最清朗、最黑暗的夜晚，你也总是只能看到 10~20 颗恒星。在一个普通的夜里，你或许只能看到一两颗恒星。所以，事实上，通过烟囱来观察恒星将更加困难，**哪怕是在夜里**。因为烟囱挡住了绝大部分的天空，因此在狭小的视野中，只剩下几颗恒星而已。在白天，这个概率就更低了，低得离谱。因为你能够在白天通过肉眼见到的天体最多只有 6 颗，而不是 1 万颗。的确，这 6 颗恒星中可能恰好有 1 颗正落在烟囱正上方的天空里，但这种可能性太小了。

当然了，科学家可不会只是待在屋子里算算数字，然后就认定结果正确的。他们会来到室外，亲自试验。一位名为约瑟夫·艾伦·海尼克的天文学家就做了这个实验，然后将他获得的结果发表在《天空与望远镜》月刊上（1951 年第 10 期，第 61 页）。有一天，他带着天文学课上的几个学生，来到了他任职的俄亥俄州立大学附近一个被遗弃的烟囱脚下。在他们所在的纬度上，明亮的织女星——天空中第四亮的恒星——会经过他们头顶几乎是正上方的天空。他们计算好了时间，保证在烟囱下面观察的时候，织女星会位于烟囱的视野中。虽然根据我们的计算，织女星的亮度是能够在白天被看见的最低亮度的一半，可它还是天空中最亮的恒星之一。如果人们不能在白天看见它，那么绝大多数其他恒星肯定也不会被看到。

到了计算好的时刻，海尼克和他的学生抬头向上看去，试图捕捉到一丝丝星光的痕迹，但是所有人都没有看到织女星。有两名学生甚至还用了双筒望远镜——理论上来说将进一步增加对比度，更有助于观察。他们也没有看到织女星。这并不奇怪，真的。织女星还是太黯淡了。不过，他们倒是**至少**亲自证实了，通过烟囱观察恒星是极度困难的事。

又一个传说被驳倒在地，或者说倒在煤灰里也许更合适。虽然通过狭窄的视野观察天空能够增加你看见昏暗物体的可能，但是增加的程度还远远不能够让我们在白天看见恒星。同样，因为视野狭窄，明亮的恒星落在其中的概率低之又低。

然而，我毫不怀疑这个传说还会继续流传下去，所有传说都是这样的。甚至我的一位朋友——一位颇有名望的天文学家，也发誓这个传说是真的。他声称自己亲眼见过：有一次他在白天通过烟囱看天空，然后看见了一颗恒星。大卫·修斯发表了一篇题为“看恒星（尤其是通过烟囱）”的杰出论文，他在文中说道，一个好烟囱内部会有向上的气流，哪怕没有点火（《皇家天文学会季刊》，第24期，1983年，第246–257页）。我的朋友很有可能看见了什么东西的碎片，只是正好被气流托着，同时被阳光照亮了而已。在很远的地方看来，这个碎片看上去会很小，难以判断是什么，而且移动的速度显得很慢。这个碎片**很有可能**被误认为是一颗恒星瞬间现身又消失。我向朋友解释了这一点，还跟他解释了一颗恒星的亮度和天空表面的亮度对比，甚至还强调了一颗明亮的恒星恰好出现在狭窄的烟囱上空的微小概率，但是他就是不听劝。他坚持认为自己是正确的。我猜，哪怕是最坚信科学的大脑也有其不愿放弃的迷信思想吧。我想，这故事对于我们所有人来说都是个有意义的警示。

现在，在说了以上内容之后，我必须得向读者们坦白，在白天，还是

有可能轻而易举地看见某个看上去像恒星的天体的：那就是金星。金星的亮度差不多是天狼星的15倍，所以我们在白天不仅有可能看见它，而且它还可能相当醒目。只要你知道朝哪个方向看，它的确是可以看到的。我自己就在白天看见过它好几回。然而，从“在白天能够看见金星”推断出“通过烟囱可以在白天看见恒星”可就太言过其实了。最终，传言只不过是传言而已。

关于这个话题的最后一笔：我知道我肯定会被老掉牙的童子军纸筒骗局所欺骗。为什么？因为在我七八岁的时候，还真的上过类似的当，只不过当时人家告诉我说这是一个平衡感测试。我得卷起一个纸盘子，插进身前的裤子里，露出几厘米，随后在鼻子上放一块小石头，保持平衡，然后我要低头，努力让鼻子上的石头掉进卷起的纸盘子里。

正当我仰头努力保持鼻子上石头的平衡时，有个孩子将一杯**冰凉**的水通过那个纸卷倒进我的裤子里。这个事情给我留下了终身心理阴影，至今都抗拒使用纸盘子的野餐。别的不好说，但这伎俩至少使我对于各种骗局产生了发自内心的强烈反感，而这反感则在日后促成了你现在手里拿着的这本书。所以，我得向那些无情捉弄过年幼轻信的我的大男孩们说一声：谢谢！

超级大明星：北极星——终究还是泯然于众[1]

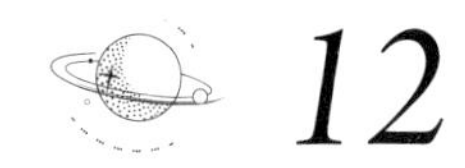

12

The Biggest Star:
Polaris—Just Another Face in the Crowd

几年前，有一次我和一位朋友聊天。他跟我说，前一天晚上他在夜空之中见到了一个缓缓移动着的明亮物体。我立刻就意识到，他说的应该是一颗人造卫星，但是他的描述却让我有点儿困惑。困惑之处在于他描述它在天空中位置的**方式**。他说这个物体在西天，靠近地平线附近，可是他又说它在北极星附近。

“可是北极星不在西边呀，”我告诉他，“北极星在北边。它远远高于地平线之上。”

“哦，好吧，反正我看见的那个东西靠近一颗非常闪亮的恒星，就在日落之后不久。”他回答道。

啊哈！我明白了。那颗闪亮的“星星”一定是金星了，它总是在一年中的那个时候、在黄昏时分，出现在西方的天空中，位置很低。金星总是绚烂耀眼，比天空中任何其他的恒星都要亮太多，甚至比大部分飞机还要

[1] 标题原文“Just Another Face in the Crowd”是自美国歌手菲莉丝·海曼（1949—1995）1981年发布的一首歌曲，原意为《只是人群中的另一张面孔》，唱出了一位失恋女子的悲伤心声。

亮。我的朋友以为它是北极星，而我发现他原来误会时，也意识到自己又碰上坏天文学了。

很多人都认为，北极星是天空中最亮的恒星。让我们先把这事说清楚了：它不是。北极星不过勉勉强强进入夜空中最亮的恒星排名前50名而已，事实上，如果你居住在有光污染的地方——哪怕是不太严重的光污染——你都很难在夜空中看见它。我从小在华盛顿特区的郊区长大，那时几乎就看不到它。一旦起了雾气，哪怕只是一丁点儿——这在美国东海岸地区经常发生——我就根本看不见北极星了。

所以说，北极星不怎么“灵光”。那么，为什么人们总是把它误会成夺目明星呢？我有一个想法，那就是：人们混淆了**亮度**和**重要性**。

北极星不算一颗太亮的恒星，但却是一颗非常重要的恒星。之所以说它重要，是因为它的位置非常接近天空的北极点。为了弄清楚“天空怎么会有北极点？”这个问题，我们需要先做一件事，在本书中我们一起做过好几回了，那就是：从我们脚底下的这颗地球开始讲起。

地球，基本上来说就是一颗巨型大球。同时，它还是一颗正在**旋转**的球。对于一颗孤立静止的球，谈不上哪边是“上”，哪边是“下”。球表面的任意部位和其他部位都没有什么不同。但是，当你旋转这颗球的时候，它就会自动地生成“两极”，两极很好定义：自转轴与球面相交的两点。在地球上，我们称其为**北极**和**南极**。根据定义，在北极点，如果你从上空往下看，地球看上去在做逆时针方向的转动。地球上另外一个值得关注的地方是恰好位于南极和北极正中间、围绕地球一周的**赤道**。

当然了，你之前肯定听过这些，不过有意思的部分就要来了。我们从地球观察天空，虽然天空自己并没有在旋转，但是对于我们这些观察者来说，它是在旋转的——因为**我们**是在旋转的。我们认为太阳和恒星一天天升升落落，但其实我们才是随着地球这颗巨型大球的自转一起旋转的家伙，不是天空。不过对我们来说，认为是天空在旋转要方便得多。古代的天文学家认为，恒星是巨大球形天幕上的破洞，透射出来自天堂的光芒。今天的我们当然懂得更多，不过这个模型还是很好用的。

想象一下，天空好比一颗大球，围绕着我们旋转。和地球一样，天空也将会有北极点和南极点，我们称其为**北天极**（简称 NCP）和**南天极**（简称 SCP），以便和地球上的南北极区分开来。南北天极是地球的两极在天空中的投影。如果你站在北极点上，北天极会位于你的正上方，而南天极则会在你的脚下、地球另一侧的天空上。你看不见它——毕竟中间还隔着一个直径约 13 000 千米、正在自转的大球呢。

让我们在北极点多待一会儿（我希望你的衣服穿得足够多）。夜幕降临，你会看到恒星。因为脚下的地球在自转，所以你会看到头顶上的天空在旋转。空中所有的恒星看上去都在以一天 24 小时为周期画圆圈。靠近北天极的恒星在画小圆圈，而靠近地平线附近的恒星在画大圆圈。所有这些圆圈都有一个共同的圆心：你头顶正上方的北天极。

难以想象吗？那就别坐着了，站起来！我说真的。找一个有顶灯或者天花板上有东西的房间，你去站在它正下方，把它看成一个参照点。站好了之后，开始转圈吧，不过要慢慢地转——要是你把自己转晕了，可就读不懂本章剩下的内容咯。你发现在转圈的过程中，头顶正上方的那个参照点是不动的了吗？这是因为这个点就是你自己的北天极。一边转一边看向房间的窗户：它们看上去在围绕着你画大圆圈，但是顶灯附近的那只死蜘蛛——你想把它清理掉有一个月了——只是在你头顶上方画着小圆圈。

我们的天空也是如此。靠近北天极的恒星画小圆圈，远离北天极的恒星画大圆圈。北天极十分重要，因为天空中所有的恒星看上去都像是围绕着它在转圈。在地球上，对于任何能够看见北天极的地方——也就是赤道以北的任何地方——情况都是如此。对于南天极来说，情况可以此类推。重要地，因为是地球在自转而不仅仅是你在旋转，所以不管你去到地球上任何地方，恒星看上去都在围绕北天极旋转，北天极的位置看上去是固定不变的。地球的地轴好像一支巨大的箭，在北极穿越地表而出，始终指向天空中的一个定点。北天极始终在你的北方，因为无论你在地球的哪个位置，北极都在你的北方。

请记住，这些天空上的定点和地球上的定点一样，只不过前者是后者在天空上的投影。对我来说，在后院抬头看向天空时，北天极位于一棵老枫树的后面。对你来说，北天极或许在一栋楼边上，或者在一座山的上空，或者在你公寓的外墙壁架的下方，**但是它一直都在那里**。北天极永远不会移动。

现在，赶巧了，北天极附近正好有一颗中等亮度的恒星。如果它位于天空中其他任何地方，你可能都不会再多看它一眼，可是这颗星靠近北天极，这意味着它永远都不会升起，也永远都不会落下。漫漫长夜，其他星辰随着时间的推移在夜空中或起或伏，唯此一颗星岿然不动。难道你不会觉得，这颗星的地位十分地重要吗？这么想吧：在人类发明人造卫星、侦察机或手持全球定位系统（GPS）之前，他们得想个办法辨认东南西北。这颗星对当时的人类来说太重要了，因为它在黑夜中向人们指示了北的方向。甚至在现代，如果你在森林里迷了路，又没有罗盘，如果能看到北极星，肯定会很高兴。

这颗恒星有着一个不怎么起眼的名字，小熊座 α（在中国古代也称为勾陈一），但是因为它极度靠近北天极，因此人们赋予它了一个更为人所知的名字——北极星。它本身也是一颗很有趣的恒星，北极星其实是一颗

这张经过长时间曝光的夜空照片展示了恒星优雅的运动轨迹。对于地球上的我们来说，由于地球自转的缘故，恒星看上去像是在天空中画圆圈。这是一张拍摄于科罗拉多州的照片，拍摄方向朝北，北半球夜空中的恒星围绕着北极星画弧线。请注意，北极星并不精确地位于北天极的位置上，所以它也画了一条短短的弧线（拍摄版权所有，乔恩·科尔布，载天文摄影冒险网站，http://home.datawest.net/jkolb/）

“复合星”，至少有六颗恒星围绕着彼此旋转。在我们看来，好像北极星只是一颗恒星，因为它们离我们实在太远了——430光年开外——因此所有构成北极星的恒星看上去就汇聚成一个小光点，好像从远处看一辆小汽车的两只头灯发出来的光只有一束一般。

北极星距离我们好几百光年远，所以它位于我们的北天极之处只能说是一个巧合。为了证明这一点，让我们看看距离南天极最近的恒星，它是肉眼几乎看不见的南极座σ，亮度在整个天空中大概排在3000位。请注意，这些恒星只是对地球而言的“不动星”；如果换一颗行星，比如木星的北天极就离北极星差得好远呢。

事实上，北极星甚至并不在北天极点上。目前，北极星与北天极之间大概有 1° 的距离，相当于从地球看到的满月直径的两倍。不过，对于整片天空来说，这点距离不算什么。

但是，我们的北极星并不仅仅是空间上的巧合，还是**时间**上的巧合。

请读者们记得，北极星之所以成为北极星，是因为地轴几乎指向它。然而，地轴在宇宙中并不是完全固定的。正如我们在第 5 章中所讲过的，地轴在宇宙中缓慢地移动，每隔差不多 26 000 年，在天空中会画一个占据整个天空面积四分之一的圆周。**地轴进动**意味着，以天空为参照物，随着时间的变化，地球北极的位置也在发生着变化。所以目前北天极位于北极星附近只是一个巧合罢了。许多年之后，地轴将缓缓地离开光芒相对暗淡的北极星，把这颗本属二等星的恒星打回其泯然众星的原形。

更糟糕的是，再过差不多 14 000 年后，织女星将来到北天极附近。织女星是夜空中亮度排名第四的恒星，是一颗闪耀着蓝色光芒的亮星，它在夏日的夜晚出现在北半球的上空，即使在光污染的夜空中，织女星也清晰可见。如果说人们在暗淡的小熊座 α 占据北极星宝座时就觉得重要的恒星必然会很亮，那等到织女星登上宝座时这误解只会越发根深蒂固。

在未来遥远的那一天到来之前，我们还是需要目前这颗北极星来为我们指北，这一点就足够让它成为一颗重要的恒星了。尽管重要，它却亮度不高，由此我猜人们是把它的“明星”地位和它的真实亮度毫无道理地联系到一起了。恒星和人一样，就算身份显赫，也不一定有多少“灵光”。

天狗吃太阳[1]：日食与太阳观测

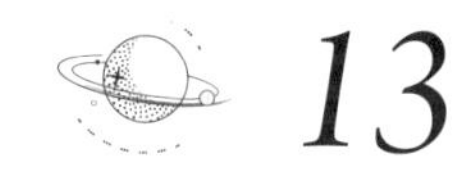

13

Shadows in the Sky:
Eclipses and Sun-Watching

我们人类花了很长的时间，经历了痛苦的内心挣扎，才终于明白了一点：地球并不是一个特别的所在。地球非但不是宇宙的中心，即使是在银河系中，也大概有上百万的类似行星存在，地球甚至可能不是宇宙中唯一孕育出生命的地方。

但是，关于我们这颗蔚蓝色的家园星球，至少有一件事是特殊的。空间和时间共同造就了一个巧合，在我们的太阳系中是独一无二的，在其他任何行星或者卫星上都没有发生。太阳比月球大很多——前者大概是后者体积的 400 倍——然而太阳与地球的距离也是月球与地球距离的 400 倍。这两个方面相互抵消，所以从我们地球上看过去，在天空中太阳的个头和月亮看上去是一般大的。

通常情况下，你是不会注意到这一点的。一方面，太阳光芒太刺眼，你几乎无法直视，所以很难判断它的大小；另一方面，当太阳和月亮都位

[1] 标题来自英国前卫摇滚乐队巴克莱·詹姆斯·收获在 1990 年发行的同名歌曲。

于天空之中且彼此靠近时，月亮正好处于新月的状态，所以你很难看见它（关于更多月相的知识，请回看第 6 章）。

不过，有这样一个特殊的时刻，我们可以明显地看到，太阳和月亮大小是相同的，这就是当月亮经过地球和太阳中间，位于太阳正前方的时候。这时，月亮挡住了太阳的身影，我们将这个现象称为**日食**。日食是一个循序渐进的过程，最初只有太阳的一小部分被月亮的边缘挡住。但是因为月亮围绕地球做轨道运动，于是太阳逐渐消失在月亮的身影之后。我们可以看见月亮黑色的圆形轮廓缓缓地遮盖住了太阳。最终，整个太阳都被月球挡住了。这一幕发生时，天空会变成深蓝色，接近紫色，像是日落的时候一样。地球上温度骤降，鸟儿停止歌唱，蟋蟀唧唧而鸣，好像在白天里凭空多了一个小小黑夜。

上述情景就已经够奇怪了，但是在太阳被月亮完全遮盖的那一刻，我们居然可以看见太阳的外部大气层——我们称之为**日冕**。通常情况下，我们是看不见日冕的，因为太阳的表面极度明亮，日冕却是稀薄缥缈的，像是围绕在太阳周围的一圈光晕或者光环。当日冕变得可见时，几乎所有的目击者都啧啧称奇，欢欣不已，甚至有些人会为它的绝美感动得流下泪来。

日食是壮丽绚烂的，它们并不经常发生，但可以被预测。几千年以来，月球在天空中的运动轨迹都被记录了下来，古代的天文学家在预测日食方面甚至可以达到令人吃惊的准确度。所以历史上记载了大量的日食事件也就不会令人惊讶了。马克·吐温甚至在他的小说《康州美国佬大闹亚瑟王朝》里借用了一个日食故事。小说中，一个年轻的美国人穿越回了中世纪的英格兰，经过各种离奇遭遇，最终被判处火刑。然而，这位美国小伙子恰好记得，一次日全食就要出现，于是他告诉押解他的人，如果他们不放了他，他就把太阳夺走。日全食果然按时出现了，小伙子重获自由。

这故事听上去或许挺傻的，但却基于真实的历史事件，那位天象预测者就是大名鼎鼎的航海家哥伦布。1503 年，他第四次出海前往美洲，他的船抵达牙买加时又破又烂，不能再继续航行了。哥伦布依靠当地原住民提供食物和住宿，不过他们很快就厌烦了养活哥伦布这批人。他们向哥伦布表明态度时，哥伦布想起来，一次月食——地球的影子投射在月球之上，掩盖住月亮的光芒——很快就要发生了。就像将近 400 年之后马克·吐温在小说里写的那般（小说中写的是日食而不是月食），月食事件吓坏了当地原住民，他们恳求哥伦布把月亮还给他们。哥伦布“同意了”，于是他和他的水手就从容地留在了岛上，直到获救。

有的时候，事件的走向也会和哥伦布的经历截然相反——**没能**准确预测日食会让你惹上麻烦。在古代中国，预测日食是所有钦天监（占星官）的职责。古代中国人认为，日食现象是因为有天狗吞日，如果能够提前预测出日食，通过擂鼓奏鸣、朝天空射箭，就能够把天狗吓跑。比如，两位倒霉（且可能并不真实存在于历史）的中国占星官“羲”和“和”就没有做好本职工作。他们预测到了一次日食即将发生，但是决定在报告君王之前，先去喝一杯。他们喝得烂醉，忘了告诉君王。于是日食的来临让每个人都措手不及。幸运的是，君王最终成功“吓跑”了天狗，国家安全了。可是“羲”和“和”就没有那么幸运了。他们被绑了起来，丢到君王面前，可能被批评了一顿，可以确定的是他们掉了脑袋。传说君王把二人的头高高扔到空中，两颗头变成了恒星，光芒微弱，恰好位于仙英座和仙后座之间（今天我们已经知道，这两个光芒微弱的天体是由成千上万恒星构成的星系，通过小型的天文望远镜，我们可以看到它们美丽的影像——肯定要比这则恐怖的中国传说给你的印象美多了）。这个传说带给我们的教训直到今天依然是让人受用的：先发表成果，**再**“一头”钻进酒吧。

甚至在今天，迷信的人们还是会被日食吓到。1999 年 8 月，发生了一次整个欧洲都能够观测到的日全食，我和一位来自波斯尼亚的年轻女士交换了几封电子邮件，当时她的家乡正饱受战火侵袭。她为日食发生时自己所见的场景感到震惊和悲伤：街道上空空荡荡，张贴的警告标识声称日食时来自太阳的危险射线会杀死暴露于其中的人。当地人已经足够忧心忡忡，迷信却使得他们出于恐惧而躲避日食，无法通过观赏自然奇观而得到几分急需的快乐。

当然，并不是所有对日食的恐惧都有这么严重。很多关于日食的古老传说的主题都是太阳被什么东西吃掉了；另外一些传说认为日食是一个坏兆头，所以日食发生的时候，人们就会祈祷；还有些人在日食的时候赶紧移开视线，免得沾上晦气……

……于是我们就说到了关于太阳与日食很有意思又有些争议性的一点。有多少次，你曾经听人说起，观测日食会让你眼瞎？每次当日食即将发生的时候，新闻中总是充斥着各种警告和劝诫。问题在于，他们从来都没有告诉你，到底**为什么**会眼瞎，或者你的眼睛究竟会受多大程度的损伤。更糟糕的是，他们有的时候还提供一些观测日食时不正确的建议，更增加了危险。

让我直截了当地说吧：观测日食的确可能是很危险的。显然，直视太阳是很痛苦的一件事，想要做到一眨不眨地盯着它——不流泪也不移开视线——是相当困难的。太阳太亮了，我们无法直视它。我读过的每本天文学教科书上都警告读者，千万不要直视太阳，直视太阳哪怕只是短暂的一小会儿，都可能造成永久性的视觉损伤——这已经是常识了。

我在为本章的写作搜集太阳对眼睛的损伤的信息时，发现了一个令人吃惊的巨大讽刺：虽然裸眼观测日食**的确**很危险，但事实上，直视**正常**状态下的太阳比直视日食时的太阳，危险要小得多得多！这听上去似乎挺矛盾的，但这是人眼的内部机制预防眼睛在强光下过度曝光导致的。

有很多的证据表明，裸眼观察正常状态下的太阳几乎不会带来长期视觉损伤。我发现这条信息的时候简直惊呆了，从小到大生活的环境里，人人都说裸眼直视太阳会造成永久性的视觉损伤甚至彻底失明。然而，这几乎完全不属实。

圣地亚哥州立大学天文系的兼职教授安德鲁·扬搜集了数量惊人的关于太阳致盲的**错误信息**（见：http://mintaka.sdsu.edu/GF/vision/Galileo.html）。他的研究档案几乎在对所有关于太阳致盲的常识啪啪打脸。他的结论相当确凿：在正常情况下，看几眼太阳并不会造成永久性的视觉损伤。

扬告诉我："我们的眼睛刚刚好能够隔绝（具有损伤性的）光线。"因为当眼睛暴露在强光下的时候，我们的瞳孔会剧烈收缩，屏蔽掉进入眼睛的大部分光线。大部分人在瞥向太阳的时候，视网膜不会过度暴露在阳光下。扬引用了一篇发表在《数学生物物理学学报》之上题为"观测太阳时脉络膜视网膜的升温"的论文（1971年，第33卷，第1–17页），文章的作者认为，在正常的环境下，瞳孔的收缩会阻挡大量来自太阳的光，因此视网膜不会受到实质上的损害。在这个过程中，视网膜会有轻微的升温（大概4℃），但是升温的程度几乎不可能造成永久性的损伤。

然而，不同的人瞳孔收缩的程度也不相同，也就意味着还是有些人会受到视觉损伤。这些人构成了**太阳性视网膜病变**的患者主体——此类病患者的眼睛会因直视太阳而受损。

英国伦敦摩尔菲尔德眼科医院的医生认为，观测太阳可能导致眼球损伤，但不会导致彻底失明。在他们医院的网页（http://web.archive.org/web/20011109090415/http://moorfields.org.uk/ef-solret.html）上，报道了该院半数受到视觉损伤的患者都彻底康复，只有 10% 的患者不幸罹患永久视觉损伤。最值得注意的是，永久失明者中，没有任何太阳性视网膜病变的患者。

所以，太阳会带来视觉损伤，有的时候挺严重的，但是绝大部分人都会恢复，目前为止还没有任何一个人因为看了太阳而彻底失明。然而，鉴于人和人之间视网膜的收缩程度天生不同，我觉得还是需要强调一下，虽然看几眼太阳很可能是安全的（或者说至少并不那么危险），但是盯着太阳看可能还是会造成损伤。当然损伤的程度可能很小，但是为什么要冒这个险呢？尽量不要盯着太阳看，也尽量减少看向它的次数。因为你可能也会罹患太阳性视网膜病变。

那么，既然看正常的太阳似乎并不是那么危险，为什么观测日食会导致视觉损伤呢？在日食的时候，大部分甚至整个太阳都被月球挡住了呀。然而，想想看在观测日食的时候，你的眼睛里会发生些什么。在日全食的时候，太阳表面完全被月球遮盖住了，因此天空变暗。此时，**你的瞳孔会自动扩张**。瞳孔之所以会这样做，是为了让更多的光线进入你的眼睛，让你在黑暗中看得更清楚。

月球完全遮挡住太阳的时间，最多不过持续几分钟而已。日食的这个阶段结束时一丝新月状的太阳突然露出。虽然这个时候新月状太阳发出的光并没有**整轮**太阳发出的光多，但露出的部分依然同平时的**这部分**一样明亮。换句话说，哪怕你遮住了 99% 的太阳表面，剩下的 1% 发出的光依然相当明亮——相当于满月亮度的 4000 倍。日食现象并不像滤光器，能够挡住刺激你眼睛的光线。不管是从太阳哪个部分发出来的光，依然会进入你的视网膜，造成损害。

于是，太阳露出一丝时，你的瞳孔还处于张大的状态，那一丝太阳发出的全部光线都会射入你的视网膜中——这个时候，太阳光才真的有可能伤害到你的眼睛。阳光中偏蓝色的光线会导致你的视网膜发生光化学改变，造成损伤，尽管这个损伤很可能并不会是永久性的。据扬所说，这种现象在孩子群体中更为常见，因为随着年龄的增长，我们眼球的晶状体会逐渐变黄。偏黄晶状体会阻挡住蓝色的光线，更好地保护随我们一同变老的视网膜不受损害。然而，孩子的晶状体还很清澈透明，令有害光线可以通过。所以说观看日食的危险，对于孩子来说更甚。

我还要再提出另外一个关于日食常见的错误观念，即日冕中发出的X射线会损伤眼睛。日冕的温度的确极高，但是它太稀薄了，平日的阳光会完全遮盖住它的光芒，所以在白天极度难以被观测到。

因为日冕温度很高，所以会散发出X射线。大部分人都知道，X射线是很危险的，毕竟，你在牙医那里拍X光片时，需要穿上含铅的护具。好多人把这两种情况联系到一起，认为在日食过程中损伤眼睛的应该是日冕。

但这是错误的。无论来自太空中何处的X射线都不可能刺穿地球的大气层，因为我们的大气层可以说会吸收每一颗来自宇宙的X射线光子。大气层好像一面保护我们的盾牌。就算没有大气层，日冕还是太暗淡了，不可能伤害到我们的眼睛。请想一想：不管有没有日食，日冕都在那里，只不过平常状态下它太暗了，我们看不见。所以如果说日食的时候日冕会伤害你的眼睛，那么它每时每刻也都在伤害你的眼睛。日冕其实是不会伤害你的。

想要既不伤害眼睛，又能享受日食之美，有好几种办法。你可以使用望远镜或者双筒望远镜将太阳的影像投射到墙上或者一张纸上。你可以佩戴颜色特别深的护目镜，比如电焊工人戴的那种。要确定镜片上标注有#14，这样的镜片颜色才够深，观测的时候才不会导致不适。

你还可以在望远镜或者双筒望远镜上装一个阳光滤镜，但一定要可以安装在主透镜或者反射镜前面的那种。这样可以直接阻挡光线进入观测器材之中。有些公司生产加在目镜上的滤光片，它可以阻挡光线射出观测器材。然而，光学器材将所有的阳光都聚焦在目镜滤光片上，因此滤光片将变得很热。在这种情况下，滤光片可能融化或者碎裂。我听说过有一次一个阳光滤镜居然爆炸了！这就够糟糕的了，可是更糟的还在后头，所有本该聚焦在镜片上的光线会一下子涌入你的眼睛当中。血泪教训：离这样的观测器材还是远一点为妙。

还有，尽管我见过不少类似的建议，但是请一定不要使用未曝光的相机胶卷作为滤光片。高端大气上档次如美国有线电视新闻网（CNN），也曾声称通过未曝光的相机胶卷观测日食是安全的。但事实上，这种做法尤其危险；因为胶片能够挡住一部分可见光，所以你的瞳孔会自主放大。然而，胶片并不能够挡住危险的红外线和紫外线，所以更多的有害光线将会进入你的眼中。我和其他数百位网友一起，一窝蜂地给 CNN 写了大量邮件，使得网站上的信息被匆匆忙忙地更正了。

日食并不是常见的天文现象，通常只会在地球上的一些地方发生。我自己从未亲眼见过日全食，虽然我亲历过十来次日偏食了。我希望有一天能够亲眼见一次日全食，而观测它的时候，我一定会很小心。

而且，我还得抓紧时间。正如我们在第 7 章中讨论过的那样，月球正在缓缓地远离地球。虽然它每年远离我们大约只有 4 厘米的距离，但随着时间的推移，总会积少成多。因为月球逐渐远离，因此它在天空中也将看上去越来越小。这也就意味着总有一天，月亮因为个头太小，所以无法在日食中完全遮挡住太阳的身影。因此，我们将看到的是**日环食**，日环食是指当挡住太阳的月亮在天空中的个头比太阳小的时候，你可以在月亮的黑色轮廓之外看到太阳露出的一个亮环。我们现在可以看到日环食，因为月亮的运行轨道是椭圆形，如果日食发生的时候，月球正好位于远地点，那就会是日环食。但是，终有一天，所有的日全食将都会变成日环食。日冕将被永远地掩盖在太阳的光芒之下，日食还是会很有意思，但是却不会像现在这样有影响力了。这就是为什么我在本章开头就说，日全食是一个时间和空间的巧合。因为再过足够长的一段时间，日全食将再也不复存在。

我现在还不能结束本章，因为还有一个误会要澄清。有一个广为流传的故事，说伽利略之所以变瞎，是因为他通过望远镜观测太阳。我自己就这么说过，还一度把它写在了我的网站上。安德鲁·扬给我写邮件，跟我指出了这个错误。

伽利略晚年的确是瞎了。然而，他的失明和观测太阳却并**没有**什么关系。伽利略用他的小望远镜观测过太阳，但是很快就意识到这个过程相当痛苦。早期的时候，伽利略只是观测日落时分的夕阳，此时的太阳更暗淡，观测也更安全。然而，他后来改用了一种投影手段来观测太阳和太阳黑子。他将望远镜一端对准太阳，另一端对准一面墙或者一张纸，太阳的巨大影像就会投射在上面。这个方法更加简单，还会制造出大幅的太阳影像，研究起来更加方便。

毫无疑问，直接通过望远镜观测太阳确实可以造成视觉损伤，因为望远镜可以聚集阳光，并将它集中射入你的眼睛里（就像你可以用一只放大镜点燃树叶一样）。然而，这种损伤通常在观测太阳之后马上就发生了，但是伽利略直到70多岁才失明，距离他观测太阳的实验**已经过去了**几十年。事实上，有大量的文献证据可以证明，在伽利略观测太阳的那些年，他的视力相当不错。晚年的伽利略患上了白内障和青光眼，但是这和他曾经使用望远镜观测太阳显然一点关系都没有。

伽利略对太阳黑子的观测在当时一石激起千层浪，因为天主教会认为太阳是完美无瑕的。伽利略不仅观测到了太阳黑子，观测了木星、金星、月亮，甚至银河系自身，还彻底改变了我们看待和思考科学、人类自身以及整个宇宙的方式，可我们却连把他的生平小故事讲对也做不到。也许，有些时候，**我们**才是真正的瞎子吧。

没有到来的灾难：公元 2000 年的六星大连珠

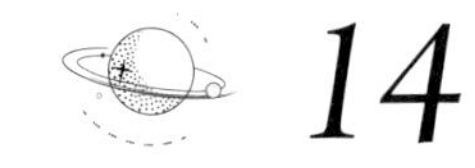

14

The Disaster That Wasn't:
The Great Planetary Alignment of 2000

2000 年 5 月 5 日，地球没有被毁灭。可能你当时都没有注意，因为你正忙着生活、吃饭、上班、刷牙，等等。然而，2000 年 5 月 5 日之前的那几个月，真的有一大群人认为，地球将要毁灭了。但凶手却不是人类耳熟能详的核战争、自然灾害或者“千年虫”，这场全球性大毁灭的元凶竟然是宇宙自身，或者说，至少是其中我们太阳系这一小部分。

2000 年 5 月 5 日，格林尼治标准时上午 8：08，一场“六星连珠”被认为会导致世界末日。这场行星大连珠——也被末日预言家称为“大相合”[1]，让它听上去更加神秘，也更像“新新人语”——会打破诸力之平衡，导致大规模地震、地球南北两极的位移、死亡、毁灭、更高的税收，诸如此类的。有些人甚至以为六星连珠会导致地球自身的彻底毁灭。这场灾难的凶手，就是太阳系行星带来的引力合力。

显然，这些人错了。他们当中有些老实人只是单纯地误会了六星连珠，还有些人不懂装懂，另外还有些人招摇撞骗，利用人们的误解赚钱。

[1] 占星术语。

无论如何，他们说的都错了，事情就是这么简单。

当然，人类误解天空中种种迹象不怎么光辉的历史相当悠久。早在对天空的研究成为真正的科学前，占星学就存在了。占星学的理论与我们的物理学、天文学和逻辑学知识全部截然相反，认为恒星和行星可以控制我们的人生。占星学诞生的原因并不难理解，因为有时人类看来无法掌控自身的命运。变幻无常的天气、运气、巧合，对我们生活的影响似乎超过我们自身的主观意愿。对于这些情况产生的原因有好奇心是人类的天性，但我们的天性还会让好奇心腐化为怨怼心。我们怨神仙、怨星星、怨萨满、怨政治家，怨除了自己之外的所有人，或者纯粹抱怨自己运气差。人类的天性就是撇清自己的责任，希望把事情归结到超自然的原因头上。

天空中发生的事情和地球上发生的事情的确有一定的联系。比如，农业就需要依靠天气，而天气依赖于太阳。农业还有赖于四季，而四季变换可以通过观测天空来预测。在冬天，太阳白天在天空中的位置更低，日照时间更短。有些特定的星座在天冷的时候出现在夜空中，而另外一些星座在天气变热的时候才出现。我们的天与地似乎密不可分。寻找天上的变换规律，以为它们能够控制着我们在地上的人生，似乎不可避免。

发展到最后，天空中的任何现象，从彗星到日食，都被认为可以预测地球上即将到来的事件。人们或许会嘲笑这些迷信思想，认为只有愚昧无知的古人才会把它当一回事。然而，直到今天，虽然人类已经进入 21 世纪好些年，我们却还在面对那些似乎无法被摆脱的古老迷信。新世纪刚到来几个月，我们就要面对人类怪罪天空这一阴魂不散的“本能”又一次作祟。2000 年 5 月的六星大连珠“灾难”使得预言悲惨厄运的流言获得了很大市场，但是和历史上其他来自天空的“迹象”一样，这次六星连珠也不过是虚惊一场罢了。就像其他绝大多数的迷信一样，有关“行星连珠”的迷信也可以用科学的理性方法破除。为了弄清楚科学是怎么做到这点的，让我们先来看看所谓的“行星连珠”到底是什么。

太阳系中的所有行星，包括地球，都围绕着太阳做圆周轨道运动。它们的运行速度各不相同，但都与和太阳之间的距离远近有关。小个子水星距离太阳只有 5800 万千米，围绕太阳跑完一周只需要 88 天。地球与太阳之间的距离是水星与太阳之间距离的 3 倍，围绕太阳运转一周则需要一年——毕竟这就是我们人类定义“年”的由来。木星围绕太阳一周需要 12 年，土星需要 29 年，而遥远的、寒冷的冥王星则需要漫长的 250 年。

太阳系中的所有主要行星，都产生于一个以太阳为中心而自转的、由气体和宇宙尘埃构成的分子云圆盘。现在，将近 50 亿年过去了，我们依然能够看见所有这些行星围绕着太阳，在同一个水平面上做圆周轨道运动。因为地球也位于这个水平面上，所以我们看见的行星正好位于我们的左右“两侧”。从我们地球的位置看过去，所有行星在天空中的运行轨道都几乎在同一条直线上，因为从侧面看上去，一个平面就好像一条直线。

因为太阳系的行星以不同速率穿越我们的天空，它们看上去像是在玩一场永远不会停止的车赛。就像时钟上的指针一小时交叠一次，移动快的行星看起来也像是在“追赶”较慢的行星，最终追上它。地球是从太阳开始向外数的第三颗行星，所以我们的运行速度比火星、木星还有其他的地外行星都要快。知道了这些，你可能会想象它们在天空中经常经过彼此。

然而，太阳系行星的运行轨道并不全都完美地处在同一个水平面上。它们的运转平面都有一点点倾斜，所以行星在天空中的运行轨迹严格说来并不总是同一条直线。有的时候一颗行星看上去略微“高”于这条线，有的时候又“低”于这条线。行星在天空中真的完全交叠的情况极其罕见。通常情况下，它们在天空中同一个区域里彼此靠近，近到相互间距离看上去比满月直径还小的程度，之后又彼此分开。在很多情况下，它们甚至根本靠不到那么近，隔着很大的角度差相互经过。出于这个原因——你或许会感到很吃惊——事实上，在天空中，三颗或以上的行星在同一时刻彼此靠近的情况是相当罕见的。

但是，每隔一段时间，行星彼此“对齐”的程度比平日里更好，一些主要行星看上去会出现在天空中的同一个区域。比如，1962 年，太阳、月亮，以及除了天王星、海王星和冥王星[1]之外的太阳系其他行星同时出现在天空当中，彼此之间的距离不到 16°。它们在天空中的区域差不多就相当于你伸出一只手的手掌面积那么大。还不仅于此，那天还发生了一次日食，让这个天文事件变得尤其蔚为壮观。那一天，太阳和月球之间的距离达到了最近值，因为月球就位于太阳的正前方。1186 年，还发生过一次更完美的行星连珠，地球与其他行星的连线和太阳与地球的连线构成的夹角最多只有 11°。

2000 年 5 月 5 日，格林尼治时间早上 8:08，水星、金星、火星、木星、土星可以粗略地算作处在天空的同一区域。加入这一“连珠”事件的，甚至还有我们的新月，看上去真是一幅十分美好的太阳系“全家福”，尽管这个家庭成员间关系不算太好。这次行星连珠并不是特别完美，哪怕就算它真的是，但还有太阳这个家伙挡在了我们和其他行星中间，好像一位不受欢迎的亲戚，在橄榄球附加赛开打时很没有眼力见儿地站在电视机前。

为什么说这次行星连珠并不算是什么了不得的“大连珠”呢，原因很好解释。形成“连珠”的行星之间，相差的角度居然有 25° 之多。这个角度是 1962 年那次行星连珠的一倍半，是 1186 年那次行星连珠的两倍还要

[1] 那时候冥王星还算行星。

多。需要指出，无论是1186年还是1962年，地球都**没有**毁灭。事实上，在过去1000年里，发生过至少13次规模和2000年这次差不多的行星连珠，它们当中没有任何一次对地球产生了影响。

然而，即使有这些证据，也不能堵住末世预言者的嘴哪怕一点。他们还是声称，来自这些行星的引力合力足以毁灭地球。既然我们现在还活得好好的，就知道那不是真的。当然，深入挖掘一下其中的科学道理还是有好处的。

万有引力在我们的日常生活中无处不在。正是它把我们牢牢地“拴”在了地球表面，登乘动力巨大的火箭才能够克服它。同样也正是万有引力使得月球围绕地球运转，地球围绕太阳运转。万有引力让我们身体的一些部位随着年龄的增长逐渐松弛下垂，也正是它，让世界上最伟大的篮球运动员的垂直跳跃高度无论如何都超不过1米。

而万有引力又是神秘的。我们看不见它，摸不到它，也尝不到它。我们也知道计算万有引力的数学过程可以很复杂。所以，人们很容易对万有引力一知半解却为其赋予各种神秘的能力，这恐怕也可以说是人性使然。在某种程度上，理解万有引力现象就好比参加一场职业拳赛：科学及其他的随从观测、事实、数学对阵我们的迷信、情感，还有人类不需要太多证据直接就跳到结论的特点。到底哪一边能获胜呢？

让我们先来快速地看一下关于万有引力我们都知道些什么：首先，引力随着质量的增加而增加。一个物体越重，产生的引力也就越大。在1千米开外的地方，一座山对你产生的引力要多于——随便举个例子好了——一辆大众汽车。

然而，我们也知道，随着距离的增加，万有引力也会迅速地减弱。那辆大众汽车可能比那座山要小很多，但是它对你产生的引力终究会超过那座山对你产生的引力——如果这辆车离你足够近，而那座山离你足够远的话。

因此，万有引力是相对的。的确，行星的质量很大。木星的质量是地球的 300 倍。**但是它离我们太遥远了**，真的非常遥远。木星与地球之间的最近距离是 60 亿千米。虽然木星的质量是月球的 25 000 倍，但木星与地球的距离是月球与地球距离的 1600 倍。如果你亲自算一算，就会发现木星对地球产生的引力不过是月球对地球引力的 1%！

不管老话怎么说，个头大小其实不重要，距离才是关键。

如果你把**所有**这些行星对地球的引力加起来，哪怕假设它们与地球的距离都是它们能达到的最近距离，最后得到的数字也不会太大。我们地球的小小卫星——月球，对地球产生的引力，是太阳系所有其他行星对地球产生引力总和的 50 倍之多。月球的确很小，但是它离我们更近，所以它产生的引力更大。

就算要计算行星对地球的最大引力，也需要它们排成一排，与地球位于太阳的同一侧才行。而 2000 年 5 月 5 日的那次行星连珠，其他的行星位于太阳的**另一侧**，意味在计算引力的时候，在距离上还得加上地球公转轨道的直径——3 亿千米。所以，最终计算出来的结果，行星对你产生的引力合力还不如和你一起坐在大众汽车里的人对你产生的引力大呢。对不住了，末世预言者，第一局的胜利者是科学。

通常情况下，说到这里就会有些人来质疑我，说真正导致灾难的并不是来自行星的万有引力，而是**潮汐力**。潮汐力和万有引力有关，**不同**距离导致的引力差造成了潮汐。月球会在地球上引发潮汐，是因为无论任何时刻，地球上总有一面距离月球比另一面距离月球更近。因此，地球上距离月球更近的一面会感受到更多一点点的、来自月球的引力。这种引力差将地球稍微向左右两侧“拉伸”。这个现象导致我们可以看到一天之内两次的涨潮和落潮，通常情况下大多数人认为这种海平面的变化就是潮汐了。

地震是由构成地壳的巨大构造板块的运动引起的。这些板块彼此摩擦，通常这种摩擦很温和。然而，有的时候它们彼此粘连在一起，导致压力增加。压力上升到一定程度后，板块突然滑开，造成地震。既然潮汐力能够拉伸某个物体，那么考虑潮汐力是否能够导致地震也就是一个很合理的问题了。难到末日还是会到来吗？

很高兴地通知大家，没那回事。末日预言者提起潮汐力，是搬起石头砸自己的脚。随着距离的增加，潮汐力的衰减甚至比万有引力的还要快。如果说其他行星对于地球的万有引力是微不足道的话，那么潮汐力则还要更加微弱。让我们再一次用月球做比照，我们会发现，假设太阳系中的所有其他行星都处于与地球距离最近的位置，此时月球对于地球的潮汐力是其他所有行星产生的潮汐力总和的**2万倍**。别忘了，2000年5月，这些行星与地球的距离可是**最远的**啊。它们对地球产生的潮汐力之小，哪怕是最精密的科学仪器都测量不出来。第二局，依然是科学胜出。

数学和科学向我们证据确凿地展示了，来自其他行星的万有引力和潮汐力太过微弱，根本不可能对我们的地球产生什么影响。然而，如果你觉得大众情绪是受逻辑控制的，那就太傻太天真了。在某种意义上来说，科学一方运气还挺好：因为2000年六星连珠的时候，行星位于太阳的另一侧，我们如果想看见它们，就得迎着太阳。这就意味着，行星只有白天才出现，而那个时候光线太强，我们根本不可能观测到它们。如果人们可以在夜里抬头看见夜空中行星彼此靠近，哪怕只是一个不太完美的“连珠”，谣言还会更疯狂。

然而，哪怕用坚实可靠的数据武装自己，科学与末世预言者之间的战争依然是艰苦卓绝的。有很多人试图通过用“行星连珠”恐吓人们来赚大钱。诚然，这些人当中有些没安坏心，只是被误导了而已。理查德·努尼写过一本关于行星连珠的书名为《2000 年 5 月 5 日之冰：终极大劫难》，声称在行星连珠的合力作用下，地轴将会发生倾斜，又一个冰川期即将降临地球。努尼真心相信观点受到自己研究结论的支持，有理有据。但是问题在于，他的这些研究和天文学几乎不沾边。他的证据包括《圣经》的预言、诺查丹玛斯[1]，甚至埃及大金字塔的形状，用它们说明公元2000年即将发生灾难，然后认为行星连珠肯定和此事有关。然而，在他这本不着边际的书里，居然几乎没有一处提到了这些行星本身，而且他完全没有——完全没有！——谈及，这些行星带来的可实际测量出的影响。

我简直想要相信努尼真的为全球性大灾难可能会到来而感到担忧。但是我不明白：如果他真的觉得地球在 2000 年 5 月 5 日就要毁灭，为什么他不免费赠送他的书，好让更多人能够得到警告呢？我真的很难想象，努尼会觉得这书的版税在 5 月 6 日还能有多少。

而努尼甚至不是著书鼓吹末世的“第一人”。20 世纪 80 年代，天文学家约翰·格里宾与他的合著者斯蒂芬·普拉格曼写了一本臭名昭著的书：《木星效应》，书中声称——也是完全没有任何数学过程作为理论支撑——行星的万有引力会影响太阳，导致更多的太阳活动、地球运行轨道的变化、大地震频发。从这一串破绽百出的假想出发，他们言之凿凿地预测洛

[1] 诺查丹玛斯（Nostradamus），法国籍犹太裔预言家，精通希伯来文和希腊文，留下以四行体诗写成的预言集《百诗集》（*Les Propheties*）一部，1555 年初版。有研究者从这些短诗中“看到”对不少历史事件（如法国大革命、希特勒之崛起）及重要发明（如飞机、原子弹）的预言。因诺斯特拉达姆士的预言，无论他在生前还是死后，都吸引了来自世界各地的崇拜者。《百诗集》出版后，直到现在依然非常畅销。许多热心者将他的预言与世界主要事件分析，并找到应验的地方。

杉矶将于 1982 年被彻底毁灭。这本书大卖特卖。

现实中洛杉矶没有像预言中那样在 1982 年被毁灭后，格里宾和普拉格曼又合写了一本书，叫作《木星效应续篇》，书中向读者解释了为什么灾难没有像他们预测的那样发生，当然，他们绝对不会就直接承认自己的“预测”是毫无道理的。你或许不会惊讶——这第二本胡说八道的书居然又成了畅销书。有**可能**他们的第一本书只是一个单纯的错误，两位作者真诚地相信他们宣传的错误结论。但是，这第二本书诞生的动机恐怕就没有那么明确了。

如果说努尼和格里宾只是单纯地被误导了，那么 2000 年 5 月“六星连珠”期间的“生存中心”公司可谓居心叵测得多。这个公司贩卖着破绽百出的“灾难说”，在他们公司的网站上一边鼓吹努尼的书，一边鼓吹他们优秀的装备设施——能够帮助你在即将到来的末世灾难中存活下来。在他们网页上（http://www.survivalcenter.com/）写着这样的话：

> 一些科学家发现地球的摆动正因受到行星连珠产生的万有引力拉力的影响而明显加强……（行星连珠）据预测轻则会引起若干次地震，重则会导致主要地壳运动（滑移），极地冰盖移动，海平面上升 100~300 英尺[1]甚至更多，海洋超级大潮，风速达到 500~2000 英里[2]每小时，规模可能超过里氏 13 级的大地震，美国东西海岸线被海水淹没，南北磁极互换，等等。

1998 年，我给这个公司写了封邮件，问了他们这样一个问题：“请问

[1] 1 英尺 =0.3048 米。

[2] 1 英里 = 1.61 千米。

这些预测究竟是哪些人做出的？我希望能够和他们取得联系，这样我可以就这一问题提出一些我个人的看法。”他们后来回复我了，基本上就是通知我说，我有我的渠道，他们有他们的渠道。他们不会告诉我消息来源是谁，也不会告诉我那些人的资质。我一点儿也不吃惊，依靠坚实可靠的科学的人中不会有人能够凭良心站出来说，太阳系的行星会给地球带来任何突然的灾难性影响。就算他们**真的**透露出消息来源，我对“生存中心”在这方面的专业性也会产生严重的怀疑。我对这种情况的态度是：“大肆宣扬自家产品有多科学的人，很可能是给鸡拜年的黄鼠狼。”[1]

当然了，我也试图向读者们兜售一些东西。但我兜售的东西叫作“怀疑论”。如果你自己有足够努力地去尝试，就会发现“六星连珠”的真相。所需的数学知识并不太难，而你得出的结论会是**结论性的**，令人信服。

关于整个2000年行星连珠事件，我唯一的、真正的不满——除了那些贪得无厌的骗子利用人们的恐惧心大肆敛财之外——就是我们其实无法观察到它。太阳横亘于我们和其他行星之间，完全掩盖住了来自其他行星和月球相对微弱的光芒。所以，我们不仅没能获得大难临头带来的刺激，也没法拍下六星连珠的照片将来给孙子孙女显摆！我们不得不等到2040年9月，才能再次迎来连得比较好的一场行星连珠。但是至少那一次，我们**可以**在夜晚看到它了。

[1] 原文化用成语“Beware of Greeks bearing gifts”（当心送礼的希腊人），源自《伊利亚特》中希腊人送特洛伊人木马一事。

流星、流星体、陨星傻傻分不清：流星与小行星造成的冲击

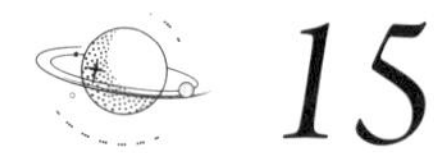

15

Meteors, Meteorids, and Metemorites, Oh My!:
The Impact of Meteors and Asteroids

2000 年 12 月 4 日，下午 5 点左右，从天上掉下来个东西，落在了新罕不什尔州索尔兹伯里镇居民大卫和唐娜·阿尤布夫妇的后院里。目击者声称，该物体运动速度极快，温度高到发光。它落地后，在阿尤布夫妇的房子前几米点着了两小团火。二人迅速地跑了出来，把火扑灭。

这个新闻自然为小镇引来诸多关注。起初，这件事只是当地报纸《康纳德箴言报》(*Concord Monitor*) 新闻版上的一则小故事。然而，它很快通过电子邮件传递到一系列对小行星、流星和彗星撞击感兴趣的天文学家那里。很快，阿尤布夫妇接到了来自世界各地的电话，他们家也接待了来自世界各地的新闻媒体。所有人都想听他们说自己的所见，绝大多数人都认为，这个从天而降的东西是一块陨石。

我在第二天听说了这个消息，当时就很怀疑。我决定亲自探查一下到底是怎么回事，于是打电话给好几个目击者询问当时的情况。这些人都很真诚，真的很想知道到底发生了什么事情。听完目击者的话，我相信的确有什么东西从天上掉了下来，然后点燃了两团火。然而，不管掉下来的是什么，我并不认为这是一块陨石。

为什么我觉得这不是一块陨石呢？嗯，这是一个和坏天文学有关的故事。

我总是为小流星感到遗憾。

一块流星体，或许围绕太阳运转了数十亿年，或许最初是属于一颗壮丽的彗星或者某个小行星的一部分。最终，在围绕太阳转了无数圈之后，它在前行的路上遇见了地球。于是，它会以高达每秒 100 千米的速度迅速向地球俯冲。进入地球大气层后，巨大的速度将转化为热量，除非这块流星体个头足够大（好比大过一只面包匣），否则巨大的热量会迅速将这块小石头汽化。

站在地球上抬头看过去，穿越大气层的流星体会划下一道绚丽的轨迹，人类的肉眼或许能看见，或许看不见。在经过几十亿年漫长的岁月之后，这块小石头的生命在几秒钟之内彻底终结，甚至很可能没有人看到过它。

但是故事还没有结束。当被问起最常见的坏天文学案例是什么的时候，我几乎总是会回答：流星。几乎所有视力尚可的人都见过流星划过天空，然而讽刺的是，大多数人对流星一点儿都不了解。

更糟糕的是，关于流星现象的名字也是一笔糊涂账。有些人叫它们“飞速恒星”（Shooting Stars），但是它们当然并不是真的恒星。在之前的第 3 章里，我给读者们梳理了一般人们说的“流星”在三个阶段的不同称谓：它的固态部分称为**流星体**——无论它是身处太空，还是正在穿越地球的大气层；流星体在穿越大气层时发出的耀眼光芒被称为**流星**；如果它最终落到了地面上，就被称为**陨石**。

但是光给这三个阶段命名，也不能让我们更好地理解流星现象。我们需要知道在这些不同的阶段里，到底发生了些什么。

流星体最初往往是更大天体的一部分，通常这颗更大的天体不是彗星就是小行星。小行星会互相碰撞，在撞击过程中，剧烈迸射出一些碎片，或者在更惨烈的情况下，一方的小行星会被完全撞碎、解体。不管是哪种情况，撞击过后，行星碎片会朝向四面八方迅速飞出去。这些碎片会找到新的运行轨道，而最终在这个新的轨道上可能会遇到地球。当行星碎片遇见地球，我们或许会在空中见到一道飞速穿越天际的绚丽光痕。因为流星体可能来自太空中的任何方向，所以我们在天空中见到的流星也有可能是来自任何方向的，而流星前进的方向也是完全随机的。我们称这种流星为**偶现**流星。

彗星流星则不同。彗星的个头和小行星差不多大，但是构成成分却不相同。小行星的构成主要是岩石或者金属，彗星则更像冻住的大雪球；构成彗星的是岩石（大小不一，可能有鹅卵石那么大，也可能直径好几千米），这些石块被冰冻的物质——比如水啊，氨水啊，还有其他类型的冰——裹住。彗星来到太阳附近时，冰块受热融化，被冰块包裹的一些石块于是就自由了。这种类型的天体碎片在很长一段时间内会待在和原来的彗星差不多相同的运行轨道上。但是，这种情况也不会一直持续下去，因为碎片的运行轨道会受到种种影响，比如附近行星的万有引力、太阳风，甚至来自阳光产生的压力。不过一般情况下，彗星碎片和彗星本身的运行轨道是差不多重合的。

地球穿过这条带状的流星体碎片群时，我们看到的流星不是一颗，而是好多颗。通常情况下，地球穿越整条轨道碎片带需要几个小时或者几个昼夜的时间，所以我们会看到**流星雨**——像是雨点一样落下的流星。因为我们的地球每年会在相同的时间穿越相同的轨道碎片带，所以流星雨是可以被预测的。比如，每年地球都会穿越斯威夫特—塔特尔彗星的轨道碎片带，因此我们每年的 8 月 12 日或 13 日左右都可以看到一场流星雨的巅峰。

流星雨造成了一个奇怪的现象。想象你开着小汽车经过一条隧道，隧道内灯火通明。当你经过这些照明灯的时候，所有的光线似乎都是从隧道中你前面的某个点向外延伸的。这并不是真实的情况，因为这些光线实际上就在你身旁，前后左右无处不在，这只是一种透视效果。流星雨爆发时也会发生同样的现象。地球的公转轨道与流星体流相交，两者之间会有一个固定度数的交角，一年又一年，这个角度基本不会发生什么变化。就像隧道中的光源那样，虽然流星划过的痕迹遍布整个天空，但是如果你将流星的轨迹沿着反方向画一条延长线，所有的延长线都会汇聚到一点，这一点被称为**辐射点**。该点的位置与地球在太空中的运行方向和流星体本身的运动有关。辐射点就基本相当于来自隧道尽头的那处“光源”。

所以我之前提到的那场流星雨不但“定期”发生，而且还“定点”发生。每年的 8 月，流星雨都会出现，而且它们在天空中的方向看上去总是来自仙英座的。流星雨是以它的辐射点命名的，所以这场流星雨也被称为仙英座流星雨。

最著名的流星雨之一是每年 11 月的狮子座流星雨。狮子座流星雨值得关注，有两个原因：其一，是相对于我们地球来说，该流星雨的母彗星绕着太阳反方向运转。这也就意味着我们将迎头撞上该彗星的流星体流。流星体自身的速度加上我们地球的速度，导致我们在天空中看见的流星速度都极快。

其二，狮子座流星雨的规模很大。这颗彗星每次经过太阳身边的时候（每 33 年一次），都要经历一次爆发活动，喷射出大量的流星体碎片。当在经过这些碎片密度很高的区域时，一小时之内，我们将不仅仅看到几十颗上百颗流星，有的时候甚至会有成千上万颗流星划过天空。这种现象被称为**流星风暴**。著名的1966年狮子座流星雨，每小时的流星总量达到数十万颗。这也就意味着，**每秒钟**你都会见到大量的流星喷射出。看上去，真的很像天快要塌了的样子。

这就是流星的来历。但是为什么流星看上去这么亮呢？几乎所有人都认为是摩擦的缘故——我们的大气层与流星摩擦生热，最终使其燃烧起来。但是这是错的，吃惊吧！

流星体进入地球大气层的外层部分时，挤压了它前面的空气。气体被压缩后，就会升温，而高速的流星体——速度可达到每秒100千米——剧烈地挤压着它进入大气层的路径上的空气。空气被剧烈地压缩，因此变得极其热，热得足够融化流星体本身。因此流星体的前端——就是与被挤压的热空气距离更近的一端——开始融化。在融化的过程中，流星体释放出若干种化学元素，研究表明其中一些物质在被加热的时候会释放出十分明亮的光芒。因此，流星体在表面融化时发出光芒，对于在地面上的我们来说，就像是一个明亮的物体快速划过天际。此刻的流星体就作为一颗流星闪闪发亮。

我也就这一点传播过坏天文学。我告诉过人们，是流星体与空气的摩擦让流星体升温，正如我之前所说的，这个解释往往是书本和电视里告诉人们的解释。然而，这个解释是错的。在现实中，流星体与空气之间的摩擦事实上是非常小的。高温压缩的空气处在流星体前方一些的位置，这种现象被物理学家称为**间隔冲击**。这一团热空气实际上与流星体的表面还有一段距离，在两者之间还有一小团运动速度相对较慢的空气隔在当中，与两者直接接触。空气压缩产生的热融化了流星体，而热空气与流星体之间的这一小团低速空气吹掉了流星体融化的部分。这种现象被称为**烧蚀**。来自流星体的、被烧蚀的小颗粒落在流星体身后，留下一条长长的、发光的“尾巴”（有时也被称为“后拖物”），这条尾巴的长度可达几千米，并且可以在空中持续发光长达几分钟。

所有这些过程——空气被大幅度压缩，流星体表面被加热，还有流星体外部融化的部分经历烧蚀——都发生在大气层中非常高的位置，大概海拔几十千米的高度。因为流星体的动能迅速地消散，导致其急剧减速。当流星体的速度降低到声速以下的时候，位于它前方的空气将不再被高度挤压，流星也就不再发光了。常规的摩擦力开始主导，将流星体的速度继续降低至每小时几百千米，事实上比一辆小轿车能达到的最高时速也快不了多少。

这也就意味着，对于一颗普通的流星体来说，它只需要花上几分钟的时间，就能穿越剩余的大气层，落在地面上。如果它撞上了地面，就被称为陨石。

这也就引发了另一个关于流星的误解。基本上，在我看过的所有电影和电视节目中，只要有小块陨石撞击地面，就会着火。但是在现实生活中，情况并不会是这样。流星体来自遥远的太空，并在那里度过了几乎全部生涯，因此它们的温度是非常低的。它们只有在穿越大气层的时候，才被短暂地加热，受热时间还不足以让热量传到内部，特别是如果流星体是岩石构成的，那它会是一个非常有效的隔热体。

事实上，流星体最热的部分已经被烧蚀掉了，在它继续穿越大气层来到地面的几分钟内，流星体的外部温度甚至会降得更低。更别说，它是穿越了好几千米的冷空气才掉到地面上来的。在它撞上地球的时候，或者在撞击发生之后，陨石内部的极低温度会迅速地让其表面彻底冷却。小型的陨石不仅**不会**导致起火，而且很多小陨石在被发现的时候，表面还结着一层**冰霜**！

但是对于大型陨石来说，情况就不同了。如果它个头足够大——比如直径1千米或者1千米以上——来自大气层的阻力并不能给它减速太多。对于个头特别大的陨石，大气层对于它们来说就好像不存在一样。它们将会几乎全速撞击在地面上，巨大动能转变为热量，**大量的**热量。哪怕是一颗相对小的小行星——直径100来米——也会带来大规模的灾难。1908年，一颗直径差不多100米的石头从天而降，落在了遥远偏僻的西伯利亚沼泽区。这场被我们称为通古斯大爆炸的事件[1]，导致了难以想象的灾难，方圆几百千米之内的树木全部被击倒，这个爆炸被横跨全世界各个地震监测点捕捉到。这一事件甚至导致英国的午夜被强光照亮——而英国距离大爆炸发生的地点有好几千千米。大爆炸引起的火灾规模之大肯定令人震惊。

这种事件自然很让人担忧。哪怕是小陨石——嗯，差不多有足球场那么大——也可以造成严重的后果。但是要造成这种程度的破坏，陨石的个头必须大到一定程度才可以。小陨石，我的意思是真的个头很小的那种陨石，比如苹果那么大的，通常也不过是在天空中划下一道美丽的弧线而已。我记得见过一次**火流星**，那是天空中最亮的一种流星，彼时我才十来岁，那晚刚刚离开一位朋友的住所，走在回自己家的路上。那颗火流星照亮了夜空，亮度足以让地球上的物体产生阴影，而且它身后还留下了一条长度惊人的长尾巴。过了这么多年，直到今天我还能在脑海中清晰地回想

[1] 通古斯大爆炸之成因至今未明，目前比较被科学界所接受的说法是一个陨星在大约离地6~10千米上空爆炸。由于至今未在地上发现陨石，所以通古斯天体的物质成分一直是个谜。这里作者采用的是一种假说和解释。

起那一刻。后来，我计算过那颗流星的体积，结果是它可能比一只葡萄柚或者一个小号保龄球大不了多少。

然而，大型陨石让很多人都感到担忧，而且这种担忧也是必要的。现在，几乎没有科学家能够否认，正是一次小行星撞击地球导致了恐龙的灭绝，同时灭绝的还有当时地球上的其他大部分动植物。造成这一切的"元凶"可能是一颗直径 10 千米左右的陨石，撞击后在地球上留下一个直径数百千米的陨石坑。爆炸释放出的能量难以想象，或许相当于 4 亿个百万吨级[1]（比较一下，目前人类制造出的能量最大的核炸弹，产生的能量也不过只有 100 个百万吨级）。这也无怪乎有些天文学家因为小行星（字面意义上）而夜不能寐。

目前，全世界范围内有很多天文学科研团队致力于寻找可能撞击地球的流星体。他们一夜又一夜耐心地扫描着天空，追踪着那些持续移动的、从一张图上跑到另一张图上的微弱光点。他们计算着这些天体的运行轨道，推算它们未来可能的运行路线，好弄清楚我们的生命是否已经进入了倒计时。

目前为止，科学家们还没有发现这样的石头。不过，宇宙中有着大量的石头……

假设在不久之后的将来，警报终于被拉响了。一颗和毁灭恐龙世界的那颗小行星一样大的小行星被发现很快就要迎面撞上我们了。我们该怎么做呢？

虽然好莱坞电影里经常这么演，但是答案或许不是发射一枚加强马力的、满载燃油的火箭到这颗小行星的表面，然后在最后一刻引爆它。这一

[1] 百万吨级，英文 mageton，是核弹爆炸力的计算单位，相当于 100 万吨黄色炸药的爆炸威力。

招或许在1998年的大片《世界末日》中好使，但是在现实生活中，它并不会奏效。即使是人类曾经制造出的、威力最大的核炸弹，也不可能使一颗“得克萨斯州大小”的小行星彻底瓦解（《世界末日》一片就没有准确的地方，非要说哪里还算对的话，那就是片子里有一颗小行星，而小行星的确是真实存在的）。同一年，电影《天地大冲撞》中描绘了一颗彗星在即将进入大气层之前被一枚炸弹炸得粉碎。这更是离谱了！因为如果是这样，人类将得到的不是一次能量相当于数十亿百万吨级的大爆炸，而是10亿次单次能量相当于许多个百万吨级的一系列爆炸。亚利桑那州大学的行星学家约翰·刘易斯在他杰出的著作《铁与冰之雨》中，通过计算得出了结论：炸裂一颗中等大小的小行星实际上会将其破坏程度增强到4~10倍。因为如果这样做，会让地球上的受灾区面积大大增加，导致更多的损害。

如果我们不能炸毁它，那该怎么办？当然了，最好的方案就是让它一开始就不要朝着我们撞过来，因此我们得把它往边上推一推。小行星的运行轨道可以通过向其施加外力而改变。如果我们有充足的时间，比如说数十年，那么所需要的外力或许并不需要太多。如果想要在短时间内改变其轨道，那么需要的外力要更大一些。

把这样的太空石头推离原有轨道有好几种可行方案。其中之一，就是向其表面发射火箭，然后竖起一只巨大的太阳能帆。这种太阳能帆是使用非常轻薄的聚酯薄膜制成的，完全展开之后，面积可达到数百平方千米，可以捕捉到太阳风，还能够感应到微小的太阳光压力。太阳能帆会给小行星施加一个虽然微弱但是恒定的推力，最终将它推到一个对我们来说更安全的轨道上。

第二种方式则更加粗暴：将火箭固定在小行星上，然后使用火箭的推力将小行星推离原有轨道。这个方法在工程设计上难度更大一些，因为要考虑怎样才能把火箭安在小行星上。

讽刺的是，好莱坞的思路倒是很接近另一个不错的计划。只不过这个计划中，我们不会把小行星炸碎，而是使用核武器**加热**小行星。在《铁与冰之雨》一书中，刘易斯还写道，一次小型的核爆炸（他指的是 100 千吨当量级的那种）就足够了。我们在小行星表面上方的几千米处引爆核弹，产生的巨大热量会使得小行星表面的物质汽化。这些汽化的物质会向外扩散，像火箭那样把小行星推向另一个方向。刘易斯指出，这种做法有两种好处：其一，它能够预防小行星撞击地球；其二，它能够让地球上少一颗核武器。对于所有研究过小行星撞击地球的人们来说，这个方法是他们最偏爱的一种。

以上所有的方法背后都暗含着一个假设，那就是我们已经弄清楚了小行星和彗星的结构。但是我们实际并不清楚。小行星种类繁多，有些是铁质的，有些是石质的。还有些小行星看上去像是一堆碎片松松垮垮地聚在一起，仅仅靠彼此间的引力才没有解体。我们如果连对小行星的基本信息都弄不清楚，就只能真的乱放炮了。

就像面对大多数问题那样，我们最棒的武器还是科学本身。我们需要研究小行星和彗星，对它们进行近距离的研究，以便在它们朝我们飞来的时候能够更好地弄清楚如何让它们转向。2000 年 2 月 14 日，NASA 的会合 – 舒梅克号太空探测器接近近地小行星爱神星，并围绕它进行圆周轨道运动。人类从这次探测任务中收获颇丰，包括爱神星的表面构造和它的矿物成分等。更多的太空探测器正在筹备过程中，其中有些探测计划甚至很有野心，它们将登陆小行星之上，确定小行星的内部结构。到那时，我们或许就能知道如何应对那些将会给我们带来危险的小行星。

所有的这一切都会导致一个有意思的必然结果。如果我们能够知道如何使一颗小行星转向，而不仅仅是炸掉它，那就意味着我们可以**操纵**它。我们也有可能将一颗危险的小行星送入围绕地球运转的安全轨道。如果这样的话，我们就可以在这颗小行星上开采矿物。根据对流星体和彗星的光谱学观察，刘易斯估计，一颗直径500米的小行星会包含价值4**兆**美元的钴、镍、铁和铂。小行星上的金属纯度极高，以其单质的形式存在，使得开采工作变得相对容易；而且，项目的收益如此之高，可以抵消任何前期投资。而这仅仅是一颗**小号**行星，太空中还有更多更大个头的行星。

科幻作家拉瑞·尼文曾经说过，恐龙灭绝的原因在于它们没有太空计划。但是**我们**人类有，而且如果野心足够大，涉及的范围足够远，我们可以将这些潜在的灭绝性武器转变成对于人类来说的一座座字面意义上的金山银山。

在那一天到来之前，我们都没有太多选择。或许在真正的危险来临之时，我们能够成功地让一颗大个头小行星转向，但是目前为止能做的只是想象一下撞击的影响。不幸的是，电影在此处起了坏影响，使得人们通常把物体从天而降导致的任何不明现象都归结到流星头上。

于是，我们再说回新罕不什尔州索尔兹伯里镇的阿尤布一家，夫妻两人还在后院中寻找从天而降的“陨石”。这位夜间来客乍听起来的确很像是通常人们所认为的陨石。但是，凭借对陨石性质的了解，我知道并非如此。正如我之前所说，陨石一般并不会导致起火，除非它们个头非常大。而且，其他的描述也并不支持“陨石说”的观点。目击者说，该物体的运动轨迹是一道弧线，而流星的运行轨迹应该是一条指向地面的直线。

另外，人们并没有在阿尤布家的后院找到任何陨石，尽管已经快要掘地三尺。我曾经跟房主提起过，陨石可以卖个好价钱，所以他们找陨石的干劲很足。不过我没听说任何人发现了任何可疑的东西。

说到最后，这些事件通常都有很普通的、来自地球的成因。我敢打赌，阿尤布家院子里的“陨石”不过是附近树林里有人放的烟花恰好落在那里。这个猜测纯属我的个人意见，它当然也可能是错的。我们可能永远都不会知道，到底是什么东西点燃了两团火，但是我们知道它肯定**不是**陨石。我们可以怪罪好莱坞误导了我们对陨石的认知，但是不能把阿尤布家院子里发生的事怪罪到无辜的陨石头上去。

当宇宙向你投出一记弧线球：关于万物起源的误解

16

When the Universe Throws You a Curve: Misunderstanding the Beginning of It All

天文学有的时候会让人类感觉到自己的渺小。在漫长的岁月中，大多数时间我们人类都是相当妄自尊大的。我们相信神对我们最为关心，甚至会介入我们的日常事务之中。我们得意扬扬地圈出自己的领地，完全无视之外发生了什么事情。我们可还说过整个宇宙是围绕我们转的呢！

但是宇宙却没有义务倾听我们小家子气的自吹自擂。我们不仅不是宇宙的中心，事实上宇宙根本就不存在所谓的中心。为了说明这一点，我们需要回顾一下自身的历史。

几千年以来，人类一直都认为地球是宇宙的中心，九重天围绕着我们旋转。观测结果当然也支持这一观点。如果你走到室外抬头望天，只要看上几分钟，你就会发现整片天空都在移动，但是并没有感到自己在动，所以很明显固定的是地，动的是天。

甚至到了今天，即便我们对宇宙的了解比过去深刻，我们说话的方式也没有什么变化，还是还反映了“地心说”思想。“今天早上太阳在 6∶30 升起”这样的话就不太准确，应该说：“从我所在地球球面上的固定位置来看，今天早上 6∶30，地平线移动到太阳的表观位置以下。”然而还是前一种说法比较简洁。

古希腊天文学家托勒密在公元150年左右从细节上优化了地心说模型。人们用托勒密的模型来预测行星的位置，然而那些倔脾气的行星却拒绝按照模型运转。于是人们进一步“完善”了这个模型，让它变得更加复杂——但是它从来就没有太好用过。

最终，经过数个世纪的一系列研究发现，地球终于“退让”出了宇宙的中心位置。首先，尼古拉·哥白尼提出了一个太阳系模型，其中地球是围绕着太阳运转的，而非相反。针对预测太阳系其他行星的位置这点，哥白尼的模型也没有比托勒密的模型好用到哪里去。但是几个世纪后，约翰内斯·开普勒横空出世，发现太阳系行星的运行轨道是椭圆形而不是正圆形，微调了哥白尼的太阳系模型，使得对于行星位置的预测准确了很多。

哥白尼的模型中太阳似乎就是宇宙的中心。日心说当然没有地心说让人心里舒坦，但是也不算太坏。

时光飞逝，人类进入了20世纪，雅各布斯·卡普坦想要搞清楚宇宙到底有多大。他的方法也很简单：数恒星。他假设宇宙有形状，其中均匀地分布着恒星。如果我们在某个方向上看见了更多的恒星，那就证明了宇宙朝那个方向延伸得更远。

卡普坦有了一个惊人的发现：太阳**的确是**宇宙的中心！他把恒星标出来后，宇宙看上去是胖乎乎的一团、布满斑点，就像一只阿米巴原虫，不过似乎太阳的确是宇宙的正中心。或许古人们终究还是对的。

又或者是错的。卡普坦没有意识到的是，太空中布满了气体和尘埃，这会让我们的视野变得模糊。想象你站在一个布满烟雾的巨大空房间正中，比如飞机机库。你朝前后左右看去都只能看见20米远，因为烟雾阻挡了视线。你根本无法判断这间屋子是什么形状的：它可能是圆的，也可能是方的，还有可能是五角星形状的。你甚至不知道这间屋子有多大！或许在你视线尽头的一米开外就是一堵墙，又或许这堵墙与你之间的距离有到月球的一半距离那么远。你根本无法通过观察得出结论。但是不管这间屋子有多大，是什么形状，它看上去就像是半径 20 米、又正好以你为中心。

这就是卡普坦的错误所在了。因为他只能看到几百光年以内的恒星，到了再远的地方，气体和灰尘阻挡住了他的视线，所以他以为银河系——在当时银河系被认为就是整个宇宙——是以我们太阳系为中心的。然而，根据另外一位天文学家哈罗·沙普利在 1917 年的观测，我们地球并不在银河系的中心，事实上距离银河系中心还有相当一段距离。

读者们发现其中的规律了吗？最初，地球被认为是所有一切的中心——棒呆了！然后呢，嗯，可能太阳才是宇宙的中心吧——也不错耶！再然后，啊呀，原来我们住在银河系的“郊区”啊，离银河系中心那么远呐。唉，这可真是太伤人自尊了。

但是，终极耻辱还没来呢。卡普坦的宇宙模型也要崩塌了。或者更准确地说，它爆炸了。

根据埃德温·哈勃的观测——哈勃空间望远镜就以他的名字命名，我们的银河系只不过是宇宙中成千上万甚至上百万的星系中很普通的一个。人类曾以为银河系就是全部的宇宙，原来它只不过是一小撮恒星的集合，漂浮在浩瀚的宇宙之中。我们不是宇宙万物的中心，只是茫茫星海中最普通的一颗。

哈勃分析了来自宇宙中其他星系的光线，得出了一个可能是有史以来科学家遇到的最出乎意料的结论。他发现，宇宙中几乎所有的星系都在飞速地远离我们而去。我们就好像是被宇宙中的其他一切嫌弃，它们都在避之不及地离开我们。

毫无疑问，这个发现太诡异了，完全出人意表。从前，人们一直以为宇宙是静态恒定的，然而哈勃却发现了宇宙在运动。哈勃的观测结果给人们带来的冲击难以小觑。还不止如此：哈勃还发现，宇宙中的其他星系不但正在远离我们而去，而且离我们越远的星系远离我们的速度越快。当时受到设备条件的限制，哈勃没有办法观测那些离我们特别遥远的星系，但是近来，随着更大的、灵敏度更高的天文望远镜被制造出来，我们发现哈勃的推断是正确的。距离我们越远的星系，看上去逃离我们的速度越快。

人类没有花太多时间就意识到了这符合爆炸的特征。如果你引爆一颗炸弹，然后在几秒钟之后拍一张爆炸的照片，你会发现距离爆炸中心越远的碎片一定运动速度更快。因为在既定的时间内，速度最快的碎片移动的距离最远，而速度较慢的碎片移动的距离也更短。

这迹象表明我们的宇宙起始于一场巨大的爆炸。你可以这么想：如果随着时间的推移，所有的星系都在远离我们而去，那就意味着在过去它们与我们的距离比现在更近。如果能调转指针，让时间倒流，那么在过去一定有这样一个时刻，宇宙中的所有一切都集中在一个点上。现在让时间再次前进，砰！！！大爆炸发生，一切都动起来了。

这大爆炸可真是了不得，让宇宙突然出现，又让它飞速扩张。这可能是真的吗？宇宙真的最初是起源于一个向外急速炸裂的点吗？恐怕再也没有任何一个科学理论能够像宇宙大爆炸理论一样勾起人们的兴趣，激发他们的怒火、困惑，当然还有敬畏之情。我猜，面对如此炸裂的“大爆炸”理论，达尔文的进化论都要往后站。

不过，这一切至少还有一点让人欣慰：我们一定位于宇宙的中心，不然所有的其他星系怎么会都远离我们而去呢……

……还是我们又错了？让我们做一个类比吧。想象你坐在一家电影院中，电影院的椅子紧密地排列在一起，彼此挨着。这些椅子都装在可移动轨道上。我按下一个按钮，突然每个椅子都开始移动起来，让每两个椅子之间的距离都是1米。你周围最近的椅子现在全部在你的1米开外，前面的、后面的、左边的、右边的。然后挨着这些椅子的椅子都是2米开外的，再外面一层椅子都是3米开外的，以此类推。但是，等一下！事实上对于电影院里的任何一只椅子来说，情况都是一样的。如果你站起来然后走到几排开外的地方坐下，我们再一次重复这个实验，你会发现和刚才的实验结果是完全一样的。你身旁的椅子在1米开外的地方，再往外的椅子在2米开外的地方，以此类推。

所以，不管你坐在哪里，椅子开始移动时，看上去总是远离你而去的。不论你是否坐在电影院的中心位置！

还有，距离你最远的那些椅子看上去移动的速度最快。因为当我按下按钮的时候，你身旁的那些椅子只移动了1米，但是再往外的椅子却移动了2米，以此类推。再一次地，无论坐在哪里，你都会看见同样的场景：看上去好像所有的椅子都在离你而去，而且离你越远的椅子移动得越快。

哈勃所注意到的正是这一情况。莎士比亚曾经说过，“世界是个大舞台”，他说这话的时候没意识到在某种程度上来说，整个宇宙的确就是这样一家电影院。科学家研究了哈勃的观测结果，很快就意识到宇宙的膨胀可能是真的，但是宇宙的膨胀带给我们一种自己身居宇宙中心的错觉，而很有可能我们离宇宙的中心其实很远。

如果上面所说的这些还不够奇特，宇宙还有些其他的小把戏。

既然关于宇宙我们都说到这么怪诞的话题，按理也就该提到爱因斯坦了。早在哈勃惊世骇俗的发现诞生之前好几年，爱因斯坦就忙着思考宇宙了。爱因斯坦使用了一些非常复杂的数学工具来解决宇宙的问题，然后遇上了一个难题。他发现，宇宙本来就不应该存在。或者更明确一点说，存在着某事物让宇宙能够抵消自身的引力。因为如果这事物不存在的话，那么宇宙含有的引力会导致所有的星系彼此吸引，然后宇宙就会立刻迅速坍缩，好像出炉后的蛋奶酥一样。不要忘了，在哈勃之前，人们认为宇宙是恒定不变的。所以一定存在某种事物可以抵消宇宙的引力，于是爱因斯坦决定给他的方程式加一个常量，这个常量表示某种形式的反引力。他并不知道这事物到底是什么，但是知道它一定存在。

至少他当时是这么想的。后来当爱因斯坦和全世界人民一起得知宇宙原来是在膨胀中的时候，他意识到这种膨胀本身就可以抵消引力的作用，而并不需要那个多余的宇宙常量。于是他抛弃了利用它的念头，并称之为“我人生中最大的失误”。

这可真太遗憾了。天文学家罗伯特·基尔什纳那有一次向我指出，根据当时爱因斯坦已经知道的信息，他本来可以**推测**出宇宙是在膨胀中的。他本可以名声大噪啊，可惜了！

无论如何，爱因斯坦后来明白了一件事，那就是宇宙是一个奇怪的地方。首先，他意识到了空间是一种**物体**。也就是说，在此之前，人们总是认为空间就是物质存在的地方，但是空间本身是不存在实体的。空间就是**空间**。但是爱因斯坦发现，空间是一种有形的实体，好像一块布料，整个宇宙被编织入其中。万有引力会让这块“布料”变形，弯曲空间本身。具有质量的物体，比如一颗行星或者一颗恒星（或者更小的一只龙虾、一把牙刷、一枚钉子之类），可以让空间扭曲。

有一个常用的类比，就是将我们的三维空间比喻成一张二维的橡胶布。将这张布展平、撑开，它就好比我们的三维空间。如果你在上面放一只网球，推它一下，网球会直线向前滚去。但是如果你在布上先放一只保龄球，受到保龄球的压力，布会凹进去，形成一个漏斗形状的坑。这时，你再在保龄球附近让一只网球滚过，网球的前进路线就会发生弯曲，然后围绕着保龄球做曲线运动。这就是在真实的宇宙中发生的情况：一个质量巨大的物体会扭曲空间，当另外一个物体靠近它的时候，原有的行进路线也会被迫弯曲。我们称这种扭曲为万有引力。

如果空间本身是一种物质，那么它可能具有某种形状。的确，宇宙学数学的运算暗示空间本身很可能是有形的。对于我们区区人类来说，很难理解这样一个概念，所以最好再次用到二维橡胶布的类比。

想象你是一只蚂蚁，生活在一张布上，这布单朝着各个方向都无限延展。对你来说，“上”和“下”的概念是不存在的，只有前、后、左、右。如果你开始朝前走，可以永远走下去，而距离你的出发点越来越远。

但是现在我要戏弄你一下。我把你从这张布上拿起来，然后把你放在一只篮球上。你依然只能朝前、后、左、右四个方向走。但是现在，如果你开始朝前方笔直前进，最终会回到你的出发点。没想到吧！如果有足够的几何学知识，你可能会意识到自己的二维世界或许只是另外一个更高维度空间的一部分。此外，鉴于你走回了出发地，甚至还可以猜一猜现在所在空间的形状。这种空间一定是**封闭**的，因为它从自身通过卷曲回到原点。于是这个空间是有边界的，是有限的。

而开放的空间则是以另外一种方式卷曲，朝外延伸，所以它应该是个马鞍形。如果居住在开放空间，你可以一直走下去，永远不会回到出发点。

这三种空间——开放的、封闭的和平面的——有不同的属性。举例来说，如果你还记得高中的几何课，会想起来如果你测量三角形的三个内角，然后把三者相加，会得到 180°。但是，这只是在平面空间中的情况，比如画在纸上的三角形。如果你在球面上画一个三角形，然后计算三个内角之和，你会发现这个和总是大于 180°！

想象一下，拿一只地球仪来。从北极点开始，画一条经过英国格林尼治到赤道的直线。然后再从赤道出发向西画一条线到旧金山。现在从旧金山出发画一条直线返回北极点。你在地球仪上画了一个三角形，但是这个三角形的三个内角都是 90°，三者之和等于 270°，和你高中几何老师教的完全不一样呀。事实上，你的高中老师只是在二维平面上讨论问题，而封闭空间和开放空间的情况则是非常不同的。在开放空间里，三角形的内角和总是**小于** 180°。

所以如果那只小蚂蚁足够聪明，事实上它可以判断出所在的空间是开放空间、封闭空间，还是平面空间——它只需要画个三角形，然后认真测量计算一下三角形的内角和。

如果你是一只蚂蚁的话，一切就是这么简单，可是对于我们生活在三维空间的人类来说呢？实际上，同样的原则依然成立。既然空间本身是扭曲的，那么它就会是平面、封闭、开放三种形状之一，也叫几何结构。于是，和小蚂蚁一样，你也可以试着走一走，看看能不能走回出发点。但是问题在于，我们的宇宙硕大无朋，我们人类能够想象的最快速的火箭，也要花上数十亿年甚至数兆年才能返回。谁有那个时间啊？

还有一种更简单的方法。卡尔·弗里德里希·高斯是一位 19 世纪的数学家，解决了大量关于宇宙的几何问题。他还真的试着测量三个山顶形成的巨大三角形的内角，但是他无法确定这些内角相加之和是大于还是小于 180°。

但是我们还有别的方法。其中之一就是观测那些极远处的物体，仔细观察它们的行为。通过极其复杂的物理学知识，我们就有可能确定宇宙的几何结构。目前为止，我们最准确的测量结果表明宇宙是平面的。如果宇宙在更大的尺度之上弯曲，我们很难看到。

现在，再次想象你是一只小蚂蚁，回到刚才那只篮球上。作为一只非常聪明的蚂蚁，你或许会问自己：如果我的宇宙是弯曲的，那它的中心在哪里呢？我能不能去到那里，看一看那里什么样呢？

答案是，不能！要记住，你被困在这颗球的**表面**，在你的世界里，是没有“上”和“下”的概念的。这颗球的中心并不在它的表面，而在它的**里面**，远在第三维之上，而你是无法抵达那里的。你可以在球的表面上细细查找，但是永远不可能找到球的中心，因为它并不存在于你认知中的宇宙。

我们所在的三维宇宙的情况也是一样。如果它真的存在一个中心，那这个中心很可能根本不存在于我们这个宇宙之中，而是存在于某个更高维度的空间里。

事实上，**上面的**假设可能也是不准确的。高斯通过数学证明了——虽然这听上去十分怪异——宇宙可能是卷曲的，但是它并不卷曲**成**任何形状。宇宙单纯就是存在且卷曲，仅此而已。这样的话我们并没有朝着第四维的方向卷曲——如果第四维真实存在的话。第四维可能根本不存在，而我们的宇宙可能就不存在中心。

这简直是人类的奇耻大辱。意识到自己不居于宇宙中心是一种打击，先是发觉自己貌似居于中心，然后又意识到依照自己的理论在宇宙中不论哪里都可以自称中心是另一个级别的打击。然而，被告知说**宇宙根本就不存在任何中心**这简直是终极打击。

或许，在某种程度上来说，这样也公平得很，因为如果我们不是万物的中心，那至少别人也不会是。

而说到这里，故事还没结束。

爱因斯坦意识到空间是实体时，实际上才刚刚起步。不久，他又发现了时间也是一种在很多方面和空间类似的量。事实上，空间和时间是如此紧密相关，以至于人们创造出了**时—空连续体**这个表述来表达时间和空间的相互关联。

爱因斯坦还发现，万物产生的起点，即宇宙大爆炸，并不仅仅是一个简单（却也包含一切）的爆炸。大爆炸不是**在空间中**发生的爆炸，而是空**间的**爆炸。在初始的爆炸事件发生之时一切才出现，包括空间和时间。所以询问宇宙大爆炸之前存在什么是毫无意义的。这就好比自问出生之前我在什么地方？你**哪儿**也不在。你那时根本不存在。

而时间也是在大爆炸之后出现的。所以问大爆炸之前发生了什么，就是一个我们所称的“不适定问题”，也是没有意义的问题。物理学家斯蒂芬·霍金把这个问题类比为问“北极点以北是什么？”什么也不是！这个问题根本就没有道理。

但是我们希望这个问题问得有道理，因为我们人类习惯于事件具有先后顺序。我早上起床，骑车去上班，给自己煮了杯咖啡。那没起床之前我干吗呢？我在睡觉啊。再之前呢？我上床啊，以此类推。但是面对现实吧，往前推总会推到导致一切的初始事件。对我个人来说，那就是1964年1月的某一刻，起因大概是冬夜寒冷，我未来的父母决定相互依偎……

但是，总还有事件发生在**那**之前，甚至在这些之前的事件之前。最终，我们说完了**所有的**“之前”。存在一个初始时刻，一个初始事件，即宇宙大爆炸。

在电视纪录片中，宇宙大爆炸往往被描绘成一个爆炸的动画，一个在黑暗之中爆发的大火球。但这是错误的！因为这个爆炸本身就是空间开始膨胀的起点，所以在爆炸之前，是不存在让宇宙可以扩张的环境的。宇宙**就是全部**。“宇宙之外”并不存在，甚至在大爆炸之前时间也不存在。北极点以北是什么东西呢？

不过，人们**还是**坚持幻想我们生活的宇宙是一颗不断膨胀的大球。甚至我也花了好大工夫才摆脱这种错觉。按常规思维，你会认为存在某个指向宇宙中心的方向，如果朝那个方向看去你就能看到它。可是问题在于，爆炸发生在我们周围，无处不在。我们自己就是大爆炸的一部分，所以目光所及之处皆存在爆炸：宇宙就像是最大的电影院。

还是觉得很困惑吗？没关系。我有的时候觉得，甚至宇宙学家自己设想第四维、空间卷曲等样子也会感到头疼，即便他们从来也不会承认。天文学界有这么一个说法：宇宙学者经常是错的，但是从来都不会对自己失去信心。

而我们依然试图理解周围的广袤宇宙。爱因斯坦对此说得大概最好：“关于宇宙，最令人费解的一点是我们居然能够理解它。”

在结束本章之前，我还得再补充最后一点。研究中世纪天文学的历史学家目前逐渐得出结论：对于中世纪的天文学家来说，“位于宇宙中心”并不是什么尊荣。当时的人们认为，从天堂掉落下来的残渣瓦砾，还有所有来自那里的**垃圾**都落在了宇宙的中心，造就了地球。所以宇宙中心并不是什么高人一等的地方，而是一个肮脏龌龊的地方。那么，也许宇宙中心还是不要存在比较好吧。

第四部分

人工智能

Artificial Intelligence

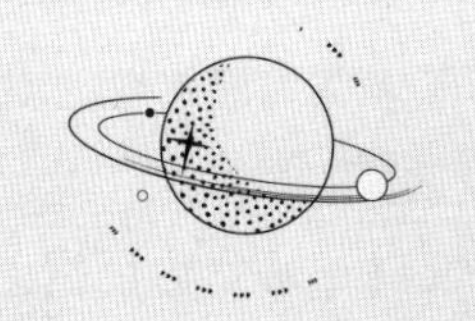

人们相信奇怪的事情。

有些人相信，地球的年龄是6000岁。有些人相信，某些活人能够和死人的灵魂对话，相信星座指南可以指导你一天的生活，相信外星人每年要绑架多达80万个地球人。

我也相信奇怪的事情。我相信恒星可以坍缩，从宇宙之中彻底消失。我相信宇宙本身起源于一次大爆炸，这次爆炸可能来自另外一个“老”宇宙的时—空外泄。我相信在距离太阳数千亿千米开外，有丰富的冰资源储备，每块冰的直径都有几百千米，但是我从来没有**亲眼**见过这些大冰块，其他地球人也没有。

那么以上两种情况有什么区别呢？我为什么会觉得相信“地球很年轻”是错的，而我自己却相信那些没有见过的事情呢？

因为对于相信的事情，我有能够证明它的**证据**。我可以指出证据充分的、理性的、能够被重复操作的观测过程与实验程序，它们让我对自己的结论充满信心。而在上文第二自然段中的那些例子则没有同样的证据支持。当然，相信这些的人们会拿出一大堆证据，但它们都一戳就破。只需要一次针对这些所谓“证据”的严格审视，就能够发现它们站不住脚，难以自圆其说，有的时候甚至是伪造的。它们引用的实验往往依靠谣传、二手信息、错误的统计学数据，或者不可被重复的事件。这种证据无法支持一个信仰体系。这绝对不是科学。

在这一部分，我们将用几章的篇幅来说一说**伪**科学——它们乍一听上去很像科学，但实际上完全不是那么回事。科学与伪科学之间的区别就在于科学是可重复的，做出的具体预测可以经由试验证实或证伪；而伪科学通常只是依赖于单一且不可重复的事件，或者一些无法被证实或证伪的预测。在所有形形色色的坏天文学中，伪科学是最阴险的一种。你可能会对一些人的想法嗤之以鼻，一个现代人怎么可能相信 NASA 从来没有派人登过月呢？为什么会有人相信一张模糊的照片——照片里是一块漂浮在太空梭窗户外的冰——是外星人和人类开战的证据呢？

你本人大概相信 NASA 真的派人登上过月球。所以我们为什么要花一整章的篇幅来试图说服那一小撮不相信的人呢？有这样几个理由。最重要的一点，是我单纯想要在如今尊重理性的声音快要销声匿迹之时表达出这种态度。那些宣扬伪科学的人们有的时候会使用天文学知识，但是却把它曲解成难以辨识的模样，甚至天文学家都有可能无法辨识出错在哪里，更不用说那些没有受过天文学专业训练的人们了。

其次，如果没有反对的声音，那么一场骗局（或者其他形式的伪科学）可能会大肆流传。当然了，那些伪科学的忠实拥趸是永远不可能听我这样的人跟他们讲道理的，但是每位忠实拥趸身边可能会有十个想要知道真相的人——叫他们消极信仰者好了——然而他们只能听到他的一面之词。这些消极信仰者需要听到来自另外一方的说法，也就是科学一方的说法，这是我要在这里展示的。

我总是收到这样的来信：写信人原本相信或者至少怀疑过某些伪科学家的断言，但是在阅读过理性的驳斥后，他们都认识到了伪科学家是错误的。我相信理性思考最终能够取得胜利，很大程度上是因为科学总能给出可靠的结果。卡尔·萨根[1]说得最好："科学是人类避免自我愚弄的方式。"

所以，让我们一起来看看，到底是谁在愚弄谁吧。

[1] 卡尔·萨根（Carl Sagan），美国天文学家、天体物理学家、宇宙学家、科幻作家和非常成功的天文学、天体物理学等自然科学方面的科普作家，行星学会的成立者。终其一生，萨根有600多篇科学论文和科学文章，是20多本书的作者和编辑。他在自己的作品中经常提倡怀疑精神、人文主义和科学方法。

不信阿波罗：揭露登月骗局

17

Appalled at Apollo:
Uncovering the Moon-Landing Hoax

这是一个扣人心弦的故事，看上去几乎跟真的似的。

NASA 遇到麻烦了。即将上马的太空飞行任务由于承包商的疏忽，在建的某一部分出现了一个错误。这个错误被发现得太晚了，这个有瑕疵的部分已经组装成火箭的一部分。承包商知道这一部分会掉下来，使得任务以灾难告终，所以他们通知了 NASA。然而，NASA 的官员正处于因为民众对于这一次成功发射的期待带来的巨大压力之下。他们知道，如果承认火箭出了问题，整个太空计划（还有他们的收入）都会陷于停顿状态。所以，NASA 还是决定发射火箭，哪怕他们知道这次任务一定会失败。

但是，NASA 发射的火箭是一枚仿制品，里面并没有宇航员。真正的宇航员被挟持到了内华达州的沙漠当中，被迫参与拍摄了一部仓促筹备的登月电影。在人身安全受到威胁的情况下，宇航员被迫听从于 NASA 的官员，假装这次航天任务是成功的。可他们不知道的是，NASA 为了保护这个秘密，计划把他们都杀死，然后声称由于宇航员自己的操作失误，导致他们在返回地球的时候全部遇难。NASA 的官员可能会受到一些谴责，但是最后他们会摆脱罪名。

这个故事听上去可信吗？对于一些人来说，的确是可信的。反正这个故事肯定让华纳兄弟公司很感兴趣，所以他们把这个剧本在1978年拍成了一部电影《摩羯星一号》(*Capricorn One*)。事实上，这是一部相当不错的片子，难得地云集了众星大腕——艾利奥特·古尔德、詹姆斯·布洛林，甚至还有O. J. 辛普森。但是请记住，这只是一部电影。这不是真的。

真的不是真的吗？虽然全世界绝大多数人都相信这仅仅是一部电影，可还是有一小撮人坚信这部电影就是真实事件的写照。这些人声称，NASA伪造了整个阿波罗登月计划，该计划并不是一直以来被认为的、最不可思议的技术成就，而是有史以来人类实施的最大骗局。这些人相信，这个骗局到今天仍在继续。

令人吃惊的是，这种观点似乎还真的有市场。根据太空旅行和太空旅行史专家詹姆斯·奥伯格估计，仅仅在美国，就可能有大约1000万~2500万人对于NASA是否真的将人类送上过月球表示怀疑。这个数字可能是准确的——1999年的一项盖洛普民意测验表明，6%的美国人，或者说1200万美国人，相信NASA伪造登月的阴谋论。1995年《时代周刊》和CNN公布的民意测验显示了同样的数字。福克斯电视广播公司的高层认为，这个问题的市场足够可观，所以2001年他们放送了一部长达一小时的节目，讲述NASA掩盖假登月的骗局。这部片子在全美放送了两次，分别是2001年的2月和3月（随后该片又在其他国家被放送）。仅仅在美国，这部片子就总共有1500万观众。从网上的集体讨论、广播与电视的反应，还有我在接下来几个月收到的大量电子邮件来看，这节目中的确有**什么东西**激起了许多人的不满情绪。

有如此多的人会真的相信登月是NASA伪造的骗局一事带来了一些值得关注的问题——重点与其说是登月本身，不如说是人们的**思维方式**。然而，最显而易见的问题还是关于证据的。到底是什么样的数据可能让人们觉得月球对于人类来说依然是触不可及的呢？

答案就藏在宇航员自己拍摄的照片之中。登月骗局的信徒会说，如果你仔细地观察这些图片，就可以看穿这个弥天大谎。

而我的问题是，这是谁的弥天大谎？登月骗局的信徒可能没有撒谎，换句话说，他们并不是有意识、有预谋地说假话，但是他们的话绝对是错误的。当然，他们当中的大多数人并不认为自己错了，而且总是很愿意谈论这件事。关于“阿波罗登月谎言”的网络搜索覆盖了将近700个网站。市面上还有些书，甚至一些视频，它们都坚定地声称从来没有任何人类真正抵达过月球。

在登月谎言信徒群体中，呼声最高的领军人物是一个叫比尔·凯斯的人。他写了一本自出版的书，叫作《我们从来没有踏上月球》，书中详细记录了他从谣传中的NASA骗局出发的种种“发现”。他的大部分论点相对来说都很直白。多家网站引用了他的“证据”，其他的阴谋论者则往往照搬他的原话。

最值得考虑的证据，通常是宇航员自己在月球上或者在围绕月球运行时拍摄的照片。宇航员拍摄了数千张照片，这些照片中有很多都算得上出名。其中有些照片被印成海报，可以说广泛流传，还有些照片无数次地出现在电视和报纸的新闻回顾当中。绝大多数的照片只是得到归档保存，那些对于月球表面感兴趣的专家可以在档案室里找到它们。这些照片中的大多数都呈现了宇航员在月球表面执行任务的过程，除了“展现穿着宇航服的人类有史以来第一次站在没有空气的外星世界”这点外，它们没什么值得关注的地方。

但要是你正在追寻一条NASA阴谋暗流涌动的线索，它们可就非常值

在“阿波罗”号宇航员拍摄的照片中，人们看不见恒星。但这远不能算是登月骗局的证据，恰恰相反，这证明了人类的确抵达了月球。月球明亮的表面和高度反光的宇航服导致宇航员需要缩短曝光时间才能拍摄出曝光程度合适的照片，而太空中光芒微弱的恒星因为曝光时间不足无法被人们看到

得关注了。

登月骗局的信徒一共提出了五条根本性质疑，分别是：①宇航员拍摄的照片上没有星星；②宇航员不可能在月球旅行的巨大辐射下存活；③月球登陆器下方有灰尘；④月球上的极高温会杀死宇航员；⑤月球表面上的光和影表明照片是伪造的。当然，关于登月还有很多其他的“问题”，我们在后文也会提到其中几个，不过让我们首先来一起看看这五个最重要的“疑点”。

1. 宇航员拍摄的照片上没有恒星

典型的“阿波罗”号宇航员拍摄的月球照片上有一片灰白色的月球景观，一位宇航员穿着炫目的白色太空服，正在从事某种常人无法懂得的活动，远处的天空漆黑一团，空无一物。有的时候画面中还会有某个停在月球表面的设备，执行着它被设计好要做的任何任务。

这些照片是登月骗局的信徒攻击的最主要目标。几乎毫无例外，阴谋论者最先提出也是有力的一点，就是这些照片当中应该有成千上万的恒星，但是我们却一颗也没有看到！凯斯自己就曾经在无数的采访中使用了这一论据。阴谋论者说，在没有空气的月球表面，天空是黑色的，因此漫天应该都是恒星（关于这一天文现象的更多知识，请回顾第 4 章）。他们继续说道，所谓“宇航员拍摄的照片”中一颗恒星都**找不到**，就毋庸置疑地证明 NASA 伪造了这些照片。

诚然，这条论据很吸引人。它听上去很有说服力，也和我们的常识契合。在地球上，当天空是黑色的时候我们很容易就能看见恒星。那么在月球上的情况又怎么会不是这样的呢？

事实上，答案真的非常简单：恒星太暗淡了，所以看不到。

在地球上，白天天空是明亮的蓝色，因为空气中的氮气分子向四面八方散射太阳光，好比在进行弹球游戏。太阳光抵达地面时，已经被弹射得朝向各个方向。对于在地面上的我们来说，光看上去就好像是来自天空中的各个方向，而天空看上去也是明亮的。在夜里，太阳落山以后，天空不再被照亮，因此呈现黑色。更暗淡的天空意味着我们能够看见恒星。

然而，在月球上，因为没有空气，哪怕是在白天，天空也是黑色的。这是因为由于没有空气，来自太阳的光线不会被散射，而会笔直地射向月表。

在月球上看天空，任何一块天空都**没有**被阳光照亮，所以看上去是黑色的。

现在想象你站在月球上，给你的宇航员同事拍张照片。此时正是月球上的白天，所以太阳挂在天上，尽管天空还是黑色的。你的宇航员同事穿着白色的太空服，站在被照亮的月球表面，在明亮的日光下熠熠发光。问题的关键来了：为照相机选择曝光时间时，你会选择明亮的日光照明的场景模式。于是照片的曝光时间就会非常短，避免图像中的宇航员和月球表面被过度曝光。当照片冲洗出来的时候，宇航员和月球表面的影像就会是适度曝光的，当然了，天空看上去还是黑色的。但是你不会在照片的天空里看见任何恒星。恒星当然还在空中，没有消失，但是在如此短暂的曝光时间内，它们没有时间被记录在胶片上。如果我们真的想照到空中的恒星，就需要长时间的曝光，但这样做的话，除了天空之外的其他景物都会被过度曝光。

换一种说法：如果地球上的你打算在夜晚出门（此时夜空还是黑色的），你把相机设置得和在月球上的宇航员的相机**完全一样**，然后拍一张照片，也不会在照片上看见恒星。它们太暗淡了，在如此短暂的时间内无法被彻底曝光。

有些人声称这个解释说服不了他们，因为实际上地球上的大气会吸收星光，因此在地球上看见的恒星会更加暗淡，而在月球表面观测到的恒星应该更加闪亮。这是不正确的，空气能够吸收很多星光只是一个传说罢了。事实上，我们的大气层的透光程度超乎你的想象，它几乎可以让所有可见光通过。我和职业天文学家兼宇航员、有过两次乘坐太空梭经验的罗恩·帕里塞聊过这个问题。我问他在太空中是否能够看见更多的恒星，他对我说在太空中基本上根本看不见恒星。想一睹恒星的身影，他不得不关闭太空梭中所有的灯光，但即使这样，太空梭控制面板上发出的红色光芒还是会反射在玻璃窗上，使得他很难看清太空中的恒星。就算人身处地球的大气层之外，恒星也没有看上去变得更亮。

登月骗局的信徒关于阿波罗照片中消失的恒星的指控一开始听上去可能相当振聋发聩，但是在现实中，这一现象却有着非常简单的解释。如果这些信徒询问过任何职业摄影师，或者全世界各地成千上万天文爱好者中的任何一人，就能够轻松地得到简单的答案。他们甚至可以亲自用照相机轻松地证实这一点。

坦白说，我真的很**吃惊**阴谋论者会拿出这种愚蠢的证据，更不用说还把它作为最重要的论据。在现实中，这是阴谋论者提出的所有论据中**最容易**被证伪的。然而他们还是牢牢地抱着它不肯放弃。

2. 在太空辐射下存活

1958 年，美国发射了一颗叫作“探险者”一号的卫星。它带回众多发现，其中就包括在地球外侧存在着一个高辐射的区域，这个地带大约开始于地表 600 千米之上的地方。爱荷华大学的物理学家詹姆斯 · 范艾伦教授是第一个正确地对这个辐射区域做出解释的人：这个区域是由被地球磁场俘获的太阳风粒子构成的。好比一块磁铁能够吸引铁屑，地球的磁场俘获了这些太阳风中带有能量的光子和电子，让它们形成了一系列甜甜圈形状的带状区域，高度可达地表 65 000 千米之上。这些辐射区域后来被称为**范艾伦辐射带**。

这些辐射带带来了一个大麻烦。因为辐射带中的辐射很强烈，足以损坏近地轨道中的科学仪器。更糟糕的是，辐射也会严重伤害到太空中的任何人类。

任何装配在人造卫星或者探测器上的电子设备都需要被“强化”，以抵抗这种辐射。精密又复杂的计算机零件必须能够抵御它们将会置身其中的辐射，否则立刻就会变得几乎毫无用处，被烧得直接报废。这个“强化”过程昂贵且艰难。大多数人在听说太空中的专用电脑基本上比地球上的正常电脑落后了十年之后，都会感到很吃惊。这是因为研发制造防辐射的电子设备是一个很耗时的漫长过程。你家里的电脑可能比哈勃空间望远镜上那台运行速度还要快，但是如果把你的电脑搬到太空，它最多存活15秒钟，随后就变成一堆无用的金属。

太空梭中的宇航员身处范艾伦辐射带的下方，这样就不会受到致命辐射的侵害。当然，他们受到的辐射还是要比待在地面上的时候多，但是身处范艾伦辐射带的下方可以有效减少他们暴露在辐射中的程度。

登月骗局的信徒指出，范艾伦辐射带的存在就是第二条坚实的证据。他们声称，没有任何人能够通过那样一条死亡辐射带而且还能活着回到地球来。所以登月一定是伪造的。

我们之前已经发现，具备基本的逻辑并不是登月骗局信徒的强项。所以他们在这一点上依然大错特错也不让人奇怪。

首先，他们对于范艾伦辐射带的理解就错得离谱。他们声称，范艾伦辐射带是“保护”地球不受宇宙射线侵害的，而将有害的射线阻挡在高空中。他们还说，在范艾伦辐射带之外，辐射会迅速地杀死任何人。

这种说法是错误的或者至少不是完全正确的。事实上，范艾伦辐射带一共有两条——内辐射带和外辐射带，都呈甜甜圈状。内辐射带更小，辐射更强烈——因此也就更加危险。外辐射带体积更大，但是就没有内辐射带那么危险。这两条辐射带都从太阳风中俘获微粒，所以当宇航员位于辐射带**内部**的时候，辐射情况是最糟糕的。我和范艾伦教授谈论过这个问题，他告诉我 NASA 的工程师的确为辐射带中的辐射感到担心。为了将风险降低到最低，他们给阿波罗太空飞船设计了一条擦过内辐射带最内部一点点的运行轨迹，让宇航员尽量少地暴露在危险的射线当中。宇航员在外辐射带中停留的时间更长，但是外辐射带中的辐射强度没有那么高。太空飞船的金属外壳也可以保护宇航员，使其受到更少的侵害。另外，和流行的观念正相反的是，你并不需要用铅制品来屏蔽辐射。辐射的类型有很多种，比如阿尔法粒子就只是移动速度很快的氦原子核，普通的玻璃窗户就能挡住它们。

一旦飞船驶出范艾伦辐射带——和登月骗局信徒所声称的正好相反——辐射程度就开始下降，因此宇航员在接下来前往月球的路途中都是安全的了。范艾伦辐射带以外，是一个辐射程度略高但绝对安全的环境。

当然，风险还是存在的。在通常的情况下，太阳风只是来自太阳的一股粒子的“涓涓细流”。然而，太阳耀斑却是非常危险的。当太阳表面耀斑爆发的时候，太阳发射出的辐射总量会猛然激增。一场大型的耀斑爆发的确可以杀死宇航员，而且是以惨烈的方式。在这层意义上来说，前往月球的宇航员确实是冒着生命危险的，因为太阳耀斑是不可预测的。如果他们正巧赶上了一场耀斑大爆发，就可能死在太空中，死在了比历史中的任何人物都离家更远的地方。幸运的是，在几次登月过程中，太阳的活跃程度都很低，所以没有宇航员受到耀斑的影响。

宇航员完成登月任务，最终返回地球后，平均接受的辐射少于 1 雷姆[1]，大致相当于一位生活在海平面地区的人三年接收的辐射总量。长时间暴露在如此辐射强度下的确可能会存在危险，但是一次登月旅行也不过是几天而已。既然没有来自太阳耀斑的影响，那么宇航员暴露在辐射中的程度实际上是在合理范围之内的。

阴谋论者还说，因为辐射的缘故，在登月过程中的所有胶片应该变得模糊才对。然而，相机胶卷是被放在金属罐子里的，后者会保护前者不受辐射的影响。具有讽刺意义的是，现代的数码相机不再使用胶卷了，而使用光敏的固态电子探测器。如同其他任何的电脑硬件一样，这些探测器对于辐射也是非常敏感的，它们在月球上基本上毫无作用，哪怕是被放在金属盒子里也一样。在这一点上，古代科技的确比现代科技更管用。

3. 月球表面的尘土

月球表面是布满尘土的。在人造机器最终抵达月球以前，没有人真正知道月球的表面到底是什么样子的。科学分析表明月球的表面是多岩石的，我们甚至可以确定某些岩石的构成成分。然而，月球表面真实的质地却没有人知道。有些人推测，在含有不受大气层阻隔的紫外线的强烈太阳光照射下，或许月球表面的一些岩石会风化成粉末。微陨石的撞击可能也会导致同样的结果。但是没有人真的能够确定这些粉尘是不是的确存在，存在的话又会有多厚。

[1] 雷姆，全称为人体伦琴当量，为辐射剂量当量的单位，相当于一伦琴的 X 光射线或伽马射线。1 雷姆 = 0.01 希沃特 =10 毫西弗 =10 000 微西弗。1956 年，国际放射防护委员会把放射性工作人员的防护标准定为 0.1 雷姆 / 周，即 5 雷姆 / 年。在国际单位制中，雷姆为非法定单位，计量当量的法定单位为希沃特。

当第一批来自苏联和美国的探测器在月球表面软着陆时，人们发现月球表面的尘土只有几毫米到几厘米厚，因此大大松了一口气。没有人会希望阿波罗的宇航员将陷入月球沙海之中。

月球上的这层尘土属性非常奇怪。它极其细腻，像是精面粉。它还极其干燥，同月球上其他的物质一样。与地球不同，月球表面任何地方都几乎没有水资源的存在。

阐明对这种在真空环境下尘土属性的误解，可以击破登月骗局信徒的第三点质疑，它有关登月舱（简称LM）的着陆，登月舱是阿波罗宇航员用来在月球上着陆的奇形怪状的装置。LM有四条着陆腿，还有四只圆盘形状的“脚”，四条腿支撑一只强功率的火箭，是在LM接近月球表面时用来减缓下降速度的。

阴谋论者声称，这只火箭至少能产生10 000磅力的推力，因此在月球的表面应该留下一个规模可观的环形坑。此外，在这样大推力的作用下，LM下方的所有尘土应该都被吹走了才对。那么登月舱的腿和宇航员靴子怎么还会在尘土中留下脚印呢？那一层尘土应该不存在了才对呀！

以上这些声明，统统都是错的。首先，登月舱的引擎能够产生的**最大**推力是10 000磅力，但是它的工作原理却并不像烟花，一旦被点燃就达到全速。登月舱的引擎有一个阀门，本质上说是一个油门，它可以改变引擎产生的推力**总值**。当距离月球表面尚远的时候，驾驶登月舱的宇航员可以加大引擎的油门，使推力达到最大值，迅速地减缓下落速度。然而，登月舱的速度减缓时，就不再需要那么多的推力来支持了，因此宇航员可以将阀门关小。登月舱接触月球表面后，宇航员将推力减小至最大推力的30%，恰好可以与登月舱在月球上的自身重力相互抵消。

3000磅力听上去可能还是很巨大的，但是登月舱的引擎喷嘴个头非常大。钟状喷嘴的直径有137厘米，因此总面积达到了214平方米。3000磅力平均作用在这个区域上，因此每平方米上受到的推力平均仅有15磅力，这是非常轻微的压力，甚至比宇航员的靴子踩在月表尘土上施加的压力还要小。这就是为什么在登月舱之下没有产生环形坑，因为登月舱带来的压力太小，无法产生这样的一个坑。

阴谋论者关于登月舱附近的尘土的第二个质疑很有趣。为什么着陆点的中心附近有这么多尘土，以至于登月舱的“腿”和宇航员的行走都能在上面留下痕迹？这和我们的常识完全背离，因为常识告诉我们，登月舱下面的灰尘应该全都被吹走了才对。然而，我们的常识是建立在我们的地球生存经验之上的，记住月球并**不是**地球还是有好处的。

再说一次，我们必须得明白，月亮上是没有空气的。想象一下，你拿着一袋面粉，撒在厨房的地板上（孩子们：先问问你爸妈是否同意你这么干）。现在走到面粉边上，蹲下，把脸凑到大约距离面粉3~5厘米的地方，然后使劲儿吹。

你的鼻腔里很快会因为面粉涌入而感到不适，在你的咳嗽和喷嚏都告一段落之后，环顾四周，你会看见面粉在地板上被吹得很远。

然而你还会看到，有些面粉飞得特别远，如果你只是单纯吹气，根本不可能把面粉吹到那么远。事实上，你再怎么使劲儿吹，也不可能把风吹到你一臂之外的地方，因为不出几十厘米，你吹的气就逐渐消散了。因此真正把这些面粉带到比你的吹气范围更远的地方的，是那些已经存在于房间内的空气。你从肺部呼吸出空气，呼出的空气推动了房间里的空气，而**正是**房间里的空气带着面粉飞出了你的吹气能够达到的最远范围。

然而在月球上**没有空气**。登月舱的推力的确很大，但是只能吹到它垂直下方的尘土。其中有些尘土会飞出去几百米远，但是与我们在地球上的既有经验相反，在**没有**被登月舱火箭吹到的地方，还有绝大部分的尘土并没有被吹走。因为大量的尘土存在，所以宇航员可以在上面留下脚印。在实际情况中，被吹走的尘土比上面说到的情况要稍微多一些，因为被引擎直接吹走的尘土会碰撞到其他尘土颗粒，移动后者。所以登月舱身下的“坑”的范围要比火箭喷嘴的范围大一点点，但是大得也不是很明显。顺带一提，在“阿波罗”11号登陆时的录音带中你能听到巴兹·奥尔德林指出，他们临近月球表面时，引擎“激起了一些尘土”；登月舱的驾驶员尼尔·阿姆斯特朗抱怨道，移动的尘土干扰了他的视线，于是他很难判断登月舱在月球表面移动的速度有多快。

某些登月骗局的信徒还声称，月球上的尘土是不能留下脚印的，因为尘土中没有水分，想要维持脚印的形状就必须有某些湿润的物质才行。这根本是胡说八道。面粉特别的干燥，但你还是可以轻松地在上面踩下一个脚印。这个质疑真的特别荒谬，有人能提出它又是个让我匪夷所思的事，明明一个简单的试验就可以轻松证明它是错误的嘛。至少在这一点上，仅靠常识就能帮助你明辨是非。

4. 月球表面的温度

和月表尘土问题紧密相关的，还有月球表面的温度问题。阿波罗登月计划都是在月球的白天进行的。经过测量，人们发现月球表面的温度最高可达120℃，热得足够烧开水了！登月骗局的支持者指出，在这样酷热的环境下，宇航员不可能存活下来。

在某种意义上来说，他们这样说也不算错：这样的高温的确**可能**杀死宇航员。然而，宇航员从来就没有身处于那样的高温之下。

月球围绕着月轴自转，每 27 天左右转一个周期。这也就意味着，月球上的一天差不多有四周那么长，其中两周有阳光照射，两周陷入黑暗。月球上没有大气层分散来自太阳的热量，因此身处日照之下的月球表面极度酷热，而月球的暗夜一面极度寒冷，可以达到 -120℃。

然而，并不是太阳光一照射到月球表面，后者马上就能迅速升温。在月球上的“日出”时分，因为射向月球表面的太阳光入射角非常小，所以阳光对于月表的升温作用也很有限。需要经过连续几天的日照，月球表面才能够达到高温的程度，就好比在地球上，一天中最热的时候一定是在太阳在空中升至最高点之后到来的。NASA 的工程师也知道这个情况，所以阿波罗的登月计划都被安排在月球的早晨，当宇航员抵达月球表面的时候，太阳在天空中的位置尚低。读者们在任何一张拍摄于月球表面的照片当中都能够发现这一点；物体的阴影很长，意味着太阳在空中的位置很低。

宇航服的**设计正好有**让宇航员身处凉爽环境的功能，但这并不是因为外界的酷热。在真空的环境中，宇航员的体热很难被散发出去。一位包裹在隔热外衣中的宇航员自身会产生大量的热，这些热需要以某种方式散出。因此宇航服需要巧妙的设计，让宇航员的身体保持凉爽。其中一个方法就是在宇航服中装配水管，用冷水循环将宇航员产生的热量带走。冷水吸收了宇航员身体产生的热量后会升温，然后热水会回到宇航员的背包中，在那里热可以散发到太空之中。

所以，温度的确是个问题，但这个问题来源于宇航服内部，而不是外部。又攻破了一个阴谋论者的质疑。

顺带一提，月球表面上的尘土是一种特别糟糕的导热体。粉末状的物质通常都是这样。尽管这些尘土被阳光烤得发烫，但是根本无法将热穿透宇航员的靴子传递给宇航员。奇怪的是，即使在正午时分月球表面的温度会达到 120℃，达到这种高温的也不过只是月表薄薄的一层而已，因为热不容易向更深的地方传递。在薄薄一层以下，月表的岩石永远处于冰冷的状态，因为其上方的岩石和尘土起到了很好的绝热作用。一旦太阳落山，月表尘土的冷却速度会非常快。在月食发生的时候，月球处于地球的阴影之下，测量结果显示，此时月表的温度骤降到和尘土之下的岩石一样冰冷。

这种寒冷让一位宇航员终生难忘。在一次月表行走过程中，“阿波罗”16 号的宇航员约翰·扬意识到，他们在月球上采集的石头样本个头都比较小。他想找一块很大的岩石，让地球的科学家开开眼。于是他抓起了一块大约 1 千克重的石头，然后把它放在了登月舱下方的阴影中，与此同时他开始收拾东西准备返回地球。一切收拾停当后，他把那块石头放进登月舱内，然后给登月舱重新加压。

就在那时，扬意识到他需要重新安置一下在月球上采集到的石头样本，让它们在登月舱内保持更好的平衡，这样在启动太空舱离开月球表面的时候它们就不会因为质量分布不均衡而倾斜得太厉害，以至于超过自动控制系统的适应调整范畴。这时他已经摘下了自己的手套，当他直接用手去抓那块大石头的时候，吃了一惊：这块石头在阴影中待的时间长到它外表多余的热量已经挥发，现在变得超级冷！扬没有被冻伤真的非常幸运。他回到地球，跟 NASA 地质学家兼月球专家保罗·罗曼讲述这个故事的时候，罗曼惊讶地道：“这是我人生中唯一一次听说有人用自己的切身感受来描述月球温度的！”

登月骗局的支持者还声称，宇航员随身携带的相机胶卷在这样酷热的月表环境下一定会融化。在现实中，问题恰恰相反：他们不需要担心相机胶卷会融化，却不得不给胶卷做好绝热，免得它被冻住。

5. 光与影的小把戏

关于NASA阴谋论，另一个常见的“证据”和月球上的光影游戏有关。在这些质疑声中，最常见的一条涉及阴影的黑暗程度。那些登月骗局的信徒声称，如果太阳是唯一的光源，那么阴影应该是绝对黑色的，因为没有来自空气中被散射的太阳光来冲淡阴影的黑色。既然没有任何光照在地面的阴影上，那么阴影应该是纯粹而绝对的黑。

在地球上，我们很习惯看见那些实际上不是全黑的阴影。这种现象主要和我们明亮的天空有关。太阳本身会让地球上的物体产生深黑的阴影，但是来自空气中的光照亮了阴影下的地面，所以我们也能看清位于阴影里的东西。

在月球上，天空是黑色的，阴谋论者于是声称月球表面位于阴影中的部分应该是完全的黑色。他们说，如果太阳是唯一的光源，那么月球上的阴影应该是漆黑一片。可在宇航员拍摄的照片中，我们往往能看见那些阴影并不全黑，似乎还有另外一个光源的存在。对于登月骗局的支持者来说，因为阿波罗的照片都是在地球上的摄影棚里拍出来的，这个所谓的“光源”显然就是摄影棚里的空气，它散射了聚光灯照射来的光线。

然而（如果你觉得下面的话耳熟就告诉我），他们的说法是错误的。在月球上，除了太阳之外，的确**还存在**另外一个光源，而且我们提到过它是什么：**月球自身**。天空或许是黑色的，但是月球的表面是非常明亮的，并且可以反射太阳光，冲淡阴影的黑色。这又是一个登月骗局支持者提出的“疑难”问题，而答案其实简单到不行的例子。

有意思的是，有的时候落在月球表面的阴影看上去也像是被冲淡了。讽刺的是，除了太阳之外的光源很有可能就是宇航员自己。宇航服和登月

阿波罗登月计划系列中最著名的照片之一，题为“月亮之上的人”，照片中的人物是巴兹·奥尔德林。阴谋论者指出，很多线索能够说明这张照片是伪造的：天空中没有恒星，阴影颜色不够深，以及明显的聚光效应。然而，所有这些“疑点”实际上恰恰证明了这张照片的真实性。请看奥尔德林膝盖的地方，那里沾上了月球表面的灰烬色尘土，这是因为巴兹不得不多次跪下去捡起掉在地上的工具，或者搜集岩石样本。不管别人怎么说，这张照片的确是拍摄于某个地外星体——地球的卫星月球——表面（照片版权所有：NASA）

舱的表面被太阳光和月表反射光照亮，而这些光又在宇航服和登月舱的表面被反射回月球表面，稍微冲淡了阴影。地球上的摄影师和摄像师也使用一模一样的技术，他们拍摄时会使用一个伞形的反光罩驱散镜头里的阴影。

然而，如果你仔细看这些登月的照片，会发现问题变得更复杂了。在最著名的登月照片当中，尼尔·阿姆斯特朗拍摄了巴兹·奥尔德林站在登月舱附近，这是在“阿波罗”11号登月任务期间拍摄的（见上图）。我们能够看见巴兹面对镜头站立，阳光从他的右后方射来。通过巴兹面罩的反光，我们能够看见尼尔的身影，还有登月舱的腿，以及许多阴影。

这张照片被登月骗局支持者奉为最重要的证据。因为它证明了支持者两个最主要的质疑：从地表被照亮的情况看，奥尔德林很显然是被一个正对着他的聚光灯迎面照亮，从他面罩上的反射出的阴影看，那个聚光灯应该就在他的附近。

这张照片里的光照的确很奇怪，但却并不是因为任何人造把戏。事实上，照片中有类似聚光灯效果的光源来自月球表面一种独特的属性：月球表面会将照射在其上的光按照原路反射回去。这种现象被称为反向散射，而且月球上的反向散射强度很高。如果站在月球上，拿着一只手电筒照向你前方的地面，你会发现大量的光被反射回你所在的方向。然而，站在你身侧的人却几乎看不见任何反射光。

事实上，你几乎亲眼见过这一现象。你或许会认为，半月的亮度是满月亮度的一半，但这是不正确的。满月的亮度差不多是半月亮度的 10 倍（H. N. 拉塞尔：《论行星和它们的卫星的反照率》,《天体物理学期刊》第 43 期 [1916 年]，第 103 页）。这是因为，在满月的时候，阳光是从你背后垂直照向月球表面的。于是月球表面会把射来的太阳光直接反射给地球上的你。在半月的时候，阳光是从你的侧面射向月球表面的，于是反射向你这个方向的阳光就大大减少，月球看上去也就更加暗淡。

这就是为什么奥尔德林看上去像是站在聚光灯下的原因。在他所站的那个区域，光线直接被反射回阿姆斯特朗的照相机。但是在**远离**奥尔德林的地方，光线并没有反射回照相机，所以那些地方看上去更暗。这个现象让奥尔德林看上去像是在一道光环之内。

这道光环的学名叫作**草露宝光**，源于德语“光环”一词。在有朝露的清晨，你自己也可以见证这一现象。背对太阳而立，使你头部的阴影落在一些带露水的草上。你可以看见被反向散射的阳光照亮头部形成阴影的四周，看上去很像光环。在地面布满灰尘的地方，比如棒球场，你也可以做同样的实验。草露宝光的现象可以非常明显。这种“聚光”效应在很多阿波罗的照片内都能见到，不过正如你所预料的那样，只有当拍照的宇航员背对阳光的时候它才出现。不存在什么聚光灯，只有些奇怪却自然的物理学在起作用。

顺便说一下，你在雨夜驾驶汽车时，会发生相反的效应。潮湿的路面会将灯光**向前**反射，而不是反射回你的眼睛。迎面而来的汽车可以看见你的车头灯反射在路面上，而从你所在的驾驶室看过去，几乎看不清被车头灯照亮的前方路面。车头灯的灯光被反射向前方，而不是返回你所在的这个方向，这就让路面很难被看清。

对这张照片的第二个质疑与影子有关。如果你仔细观察奥尔德林的面罩，你会发现上面的影子是不平行的。如果阳光是光源的话，那么所有的影子应该都是平行的才对。可是这些影子指向不同的方向，也就意味着光源一定就在附近。结论：一定有聚光灯。

好吧，我们已经证明了没有什么聚光灯，所以知道光源一定还是太阳。事实上，想要驳斥这个质疑也简单得不行。我们看见的影子是**圆弧形**面罩上反射出的影子。因为面罩具有曲率，所以会让其中的影像扭曲变形，就好像鱼眼镜头或者哈哈镜一样。之所以影子是扭曲的，是因为面罩是弧形的，就这么简单。这一处也没有花招，只是所有人在日常生活中都见过的简单光学现象而已。

然而，还有些影像不是来自面罩的反射，但人们还是能够在其中看见不同方向的影子。还是之前那句话，如果太阳是唯一的光源，那么影子应该是线性的，而且相互平行。有的时候它们显然不是平行的。当然了，对于阴谋论者来说，这又是一则证据，证明登月照片是伪造的。

你有没有站在铁轨上，看着它们在地平线附近像是交汇成一点？这当然是一种透视效果。铁轨是平行的（否则它们也就没用了），但是我们的

宇航员产生的影子、岩石产生的影子，还有月表其他物质产生的影子看上去不是平行的，但这只是一种透视效果，和铁轨在地平线附近看上去相交的原理一样

眼睛和大脑把它们看成是相交的。

在月球上拍摄的照片中，我们也能看到同样的现象。影子看上去彼此并不平行，正是由于透视的缘故。我们比较两个与我们距离相差很大的物体的影子方向时，透视效果可以非常明显。我自己就亲身经历过，日落时分，站在一盏很高的街灯下面，比较这盏街灯的影子和街对面那一盏街灯的影子。这两盏街灯的影子看上去指向两个非常不同的方向，这个场景看上去着实挺诡异。

这又是你可以在自家前院就亲自验证的问题，才不是一则市场价值数十亿美元的阴谋论的有效证据。

从登月骗局信徒的质疑当中，我们可以学到很有意思的一课。

在很多情况下，他们借助简单的物理学知识和常识来说服别人。通常情况下，他们最初步的观点是有道理的。然而，他们会对物理知识产生误解，而且常识并不一定适用于没有空气的地外环境。只要进一步审视，他们的论据会毫无例外地土崩瓦解。

我还可以举更多的例子。单是一一击破登月骗局信徒的质疑，就可以写一本书。这并不让人吃惊，鉴于他们把自己的质疑写成了好几本书。我毫不怀疑，这些书卖得都不错。讲阴谋论的书从来都卖得不错。我同样也毫不怀疑，一本致力于揭穿阴谋论真面目的书不会卖得像讲阴谋论的书那样好。用一整本书的篇幅来一一驳斥信徒们的错误实在太冗繁，也没有必要。我们在上文中提到的五点，就是信徒们能够提出的最强有力的证据了，而它们都一点儿也禁不住审视。其他那些所谓论据就更没有说服力了。

但这些“疑点”有意思的方面是它们都很简单。“在阿波罗的照片中看不到恒星”就是一个如此明显，如此基本的错误。信徒提出的其他疑点同样也是很直观明显的。

但让我们在这里做一个鉴别真伪的小小思维试验。我们就假设 NASA 知道他们不可能把人类送到月球上去，也知道他们会因此损失全部资助。于是 NASA 决定伪造整个登月计划。他们苦心经营、谨慎筹谋，雇用了上百位有足够的知识能够伪造这一切的技术人员、摄影师和科学家，为了这个谎言总共花费了上百万甚至数十亿美元。最终，NASA 终于创造出了有史以来最大的骗局，**然而他们居然忘了在照片上加恒星了**？

还有更多证据。近年来，苏联在 20 世纪 60 年代也曾想把人送上月球的计划被曝光。苏联人的登月计划从未真正实现，但是他们在这个项目上投入了相当多的心血，在 NASA 直播自己的登月镜头的时候，苏联人当然也在仔细地观察。美苏两个超级大国都花了数十上百亿美元在各自的月球计划上，登月事关两国的威望和尊严，而前几年它们还都处于核战争爆发的边缘。可以想象，如果苏联人伪造了他们的登月计划，然后留下了明显的瑕疵，比如图片中有恒星或影子的方向不对，美国的媒体一定会劈头盖脸地抨击苏联，毫不留情。阴谋论者真的认为，如果 NASA 伪造了登月，塔斯社[1]或者《真理报》[2]不会这样对待美国吗？如果能证明美国人搞砸了他们在和平年代开展的规模最宏大的项目，苏联会获得其历史上最伟大的胜利，但即便是**他们**也承认登月计划是真的。

最终，真理和逻辑取得了胜利。美国的确曾经派人登上了月球，这是人类工程学上的胜利、坚持不懈的精神的胜利，也是昂扬斗志的胜利。

章末附言：凯斯写完他那本《我们从来没有踏上月球》后，带着书稿去找了吉姆·洛弗尔。洛弗尔是“阿波罗”13 号的指令长，在飞船由于一

[1] 苏联国家通讯社，成立于1925年7月10日，总社位于莫斯科，曾是世界五大新闻通讯社之一。
[2] 创刊于 1912 年 5 月 5 日，前身为托洛茨基于 1908 年 10 月 3 日在维也纳创办的同名报纸，是 1918 ~ 1991 年苏联共产党中央委员会的机关报，1991 年被时任俄罗斯联邦总统的叶利钦下令关闭。

次太空中的爆炸被损坏之后，他从死亡线上把他的组员救了回来，顺利返回地球。因此，洛弗尔和太空计划息息相关到几乎超过了常人理解范围的地步。

于是，你可以想象当洛弗尔读到凯斯这本书的时候会是什么样的反应。在《圣何塞地铁周刊》（1996 年 7 月 25–31 日）上，洛弗尔说：“这家伙（凯斯）太可笑了。他的观点让我感到愤怒。我们花费了大量的时间才做好准备前往月球。我们花了很多的钱，冒了很大的风险，而这应该是这个国度里每个人都为之感到自豪的事情。”

对于洛弗尔的评论，凯斯的反应是什么呢？他以诽谤罪起诉了洛弗尔。1997 年，一位法官英明地将这个起诉驳回。我们还有希望。

嘲笑中的世界[1]：维利科夫斯基对阵现代科学

18

Worlds in Dersion:
Velikovsky vs. Modern Science

1950年，一本名为《碰撞中的世界》的奇书横空出世。这本书是一个人十年来孜孜不倦思考的最终成果，他的想法令人啧啧称奇，那就是：要是古代文献中的各种大灾难都是真实发生过的事件呢？

古人经历过如此多的重大灾难，以至于听上去几乎像出自一部烂科幻电影。从天而降的火雨、白天静止不动的太阳、洪水、饥荒、害虫滋扰——古人的生活似乎比我们的更刺激一些。当然，大多数人都会认为这些事件要么是被夸大了，要么单纯是故事口口相传容易走形，要么人类本能地希望为无法理解的事物找到解释，这两点导致了缺乏现实根据的传说。但就让我们假设记载灾难的古代作者写的都是真的，假设这些事件真的发生过，会不会存在着某个简单又能解释一切的原因呢？这些事件会不会有着天文学的基础呢？

精神分析学家伊曼纽尔·维利科夫斯基决定着手探究这个问题。他对

[1] “嘲笑中的世界”来自于维利科夫斯基的著名伪科学著作《碰撞中的世界》的书名。

这些看似简单的问题的回答将对整个科学界产生巨大的影响，尽管这种影响或许不是以他想象的那种方式。维利科夫斯基写完了他那本《碰撞中的世界》以及它的续篇《巨变中的地球》之后，真实地感觉到自己发现了此前所有科学定律都有误的证据，而我们所有人都需要仔细地重新思考宇宙的规律。

很多人都渴望读到这本《碰撞中的世界》，于是在它问世之后不久就登上了畅销榜单。20 世纪六七十年代，这本书是迎合了当时反主流文化潮流的巨大成功。维利科夫斯基现在的声望不比从前，不过他依然有不少拥趸，他们当中有很多人坚定地捍卫他的观点。

他的观点是什么呢？维利科夫斯基理论的基本前提就是金星并不是和太阳系中的其他行星在同一个时期形成的。维利科夫斯基认为，金星的形成是不久之前的事情，也就是几千年前，大约在公元前 1500 年。根据维利科夫斯基对《圣经》和其他古代文献的分析，金星原来是木星的一部分，某一天木星不知道怎么就分裂了，然后喷射出一颗巨大的彗星，就是金星的前身。在接下来的几个世纪中，金星来回穿越太阳系，几次与地球和火星邂逅，对两者产生了深远的影响。正是当金星和火星接近地球的时候产生的引力和电磁感应，导致了我们的祖先遭遇过的所有重大灾难。

大概如你所料，我不同意维利科夫斯基的观点，而且我不是单打独斗。在地球上，几乎所有有资质的科学家也都不同意他的观点。我们之所以不同意，有一个很充分的理由，那就是：维利科夫斯基说的是错的，错得非常、特别、相当离谱。他所描述的那些天文事件用“不可能发生”来形容太轻了，简直是“**天马行空**”——和天马一样属于奇幻范畴。

公平地说，有很多被广泛接受的科学理论听上去也像是天马行空。谁会相信，宇宙的起源居然是来自一个奇点的爆炸，然后时间和空间出现，它们又开始膨胀，逐渐形成了我们现在所见到的这个宇宙呢？

但是读者们需要记得的是，在大爆炸理论首次被提出之前，人类有过大量的天文学观测经验，而且这些观测结果除了大爆炸理论之外，无法用其他任何的理论解释。到现在，大爆炸理论在几十年里一直得到广泛的支持，它事实上成为科学领域最坚不可摧的观点之一。而另一方面，维利科夫斯基的想法几乎不受任何天文学观测结果支持，事实上，很多相当成形的天文学理论直接与他的想法发生了冲突。大爆炸理论和维利科夫斯基的理论之间的区别就在于物证。前者有很多，而后者什么都没有。

维利科夫斯基的理论**看上去**着实有道理，建立在巨量的历史学和考古学研究的基础之上。《碰撞中的世界》一书中引用了大量各类历史学家的作品，从当代的史学分析到古罗马老普林尼的理论。历史学领域的专家对于维利科夫斯基对这些作品的解读有很多的批评，很有可能他的研究在历史学的角度上就站不住脚。老实说，在历史方面我不是专家，所以我就不来判断维利科夫斯基观点的历史学价值了。然而，我倒是很乐意从天文学的角度讨论一下维利科夫斯基的种种论点。

如同面对占星学、创造论等大多数伪科学领域[1]时一样，我们不需要对每个事实和数据进行详细又艰辛的分析就能够在这些理论中找到致命的缺陷。事实上，有的时候不去吹毛求疵也是有好处的。因为一旦你这样做了，伪科学的支持者就会向你摆出更多的事实和数据，以期要么用他们的知识储备吓晕你，要么扰乱你的思路到根本无法得出合理结论的地步。所

[1] 创造论或称创世论、神创论，常见于古代人类纪录与“外来”智慧对话的典籍记载。创造论者普遍相信人类、生物、地球及宇宙是由超自然力量或超自然的生物创造，通常为神、上帝或造物主，亦有关于外星人的创世论。不同宗教典籍及民族都各有创造论的叙述。

以，与其对维利科夫斯基的这本书逐字推敲，不如让我们来看看其中统领的概念——足够反驳维利科夫斯基基本前提的大方面。再说这些也是更容易解释和理解的。如果我在下文中提到了**个别**细节，那是因为我认为它们重要且有趣，值得关注。

维利科夫斯基关于金星在太阳系内四处乱转，造成了巨大破坏的主要思想基于很多古老文献。其中最重要的《圣经》段落可能是《约书亚记》第 10 章 12–13 节。在一场与迦南人的大规模战争之中，约书亚知道如果他有再多一点时间，就能够取得胜利，但是日暮黄昏，一天就要结束了。约书亚情急之下向上帝请求停止太阳围绕地球一日一次的运转，给他所需要的更多时间。《圣经》中写道："……于是太阳停住，月亮站住，直到以色列人在仇敌的身上报了仇。"然后，几乎是正好 24 小时以后——在战争结束之后——上帝又重启了天体系统，让太阳和月亮再一次继续运转。

今天，我们会把这一切解释为——如果我们特别拘泥于《圣经》的文字的话——地球的自转停止，于是看上去天空中的太阳和月亮也就是静止不动的，而一天之后地球又恢复了自转。

维利科夫斯基就特别拘泥于文字，他考证这一事件时发现对于据说是就发生在地球停转之前一刻的流星风暴的记载。对他来说，这些流星是《圣经》中地球停转事件背后的天文学原因。他的这个想法和他发现的另外一些传说完美地相互契合，比如源于古希腊的那些。女神密涅瓦在当时代表金星，是从宙斯（代表木星）的脑袋里出生的，她一出生就是成年女性的样子。在其他文化中也存在略微类似地把木星和金星联系到一起的传说。维利科夫斯基由此认为金星的确是从木星中喷射出去的，随后它与地球相遇好几次。

正是地球与金星第一次的这种“狭路相逢”导致了前者的自转停止。由于某些原因——维利科夫斯基从来没有解释清楚过这一点，不过他含糊地指向一种以前未曾为人所知的电磁感应过程——金星从与地球距离特别近的地方掠过时，可以减缓甚至暂停地球的自转。然后金星就跑远了，但是一天之后，它又回来了，第二次掠过地球，让地球的自转重新开始。而金星则沿着一条狭长扁平的椭圆形轨道远离地球，它再一次掠过地球时，是 52 年之后了。随着时间的流逝，金星终于在自己目前的轨道上安定下来，成为太阳系从内向外数的第二颗行星。

这个想法的缺陷太多了，以至于我都不知道从哪儿开始反驳好。比如说，维利科夫斯基指出，在很多的古代文献中，有很多都描写天空中出现了一颗巨大的彗星的段落，在这颗彗星到来之后地球上发生了很多重大灾难。就算这是真的，那和金星又有什么关系呀？这个嘛，维利科夫斯基说，金星是从木星中分裂出来，**作为彗星**喷射出去的。一直到它进入目前的稳定环日轨道之后，它才变为一颗行星。

第一，喷射出像金星这么大质量的物体很难实现。维利科夫斯基认为金星是分裂出去的，原因是木星高速地自转把它甩了出去，就像洗过澡的小狗把身上的水滴甩掉一样。但在现实中这是不可能的。

有大量的证据证明，我们的太阳系已经存在数十亿年。为什么木星非要等到短短几千年之前——相对于它自己的生命而言，几千年简直算是弹指一挥间——才突然决定喷射出一团行星大小的物质呢？对这个巨大巧合的唯一合理解释，就是认为这并不是某种罕见的事件，而且木星此前也这样干过好多次了。但是木星之前喷射出的行星都哪儿去了呢？如果你认为太阳系所有的行星都是这样形成的，那么你就会面对这样一个问题：木星最开始又是怎么形成的呢？鉴于木星每次甩出物质之后自转的速度都会降低，那么木星的初始自转速度必须得高到不可能的地步。

第二，金星与木星的物质构成截然不同。木星主要的成分是氢气，是元素周期表中最轻的元素。它的内核中大概有密度更大的一些元素，但是金星至少也应该表现出与木星有着**某些**相似之处吧？然而，大概没有比金星与木星之间更不像的两颗行星了。金星的化学构成和地球倒是很相似，因此这两颗构成如此相似的行星不大可能来源迥异？

第三，金星个头不小。事实上，它与地球的质量和直径都差不多。木星有很多围绕其旋转的卫星，其中有四颗卫星个头相当巨大。如果它们并不是围绕硕大无朋的木星旋转，而是围绕太阳旋转，将有足够资格被当作太阳系的行星。木星的这些卫星围绕着它，它们的运行轨道几乎是完美的正圆形，这是它们经过成百上千万年或者百十亿年与木星和与彼此之间的引力作用导致的（关于更多潮汐演化的内容，请回顾第 7 章）。

现在设想金星从这样一个系统中挣脱。这么说吧，最疯狂的公牛冲进精致的瓷器店中所造成的破坏程度，也无法与金星对木星系统造成的破坏相比。木星的卫星会四处分散，它们整齐有序的运行轨道会被一头冲出系统的金星干扰，最终变成长椭圆形。其中某些卫星甚至可能会完全脱离木星系统，在宇宙空间中四处游荡，就像维利科夫斯基声称金星所做的那样；然而，在古代文献中并没有关于四处乱窜的木星卫星的记载。

我们并没有任何证据能证明木星的卫星系统曾经发生过如此巨大的变动。所有观测结果表明，木星的卫星在自己现有的轨道上老老实实地运行了至少一二十亿年。如果真的有任何诸如上述的干扰发生，它们一定不是发生在短短数千年之前的。

在《碰撞中的世界》一书中，维利科夫斯基花了大量的篇幅试图证明金星是从木星中喷射出去的。他说错了，这种事件根本不可能会发生。我们通过数学计算可以发现，如果木星真的把金星喷射出去了，那么这个过程所需要的能量足以让整个金星直接汽化！换句话说，不管在维利科夫斯基的想象中木星是怎么把金星给喷射出去的，这种喷射的结果一定会导致金星变成一团炽热发光的气体，从内向外爆发，就像，怎么说呢，一场爆炸。这场喷射是绝对不会产生一个能够在太阳系中穿梭的固态天体的。这一点着实削弱了维利科夫斯基关于金星能在太阳系中四处移动的论点，除非你真的相信，如此巨大的力量只会产生极其温和的效果。这就好比你在一颗鸡蛋上方，让一只铁砧做自由落体运动，然后这个铁砧恰好将这颗鸡蛋砸成两半，一半蛋壳里装着蛋清，一半蛋壳里装着蛋黄。巨大的能量导致的后果从来不可能如此整洁有序。在现实中，那枚鸡蛋一定会被砸成黏糊糊的一团，被喷射出的金星的下场也会是如此——不管在维利科夫斯基的设想中，它到底是被何种力量喷射而出的。

不过还是让我们假设真的有这种神秘的力量存在，金星真的完整地被木星喷射出来了。那么，先不考虑金星的起源，单纯专注于它在距离地球极近的地方掠过，导致了地球上的大灾难一事，这可能吗？

一言以蔽之：不可能。

维利科夫斯基通过孜孜不倦地阅读古代文献，总结出来金星曾在距离很近的地方掠过地球，导致了地球自转的暂停，然后它远离地球，几个小时之后又回来，再一次掠过，让地球的自转恢复。然而，他对这一现象的发生机制的解释却语焉不详。他推测说可能地球并没有真的减缓自转的速度，然后停下来，相反，它在轴线上做了一个翻转，让北极点成为南极点，南极点成为北极点。

没错，维利科夫斯基花了几十页的篇幅罗列证据，力证地球自转的历史上北极点并不总在它现在所在的位置。书中讲到这处时有一章在开篇这样写道："我们的地球从西向东自转。但它一直都是这样的吗？"维利科夫斯基引用了古代文献，说明地球的翻转发生过不仅一次，而是很多次。

但是他引用的论据本身就很不牢靠。他引用的一段内容中提到了在某个古埃及坟墓中发现的两幅星座图。在其中一幅中，星座的模样是正确的；而在另一幅画中，星座的模样是东西颠倒的，好像地球是转错了方向一样。除了认为地球果真是从东向西转之外，对此还能有什么解释呢？

事实上，我还能给出另外两种可能的解释。其中之一，就是地球是一颗大球。对于那些位于南半球的人来说，他们看到的星座与北半球人看到的星座对比，就是上下颠倒的。这是由于地球自身的曲度导致的，所以对于站在北半球的人来说，站在南半球的人看上去好像在倒立。这就足以解释为什么第二幅画里的星座是上下颠倒的，可能是一位来自南半球的旅人来到此处，画出他在南半球见到的星座模样。

除此之外，还有第二种解释。很多古人都认为，恒星是水晶大穹庐上的小洞，天堂的光芒能从这些洞中投射到人间。神仙住在穹庐的另一侧，所以他们看到的星座相对于我们来说就是反过来的。有很多的星象图画的就是这种被称为"神仙视角"下的天空。在纽约市的大中央车站的主通道里，天花板上的恒星就是用这种方式画上去的。可能古埃及人画这两幅星象图的时候，就是想表现人类视角和神仙视角的对比。

我觉得，上述两个解释当中，无论哪个都比地球翻转过要更有说服力。

再来，就当地球翻转过吧，维利科夫斯基还想要我们相信，金星在 24 小时之后**又一次**掠过地球，又让地球再翻转了一次，之后还能以同样的速率自转。让我们**十分**婉转地说吧，这事真的不太可能发生。

维利科夫斯基的金星理论还有两个更大、更根本、更致命的缺陷：其一，我们人类依然还存在；其二，月亮还在空中围着地球转。

维利科夫斯基在他的书中花了好几百页的篇幅，煞费苦心地将人类所遭遇的各种灾难归咎于金星低垂于天。所有这些灾难的发生，都是因为金星与地球的距离过近导致的。维利科夫斯基对诸如吗哪[1]从天国中降落、埃及人受到蝗灾侵扰之类的事件的解释是，金星与地球的距离近到金星的大气流入了地球的大气之中。

这种说吗哪和虫灾是从金星来到地球的假设，至少也是疑点重重的。我们现在已经知道，金星的表面温度奇高，超过900℃，这种高温足以融化金属铅，很难想象到底是哪种虫子会在如此高的温度中存活下来。同样很难想象的是，吗哪——一种能维持生命的混合食物——居然能够在金星上生成。毕竟金星大气层的主要成分是二氧化碳和硫酸。如果数十亿吨的这些东西从天而降到地球上的话，那对于地球上的生命来说恐怕不会产生什么益处。有害处才对。

另外，金星的擦肩而过还会带来其他的物理后果。虽然金星与地球有诸多不同，但是它们之间还是有些相似之处的，它们的质量和直径都差不多。这也就意味着产生的引力也差不多。如果金星上的空气能够流入地球的大气层，金星和地球需要对于金星大气层都施加引力，而地球对金星的

[1] 吗哪，根据《圣经》和《古兰经》，是古代以色列人出埃及时，在40年的旷野生活中，上帝赐予他们的神奇食物。吗哪出现在《圣经》的《出埃及记》第16章、《民数记》第11章、《古兰经》第2章。

引力要稍微更强一些。就是往最多了算，想要引力大小相同，金星与地球表面的距离要不到1000千米才行。

想象一下！一颗和地球大小相同的行星在地表上方，仅仅1000千米的地方掠过，这简直是我能想象出的最恐怖的场景了。金星的身躯将占满整片天空，无论是太阳还是恒星都会被它遮盖。即使金星以星际飞行的速度掠过，它巨大的身躯还是会在天空中停留数日甚至数周，它的亮度将比满月还要明亮几百倍。

然而，这种难以置信的场景在古代文献中并没有提到。

更糟糕的是，金星造成的潮汐将格外巨大，可能有好几千米那么高。它引发的地震的程度已经不能用“可怕”来形容了，地震将摧毁一切，**所有全部一切**。这种场景是如此可怕，以至于《圣经》启示录中关于世界末日的描写看上去都像是个温暖的春日。像金星这样的东西近距离掠过地球，就是给地球表面带来一次“大清洗”，任何生命都将死去。如果这一切真的曾经发生过，维利科夫斯基也不会活着写下他那本书了。值得表扬的是，维利科夫斯基预料到了如果金星掠过地球将会引发地震，不过他低估了这种地震的效果，实际情况会比他想象的糟糕成百上千万倍。

再退一步说，假设我们人类真的从这样的世界末日中顽强存活了下来，**还有**另外一个问题。月球围绕着地球旋转，两者之间的距离为40万千米。如果说金星曾经与地球距离如此之近，以至于它们的大气层都混在了一起，那就意味着金星与地球的距离比月球与地球的距离还要近。如果这真的发生了，那么月球的运行轨道将会发生巨大的变化。通常情况下，如果你拿出三个物体，其中两个物体质量相等，而第三个物体质量又小到了一定程度，让三者相互间发生引力作用，质量最轻的那个物体会被完全地甩出这个系统。换句话说，在几乎所有情况下，要是金星如此靠近过地球，我们的月球就会被抛向行星际间的宇宙。就算不是这样，月球的运行轨道也会发生极大的变化，成为极其扁长的椭圆形。

月球的运行轨道**的确是**椭圆形，但无论如何都不像是曾经因为金星的到来而被拉扯成的样子。月球依然在地球身边，我们也依然在地球身上的事实，都证明维利科夫斯基是错误的。

我还有一个证据要陈述。以月亮周期为基础的犹太历在将近 5800 年后依旧为人所使用。如果金星真的曾经掠过地球，那它一定会改变月球围绕地球的运转周期。然而，如果我们看一看犹太历，会发现将近 6000 年以来月球的周期都没有发生过什么变化。维利科夫斯基描述的事件发生于 3500 年以前，也就是古希伯来人开启他们的日历的几千年后。这也就意味着，从《圣经》记载的大灾难发生以前很久开始，月球的周期就没有发生过可测量出的变化。

回想一下，维利科夫斯基是使用古代文献来支持他的论点的。然而，我们却发现跻身于最基本古代工具行列的日历**直接又彻底地驳斥了他的假设**。如果金星真的做过任何一件维利科夫斯基声称它做过的事情，那么月球的运行轨道都不会是今天这个样子。

最后，按照维利科夫斯基所说，在金星“调戏”完地球之后，它最终安定了下来，安顿在它目前的运行轨道上。请记住，如果这一切真的发生了，金星的运行轨道不大会是圆形，而极有可能是一个偏心率很高的椭圆形。然而，在所有的太阳系行星当中，金星的运行轨道是最接近正圆形的，只有海王星的轨道可以与之媲美。如果我们认同金星曾经在太阳系中做过大量维利科夫斯基氏回旋，它的轨道应该至少会有一定的离心率才对，然而金星的轨道在肉眼看来就是一个完美的圆形。

随后，维利科夫斯基又在他的书中试图解释太阳系所有行星和卫星的运行轨道是怎么逐渐变得越来越圆的。他提出，存在着某种从太阳和行星中散发出来的电磁力让轨道变圆，也正是这种力使得地球上下翻转，导致了后续的一系列灾难发生。然而，如今我们完全找不到**任何**证据表明这样一种力能够强到导致维利科夫斯基宣称的一系列事件的**强度**。如果真的有这样一种力存在，那它一定在被《出埃及记》记载下来之后就不灵了。同样，如果真的有这样一种力存在，为何还有些行星和卫星的运行轨道不但**不是**正圆形，甚至还是离心率很大的椭圆形呢？我们知道，太阳系有很多天体的运行轨道是离心率很高的椭圆；彗星就是很好的例子。为何这种力没有作用在它身上呢？

于是说，维利科夫斯基试图让我们相信，《圣经》里面记载的所有这些灾难的发生都是因为某种前所未见的神秘的力量，可以作用于行星，造成恶劣影响——但也只作用于一些行星，对其他的视而不见——然后就消失了。鉴于整个太阳系系统看起来完全是几十亿年来自然发展出来的，这种力量也没有在行星上留下一丝痕迹。

这根本不是科学。从科学的角度看，相信一切都是神的功劳和相信维利科夫斯基的理论在合理程度上不相上下 。换句话说，维利科夫斯基根本没有必要费这么大劲，花这么长的篇幅试图用科学来武装他自己的信念。他用未知的力量来解释这一切，使得他写这本书显得毫无意义——因为他的出发点是希望能够为古代文献中找到某些“科学基础”。

如果说维利科夫斯基错得如此彻底，如此明显，那么为什么他还有这么多认为他正确的拥趸和支持者呢?

我认为，和实际问题相比，这更接近于一个哲学问题。然而问题的答案有一部分就在于科学界对待维利科夫斯基和他的这本书的态度上。

起初，在1950年麦克米伦出版社准备出版维利科夫斯基这本书的时候，科学界就得知了此事。尤其是哈佛大学的天文学家哈罗·沙普利给麦克米伦出版社的编辑写了几封措辞严厉的信件，声称——请注意，他说的是对的——维利科夫斯基的想法是错的，如果麦克米伦出版社真的出版了这些错误的观点，对各方来说都危害巨大。当时，麦克米伦出版社出版大量科学教科书，沙普利说，该出版社的声誉将会因为出售《碰撞中的世界》一书而受到损害。在我看来，信中暗示——虽然算不上是赤裸裸的威胁——沙普利会用自己在科学界的可观影响力向其他科学家施压，让他们一同抵制麦克米伦出版社的书。

这一点对于出版商来说可是一个严重的问题。维利科夫斯基的书甫一问世，就立刻蹿升上了畅销榜单，科学界与出版商的争论毫无疑问助长了销量。这本书给出版社带来了相当可观的利润。然而，麦克米伦出版社通过出版教科书也有很多进账。于是他们做出了史上最糟糕的出版决定之一，迫于压力，把《碰撞中的世界》和它的续篇的版权转给了道布尔戴出版社，后者惊喜地发现它们现在手握一本大卖特卖之书。所有这一切都为这本书增加了更多的神秘色彩，进一步增加了它的销量。

随着销量节节攀升，科学界对维利科夫斯基的反对声音也在继续。《碰撞中的世界》成为大学生最喜爱的读物之一，尤其是在流行反叛既有知识体系的20世纪60年代。对于"科班"科学家来说，情况糟糕到"美国科学促进会"（AAAS）为了一举推翻《碰撞中的世界》宣扬的理论，在1974年主办了一次半公开的辩论，一方是维利科夫斯基，一方是他的反对者。参与辩论的科学家一方的领军人物之一是卡尔·萨根，在那个时候他算是媒体界的宠儿，也是一位职业的怀疑论者，而且为大众所熟悉。

我并没有参加这场辩论，因为当时我才9岁。然而，我在书里、在网上都读过不少关于这场声名狼藉的会晤的描述。到底哪一方赢了呢？是维利科夫斯基和他的反叛军团，还是正统的主流科学？在我看来，没有赢家。要我看他们双方都是输家。维利科夫斯基做了一些前言不搭后语的发言，既无法支持自己的立场，倒也没有削弱自己的立场，而维利科夫斯基的支持者给人的印象更像是宗教狂热分子。科学的这一方呢，就有点儿惺惺作态了。萨根——当然了，我对萨根的崇敬之心如滔滔江水绵延不绝，他不但是优秀的科学家，还是一位积极向大众传授天文学知识的科普工作者——但在试图戳穿维利科夫斯基的伪科学时表现得糟糕透了。他做的完全是稻草人论证[1]，一直在攻击维利科夫斯基理论的那些细枝末节。

《科学家对阵维利科夫斯基》一书（康奈尔大学出版社，1977年）记录了与会的科学家们所做的发言。维利科夫斯基的发言却没有被记载在书中。在萨根辩论会发言记录的基础上，书中又多给了萨根50%的篇幅来对于维利科夫斯基的争论进行新的驳斥，而出版社却没有给维利科夫斯基更多的空间来反驳萨根的反驳。因为对于篇幅长短的争论，维利科夫斯基从

[1] 稻草人论证是曲解对方的论点，对曲解后的论点攻击，再宣称已推翻对方论点的论证方式，是一种非形式谬误。稻草人论证有时会和"偷换主题""偷换概念"混称，但严格而言未必相等：后两者是蓄意扭曲原论点，而稻草人论证可能是攻击者有心扭曲对方论点以达贬低效果，也可能是攻击者无心地误解了对方论点，或对方论述不清致使攻击者误会。

这本书中撤回了他的原发言记录。在书中，萨根提出了自己论证，驳斥了维利科夫斯基的观点，在他自己的著作《布罗卡的脑》中（除了维利科夫斯基相关部分都很优秀），他更进一步扩展了这些论证。再一次地，萨根的论证做得并不是那么出色。举个例子，萨根给出了木星喷射出金星所必需的能量值，但是忽略了木星的自转，而这一点对于分析来说是至关重要的。同是科学家，与此同时还是作家的杰瑞·波奈尔在他有关这场辩论的个人网页上称萨根的表现“很丢人”。

在科学家群体中，萨根与沙普利的反应绝不算罕见。他们当中的许多人憎恶维利科夫斯基写这本书一事本身，也憎恶他因此大发横财的事实。但是如此大规模的愤怒和怨恨只能让维利科夫斯基看上去像个殉道者。直到今天，他依然受到自己的拥趸崇敬。

托马斯·杰斐逊曾经写道：“除了由人民自己掌握社会的根本权力以外，我不知道还有任何其他安全的办法；如果我们认为他们文化程度太低，不能以英明的决断来行使这种权力，那么补救的办法不是从他们手中拿走这种权力，而是通过教育来告诉他们应当如何对事情进行判断。”或许，如果沙普利和他的科学家同事听从了杰斐逊的箴言，《碰撞中的世界》就会只是又一本愚蠢的伪科学著作，和那些讲“来自外星的不明飞行物使用顺势疗法晶体治愈丘疹”的书一起积灰。然而，即便是在半个世纪后的今天，这本书仍能在书架上找到。

在科学史上，关于维利科夫斯基事件，还有一个讽刺的脚注。毫无疑问，当时的科学家对维利科夫斯基不屑一顾，因为他的种种断言都与我们已知的物理学和天文学知识大相径庭，在当时便是，在此刻亦然。他们还嘲笑维利科夫斯基，因为当时人们认为行星是基本稳定的，它们的变化都不太剧烈。所有变化的发生都循序渐进、极为缓慢，不会有什么事情突然发生。这种思想被称为**均变论**。

然而，人们的认知正在转向。随着人类对行星——包括我们的地球——观测的进一步深入，我们开始意识到，并不是所有的事情都是缓慢发生的。月球的表面遍布环形山，过去人们曾经以为这些坑是火山口，但就在《碰撞中的世界》一书问世的同一时期，科学家开始推测至少有些月表环形山是由于陨石的撞击形成的。金星的表面有证据表明，在若干亿年前，某个大规模事件的爆发彻底重塑了该星球的表面，地球可能经历过多次大规模灭绝事件，都是由于单次重大灾难导致的。

如今我们明白，我们太阳系的历史需要用均变论和灾变论共同描述。通常情况下，事物的变化是很缓慢的，而时不时地，会有些突然爆发的事件发生。

维利科夫斯基的支持者声称他只不过是超越了时代，因为在当时维利科夫斯基的灾变论并不被承认。这种说法很荒唐，即便他在书中写了发生过大灾难，也并不意味他描述的任何事情是正确的。然而那个时代的持均变论思想的科学家做出的许多断言也是错误的，这么一想还有点好笑。

然而科学与伪科学之间还是有着深刻的区别：科学家会从他们的错误中学习，放弃无法说明问题的旧理论。维利科夫斯基错了，和他同时代的那些科学家也错了。但是科学——真正的科学——会继续向前发展。或许我们都能够从中领悟到什么。

“太初”是何时：创造论与天文学

19

In the Beginning:
Creationism and Astronomy

有这么一个故事，基本上应该是杜撰的，说是有一位科学家在做一个关于天文学的公共演讲。他描述了宇宙的规模，从地球围绕太阳运转说起，然后说到了星系也会围绕其他星系运转，最终说到了宇宙的整体结构。当他完成演讲的时候，一位老妇人站了起来，向他发难。

“你说的全都是错的，”她声称，“地球是平的，它驮在一只巨大的海龟背上。”

天文学家马上就知道了应该怎样反驳这条观点：“可如果是那样的话，亲爱的女士，那只大海龟站在什么东西上面呢？”

老妇人毫不迟疑。“你很聪明，先生，真的很聪明，”她说道，“然而海龟下面是无穷无尽的海龟！”

我一直都很喜欢这个故事。绝大多数人都觉得，这个故事讲的是一位对科学一无所知的愚蠢老妇人。但是我不这么觉得。反过来看这故事不是什么难事。想想看，她的答案真的比说“宇宙起源于导致了时－空本身的剧烈扩张的量子波动”更愚蠢吗？

好吧，没错，的确是更愚蠢。但是科学对于宇宙的解释，虽然得自大量观察，又经受科学方法的锤炼，对于不熟悉这个话题的人来说，听上去也可能挺傻气的。哲学家皮埃尔·沙朗曾说："关于人，真正的科学和研究就是人自身。"但是在非常"实在"的层面上，人类确是宇宙的一部分。我想，400 年过去了，我们可以把沙朗的箴言升级一下：关于人，真正的科学和研究是宇宙。

我们问那些关于人类存在的基本问题已经很久。我们为什么在这里？宇宙有没有意义？我们人类在宇宙中处于什么位置？宇宙是怎么开始的？这些是每个人都在某刻问过的最根本的问题。人们四处寻求答案——宗教、科学、朋友、软性毒品，甚至电视，虽然通常电视带来的问题比它能回答的问题还要多。

最后一个问题显得尤为棘手。宇宙**是怎么**开始的呢？在我们的生活中，任何事物都是有始有终的。故事开始、发展，达到高潮，然后结束。图画会有边框，交响乐会有序曲和最终章，假期也有开始和结束。当然了，我们的生命本身也被出生和死亡限定于其中。我们一分一秒地度过人生，有条不紊地从早到晚。我们希望宇宙也和人类所习惯的一样，也有着一个起点，最终也会结束。

在所有那些哲学问题当中，这个问题或许真正含有些科学意味。关于宇宙起源的线索已经有了，只要我们能够顺利地解读它们。宇宙就像是一本巨大的书，如果我们足够聪明，就能翻动书页，顺利阅读。

让我们再把这个类比往前推进一步，下一个问题大概会是"宇宙这本书是用什么语言书写的？"这个问题是很多争论的核心。如果我说，我认为宇宙是按照一系列规则——物理学规则和自然规则——运转的，你恐怕不会感到吃惊。这些规则很复杂、不清晰，而且毋庸置疑的是，我们并未掌握所有这些规则，甚至都想象不出它们会是什么样的。有些规则相对简单，比如万有引力；有些规则更复杂，超出了我们大脑的理解能力，比如物质为什么会在黑洞处消失，或者为什么电子会带一个负电荷。但是不管是多么简单还是多么复杂，宇宙的语言就是物理和数学。如果我们观察身边的现象，就能够更好地掌握宇宙的语言。

然而，有些人却不这么想。他们**预先假定**一系列规则，然后试图将他们的观察往一厢情愿的信念上靠。对于认识宇宙来说，这并不是个很好的方式。因为你最终不得不把那些不符合你信仰的观测结果都摒弃，哪怕这些观测结果揭示了宇宙的真相。

有一群人就是这样，他们是基督教的小众教派，自称“年轻地球创造论者”[1]。然而这是一个动静很大的少数派，在美国大肆宣扬自己的理论。他们相信，基督教的《圣经》就是绝对正确的上帝之言，《圣经》中的每个细节都是正确的，不符合《圣经》记载的观测结果都有误。他们相信，任何与《圣经》记录相抵触的事物都是错误的，而且《圣经》内容没有商量余地：它说什么就是什么。

年轻地球创造论者内部最激进、声音最大的一派当属创造论研究所，简称 ICR。他们致力于“确保科学回归其尊崇上帝的正确立场”，可以被认为是创造论当今的官方喉舌。

在他们的主页（http://www.icr.org）上，有一篇关于宇宙年龄的文章。在文中，ICR 的负责人约翰·莫里斯博士写道：“坚定地以《圣经》无误论作为指导思想而进行的所有态度诚恳的针对创世时间的研究，它们的计算

[1] 年轻地球创造论是创造论的一个分支。年轻地球创造论最早的根源（主要指西方世界）来自犹太教。当时的观点认为，地球的年龄很短，在 6 日内被造成。持此观点的一部分人还认为，他们在创造论的框架里的观点应该比自然科学占有更高地位，或者起码有与之平等的地位。

结果都显示宇宙的年龄只有几千年。”于是,《圣经》的内容强有力地证明了宇宙很年轻。《圣经》说，整个宇宙的创建过程只有短短的6天，还讲到据我们所知生活在两千余年前的历史人物的血缘可以一路上溯到第一个男人亚当。从《圣经》上很难推算出具体数值，但是很显然,《圣经》认为的宇宙年龄比根据物理科学得出的结论要年轻得多得多。

在很多不同的科学领域当中，大量的数据表明地球的年龄在45.5亿岁左右。我在这本书里不想就这一点展开太多细节；若是好奇，请参阅任何一本天文学、地理学、生物学或者物理学的教科书。在这里，我的重点不是要向读者证明，对于地球和宇宙年龄的这个问题，科学界的说法是正确的；我直接默认科学观点为真。我想要驳斥的是**创造论者**声称的宇宙很年轻这个观点。我不光要驳斥，还要直截了当地表明：**年轻地球创造论者错了**。彻头彻尾地大错特错。

创造论者通常依靠《圣经》作为他们的依据。如果他们渴望相信《圣经》是绝对正确的，那也是他们个人的选择，并没有什么不妥。然而，他们最近开始转向用真实的科学发现来支持他们的信仰了。但他们给出的所有推论都是不正确或是不完整的，每一条都是如此。他们或是蓄意或是无意地曲解科学数据，而且在他们的著作里只引用足够支持他们论证的信息，不足以让人在了解问题全貌的前提下得出看法。

对于年轻地球创造论者基于《圣经》的种种推论，我在这里不想讨论。我把这个工作留给那些宗教学和解读各种古代文献的专家。我也绝对没有任何意图想要侮辱、诋毁或者驳斥任何人的宗教信仰——**前提是他们不会错误地使用科学数据来支持这些信仰**。

创造论者喜欢说他们研究“创造科学”，但是这个名称本身就是不准确的；他们研究的根本就不是科学。科学事关观察、数据和事实。宗教事关信念和信仰。创造论者的出发点是《圣经》无误，因此任何不符合《圣经》内容的对于宇宙的观测结果一定都是错的。这不是科学，这是教条。

如果某些特定的科学观测结果支持某一种特定的宗教信仰，那并没有什么不妥。但是，当科学的观测结果被以某种方式曲解和误用的时候，那就是**大大的**不妥。正是在创造论和科学产生交集时，事情开始变得危险。我不会和创造论者争论他们的信仰，但是很乐意讨论一下他们提出的那些基于天文学观测结果的推论。

在创造论者的书、宗教小传单，以及大量的网站上，都能看到他们利用天文学证明他们的年轻宇宙论。他们大概提出了几十条推论，试图证明他们那根本站不住脚的观点，本章根本无法全部提到。不过有几个最常见的推论值得认真剖析。

请在阅读本章时牢记于心：以下这些，都是 ICR 和其他创造论者用来挑战科学的内容。这些并不是我编造的稻草人论证，不是很容易驳斥、让创造论者显得难堪的观点。这些都是他们**自己的**“武器”，很显然，他们并不知道的是，这些“武器”的矛头全部都直接指向他们自己。我会在下文直接引用他们的论证，一些时候我变换了一些措辞，让它们看上去更清晰明了。

> 地球与月球的年龄不可能有（主流科学认为的）那么老，否则就无法解释月球远离地球的速率。（引自 http://www.icr.org/article/young-age-for-moon-earth/）

一个常见的创造论观点认为月球围绕地球的运动轨道正在变化的事实证明了地球和月球一定都非常年轻。他们言之凿凿，说月球年龄不到 10

亿岁，比主流科学认为的年轻很多。

你或许会认为，月球与地球之间的距离是恒定不变的，但是事实并非如此。因为万有引力复杂的相互作用，月球与地球之间的距离实际上以每年差不多4厘米的速度逐年增长（更多细节，请回顾第7章）。这个数据已经得到确认，因为阿波罗宇航员留在月球表面的反射器可以被地球之上的天文学家利用，测量出地月之间的精确距离。

如果你把这个距离——40万千米——除以4厘米每年的远离速率，你会发现，如果我们假设月球从地表附近出发，正好需要100亿年的时间才能来到它现在所在的位置。然而，这是不假思索地默认4厘米每年的远离速率是恒久不变。事实上，随着距离的增加，月球远离地球的速率也会急速锐减；月球距离地球越远，它远离的速度就越慢。换句话说，在很久很久以前，月亮与地球的距离比现在近得多，它远离地球的速度比现在更快。

如果我们更仔细地计算，考虑到月球远离速率的变化，会得出一个结论，月球的年龄远远小于100亿年。创造论者唐·德扬认为月球的年龄不会超过15亿年，声称这个数字就是月球年龄的**上限**了。在他看来，科学家声称月球的年龄在45亿年左右，一定是他们错了。

但是，再一次地，是创造论者错了。德扬假设，我们可以简单地根据月球此刻远离的速率，一直推断回过去，直到月球刚形成时的情况。一般而言，在我们的宇宙中，事情总是要更加复杂一些。事实上，月球现在的远离速率要比通常情况下**快很多**。这个速率取决于月球与地球之间万有引力相互作用的情况。

地球与月球的相互作用就好像一只结构复杂的机械手表，满是齿轮，如果其中一只齿轮慢下来了，所有的齿轮都会受到影响。对于地－月系统来说，情况也是如此。地球上的水因为受到来自月球的引力而移动，导致潮汐。这些水摩擦海洋底部，产生摩擦力。这个摩擦力消耗地球自身的能量，使其自转速度减慢，同时以轨道能量的形式转移到月球处。一个物体的轨道能量增加时，会移动到一个半径更大的轨道上移动，所以月球正在逐渐远离地球。月球与地球之间的距离增加，同时也意味着月球沿轨道运行的速度在减慢。

眼下，月球的轨道运转和地球的自转共同导致了作用在海床上的可观摩擦力，尤其是在大陆的海岸线附近。这相当于有异常多的能量转化为了月球的轨道能量，之后再被释放，导致月球远离地球的速度比通常要快。在某种意义上，现在月球引力对于地球的“抓力”比过去更强，也比之前更“善于”释放轨道能量。

这就意味着，不能说月球目前的远离速率（即 4 厘米每年）是一个恰当的平均值。事实上，在过去，月球的远离速率比目前要慢，这也就让月球的年龄变得更老。唐·德扬估计出来的地球年龄的**上限**，事实上是它的**下限**，它也恰好吻合地球与月球的年龄都是 45 亿年这个事实。

⁂

在地球之外，创造论者也认为太阳系本身是地球相对年轻的证据。

天文学家对于我们的太阳系是何时与如何形成的有比较深入的了解。数世纪以来，人们提出过大量的理论，但是反复的观测表明，我们的太阳系是大约 45 亿年前形成的（与地 - 月系统的年龄完美契合）。起初，整个太阳系不过是混成一团的巨量气体和尘埃。某个原因导致这团物质开始坍缩。可能是它与另外一团物质相撞了（这种情况在银河系中相当常见），又或者是附近某个超新星的爆炸或者来自某个红巨星的星风的压力导致了坍缩。

不管这个初始原因是什么，一旦这团物质开始坍缩，在向心力和摩擦力的作用下，它就开始逐渐变得扁平。事实上，这团物质逐渐形成了一个圆盘，冰与尘埃的小颗粒互相碰撞，粘连在一起，渐渐变大。最终，过了几十万年，这些太空碎片变得足够大，足以凭借自身的引力来吸引其他物质。当这一切发生的时候，圆盘中的其他小颗粒纷纷被正在形成的行星迅速地吸引了过去。此时，我们的太阳也终于成形，开始刮起超强太阳风。太阳风吹走了一切多余的物质，留下来的看上去和我们今天的太阳系就差不多了。这个理论最近得到了大量天文学观测的有力支持，包括哈勃空间望远镜对年轻星系的观测。

然而，创造论者却说，太阳系表现出了一些与上述情况符的特征。ICR 的网站上有一个叫作“创造论在线”的网络教学课程，网址如下：http://www.creationscience.com/onlinebook/AstroPhysicalSciences4.html。在这个课程中，ICR 的人员列举了一系列此类推论。所有的这些观点都是错的。下面就是一段引自“创造论在线”的原文。

> 如果太阳系中的行星和它们的 63 颗已知卫星都是由同样的物质演化而来的，它们应该会有很多共同点。在经过数十年对于行星的探究之后人类发现，这一推断现在被认定是假的。

事实上，这个声明才是假的。构成太阳系的圆盘并不是均质的；也就是说，在它的范围之内各处存在区别。对于一位科学家来说，假设太阳系是均匀的是一件很愚蠢的事情，因为很明显，在圆盘的中心位置，太阳会融化物质，蒸发冰块，而在太阳系的边缘，远离太阳的地方，冰块会完好无损。

早在几十年前，天文学家就知道了太阳系的圆盘的不同部位一定是由不同的物质构成的，因为远离太阳系中心的行星和它们的卫星与靠近太阳系中心的行星的构成成分截然不同。举个例子来说，远离太阳系中心的行星的卫星含有更多的冰，恰好符合形成太阳系的圆盘的不同部位由不同物质构成的猜想。宽容一点地讲，ICR 的这项论证至少也得算不诚实。如果坍缩圆盘理论不符合绝大多数基本观测结果的话，那它在被提出之前就会被科学家们抛弃了。

> 既然太阳的构成成分中 98% 是氢气和氦气，那么地球、火星、金星和水星应该也是类似的构成。然而，这些行星中氢气和氦气的含量远不到 1%。

行星刚刚诞生时，靠近太阳系中心的行星的氦气和氢气含量很可能比现在高很多。然而，这两种气体质量都非常轻。想象你伸出手指去弹一颗小卵石。小卵石被弹飞了！现在，试着去弹一辆旅行车。这辆车恐怕不会动弹，而且你的手指可能会因此受伤。在地球的大气层中，也发生过类似的事情。比如，当一颗氮气分子撞上了一颗小得多得多的氢原子，氢原子会被弹飞得好远好远，就像那颗小卵石。这颗氢原子可能会从这次撞击中获得足够的速度以彻底摆脱地球的束缚，逃逸到无垠的太空中去。氮气分子撞击到质量更大的粒子——比如说另一个氮气分子时，后者获得的速度就没有那么大，就像上面例子中说到的旅行车。它基本一动不动。经过了漫长的岁月，那些质量更轻的原子和分子都会面对被弹飞的命运，于是渐渐全部飞离了地球。从地球诞生到今天这段时间里，地球、金星和火星大气层中的氢气和氦气基本上都流失了，剩下的只有质量较大的分子。

木星和其他远离太阳系中心的行星还能保有质量更轻的元素有两个原因：其一，它们的温度更低；其二，它们的个头更大。大气层温度较低意味着分子之间的碰撞速度更低，所以重量更轻的元素不会被弹飞到太空中。同时一颗个头更大的行星具有的引力也更大，意味着行星对自己的大气层施加的引力也就更多。一颗像地球这样又小又热的行星会失去它含有的氢气，一颗木星那样又大又冷的行星则不会。

所以，坍缩物质团理论推测，**最开始**，所有的行星大气层中都包含大量的氢气和氦气，但是一些行星如今不再含有很多，这是自然且符合科学依据的。

所有的行星都应该自西向东自转，但是金星、天王星和冥王星都是朝相反方向转的。

根据坍缩物质团理论，所有行星的自转方向都应该和它们围绕太阳的公转方向是一样的，因为初始的圆盘也朝这个方向自转。所以所有形成于这个圆盘当中的物质都应该沿着同样的方向自转。然而，金星却是从东向西自转的，而天王星是“躺着”自转的！圆盘理论怎么能解释这些呢？

事实上，答案很简单：解释不了。圆盘理论只能解释行星是怎么**形成**的，并不一定能解释它们**如今**看上去为什么是这个样子，在 45.5 亿年漫长的岁月中可以发生许多事情。对于上述情况来说，有可能是由于星际碰撞导致的。

我们都知道这样一个事实，在宇宙中，星际碰撞时有发生。1994 年 7 月苏梅克 – 列维 9 号彗星碎裂成几十块碎片，然后一个又一个撞入木星，整个过程释放出大量的能量，比人类全部军火库的核武器总和爆炸的能量还要厉害，我们记录下了这组生动的证据。如果这样一颗彗星撞上的不是木星而是地球，那它将会带来一场像《圣经》里描写的那样的巨大灾难。人类，以及地球上 95% 的陆地动物，肯定都会在这场撞击当中灰飞烟灭。

在宇宙中，这种规模的撞击其实很不起眼。在很久很久以前，当圆盘正在形成行星的时候，相互的引力作用是很常见的。如果两颗正在生成的行星距离太近，就会影响彼此的运行轨道，较小的那一颗行星就会被甩到和先前迥异的轨道上去。而在新的轨道上，这颗小行星可能会和另外一颗行星直接相撞。一次偏离中心、擦肩而过的撞击可能会倾斜一颗行星，改变其自转轴的方向，就好像当你戳一只旋转中的陀螺的时候，它的自转轴就会发生摇晃。

对于天王星来说，最有可能是一次强烈撞击将它“撞倒”了。对于可怜的金星来说，不管是什么东西撞到了它，一定是将它撞得几乎上下颠倒。所以对我们来说，金星就好像是倒立着反向旋转。

具有讽刺意味的是，这种灾难视角下的行星动力学，与其说更符合典型科学的气质，倒不如说更符合《圣经》的精神。多年以来，科学家都避免用突发灾难来解释事件，因为灾难是很难被复制的，因此也很难从统计学上分析，而且总是散发着一股《圣经》的气息。但是最终科学也不得不承认，灾难的确会时不时地发生，这是科学的优点的体现。当现实的证据与理论相违背的时候，科学就会吸取教训，进一步成长。

在太阳系中共有 63 颗卫星，它们围绕各自行星运转的方向应该是一致的，但是至少有 6 颗卫星的运转方向和其他卫星不同。更奇怪的是，木星、土星和海王星都有分别朝向两个相反方向运转的卫星。

这一点真的非常容易解释。有些卫星的形成时间和其行星的形成时间是相同的，所以它们的运转方向就是“正确”的，也就是说，它们的环绕方向与行星的自转方向以及行星环绕太阳的方向都是一致的。但是，行星也有捕获卫星大小的天体的可能，虽然这通常并不容易。如果条件都正合适，被俘获的卫星朝相反的方向围绕该行星运转的情况不仅能发生，而且概率还挺大。木星和土星都有这样“反着”运转或者说**逆行**的卫星。所有这些卫星的运行轨道半径都很大，也符合它们是被俘获而来的事实。

再一次地，创造论者用这样的事实作为论据毫无诚意。逆行卫星早就为人们所知，而且它们的由来早在几十年前就被科学家解释清楚了。

> 太阳的自转最慢，行星次之，卫星自转得最快。但是根据太阳系是长期演变而成的理论，事实应该是截然相反的才对。太阳具有的角动量应该比所有太阳系行星的角动量总和多700倍。但事实上，行星的角动量之和却是太阳的50倍。太阳占有太阳系99.9%的质量，但是太阳系中99%的角动量都集中在较大行星上。

根据物质团坍缩理论，太阳的确应该比太阳系中所有天体自转得都快。滑冰运动员在冰上旋转时收紧双臂时，旋转的速度就会加快。这一现象的高端学名叫作**角动量守恒**，意思就是一个自转的大个头物体在收缩的时候自转速度会更快。

作为我们太阳系前身的物质团开始坍缩时，情况也是这样。随着进一步地坍缩，它自转的速度也变得更快。因为太阳位于云团的中心，所以它加速的程度也就最多。但是，事实很显然与这个理论截然相反，太阳目前自转一周相当于地球上的一个月。这一点就成为创造论者关于太阳系最后

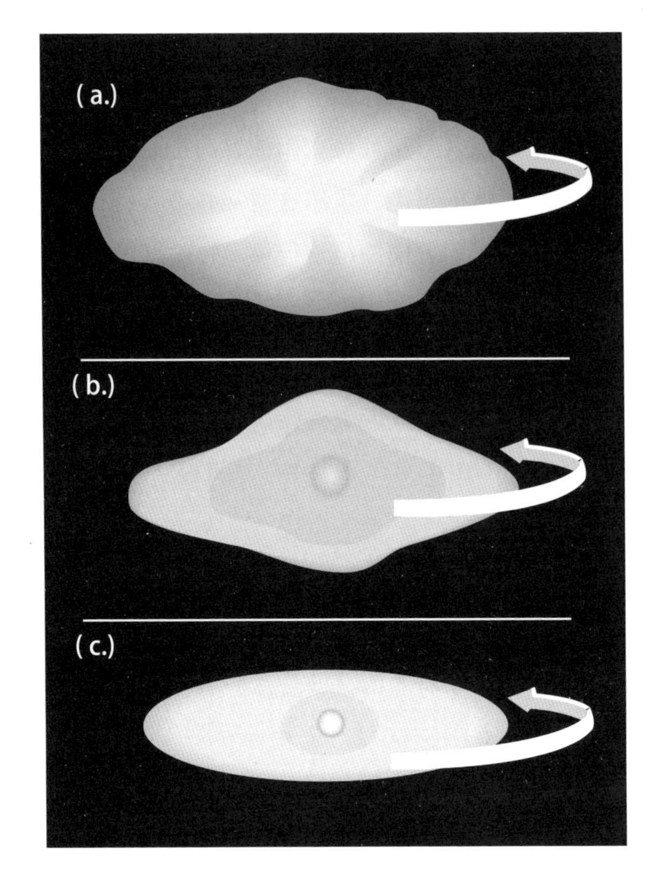

在太阳系成形以前，整个星系基本上是一团巨量的气体和尘埃，近似一个球体。伴随坍缩，它开始旋转，这一过程导致它变得扁平。行星是在坍缩之后形成的，这也就是为什么它们围绕太阳的运行轨道大体处在同一个平面上

一个质疑的关键点。

创造论者一如既往地把问题过分简单化了。宇宙有很多特质，但其中不包括简单。然而，宇宙总是合理的，所以如果你见到了什么不合理的事物，朝四周看看。正确的解释或许正从你身边吹过。

针对这件事，情况正是如此。太阳持续不断地向外吹风。这种**太阳风**从太阳的表面向太空中扩散，气体初始速率可以达到大约每秒1000吨。但是太阳相当大，这些气体流失对它来说是小意思。太阳每年向外输送的气体可以达到几十亿吨，而从外面根本看不出有什么变化。

太阳风的构成成分是带有电荷的粒子——电子和质子。如果这些粒子不受外力影响，那么它们在离开太阳之后就会直接消失在茫茫太空的无尽深处。但是它们受外力影响。太阳本身具有一个强度很高的磁场，而这个磁场围绕太阳自转。伴随磁场自转，太阳拖曳着电子和质子一起转。所以这就好比对太阳的自转踩了刹车一样，减缓了太阳自转的速度。

这并不很难理解。想象你站在房前的院子里，手里拿着一只巨大的垃圾袋。现在打开这只垃圾袋，伸出胳膊拎着它然后开始转圈。这个大垃圾袋的作用就好比降落伞，它能够兜住空气，让你的速度慢下来。对于太阳来说，情况也是如此。太阳的磁场就好比一只巨大的降落伞，能够兜住带电荷的粒子。对应“空气”的太阳风中的粒子很稀薄，而且相较之下太阳又大又重，但是（不管创造论者会怎么想）磁场导致的拖曳却有足够长的时间作用于太阳之上。经过漫长的45亿年的岁月，太阳磁场很有可能让太阳的速度减慢了很多，让它维持目前每月一周的缓慢自转速度。尽管这个理论还没有被完全证实，它仍是关于角动量问题最可能为真的解释之一。关于角动量，我们也有其他理论，比如很早以前，在太阳还是一颗原恒星时，就失去了大部分角动量这一观点。也许太阳刮起过多次持续时间又长、规模又大的超级太阳风，在这个过程中损失了大量的质量。即便天文学家目前还不完全清楚这些理论当中哪一个才是正确的，但这不影响我们对太阳角速度变慢提出了许多可能解释的事实，而这些解释都是基于物理学知识，有理有据的。

年迈超新星的数量太少，不足以支持星系年龄很大的论点。

在创造论者涉及天文学的所有论述当中，这一条是我的最爱。总结一下：一些恒星在生命走到尽头的时候会爆炸。这种情况并不特别常见，只有那些质量比太阳大得多得多的恒星才会这样爆炸。它们爆炸时，就被称为**超新星**。

这种爆炸会释放出大量的光，亮度高到可以超过整个星系的亮度，在宇宙的另一头都可以看到，爆炸力量惊人，恒星的外层会向四周射出物质，速度可高达光速的几分之一。这团迅速膨胀残骸称为**喷出物**，有时候也被称为**残余物**，会在空中继续发光，发光时间可长达上万年甚至数十万年。

你可以猜到接下来的内容。创造论者当然不承认古老的超新星遗迹，因为对于他们来说，宇宙中没有什么东西是超过 6000 岁的。事实上，创造论者最近做出了一个非常大胆的宣布，说宇宙中没有任何超过 10 000 年的超新星遗迹。这个论断被著名的创造论者基思·戴维斯采纳，当然也被 ICR 采纳了。他们将这个论断醒目地挂在了网页上，意味着这是他们理论的根基之一。如果这个论点是错的，那么创造论者也就是错的。

这个论点确定是错的。戴维斯试图通过巨量的观测和计算结果说明，根据主流科学的观点，天空中应该有很多非常古老的超新星遗迹，可是我们什么都没有发现。他甚至还用了很多数学工具和复杂的图像来证明观点。

好笑的是，戴维斯可以说是捡了芝麻丢了西瓜。我也可以和他一样详细地证明，**的确**存在着年龄超过 6000 岁的超新星遗迹，有些已经有数十万年的历史。但是我不需要这样做。就算我们真当所有超新星的遗迹都不超过 6000 岁也没什么关系。戴维斯对于主流科学的攻击的整体思路就是错的，原因非常简单：**超新星遗迹并不是在宇宙开始的那一刻形成的**。

在创造论者看来，这种古老遗迹的（假定的）缺失意味着宇宙很年轻。但是请想一想，恒星**走到自己生命尽头时**，才有可能变成超新星，产生超新星遗迹。恒星的寿命很长，比区区 6000 年要长得多得多。一颗恒星想要最终爆炸，之前至少需要经历约 100 万年的时间，所以不管你怎么算，宇宙**至少**也得有 100 万岁了，我们才有可能看见那些超新星遗迹。因此，就算我们承认最古老的超新星遗迹也不过 6000 岁，那宇宙本身至少也得有 1006 000 岁，否则我们就不可能见到超新星遗迹。

这就是我说这是我最喜欢的创造论论证之一的原因。在这个论证过程中，他们耍了个障眼法，通过使用复杂的数学公式来扰乱你的注意力，而事实上这个论证本身却建立在一个具有致命缺陷的先决假设之上。你根本就不需要什么复杂的数学手段，一点点逻辑就能让他们的论证支离破碎。

顺带一提，关于戴维斯对超新星一窍不通的一个佐证是，他在自己的主页上放了一张恒星的照片，将它标注为超新星。事实上那不是一颗超新星。那就是一颗平凡普通的恒星，只是照片曝光过度了而已。任何人只要打开任意一本天文学教材，都能轻松地一辨真伪。实在是很讽刺，在戴维斯（超级长）的网页上，首先映入读者眼帘的就是他根本不懂什么是超新星的证据。

创造论者对于科学的攻击是一个很严重的问题。这个情况甚至比坏天文学还要糟糕得多得多。的确，创造论者一直在抨击主流科学，而天文学只是他们最新一轮抨击的目标。他们对于生物学的态度在全美已经家喻户晓。1999 年，堪萨斯州地方教育董事会通过取消涉及生物进化论的全州标准化考试而阻挠初高中对于该理论的教学。之所以发生这样的事情，是因为在前一次选举中大量的创造论者入选地方教育董事会。在那次选举之前，支持创造论的候选人们对他们同宗教的联系轻描淡写。他们还利用了选民对候选人背景毫不关心、懒得研究的漠然态度。他们赌赢了，结果是堪萨斯州有了一个支持创造论的地方教育董事会，此事引得全国范围内争议四起，对于堪萨斯州以及全美国的教育系统来说都是一件奇耻大辱。

或许，更令人毛骨悚然的是其他政客对此的反应。在 2000 年总统竞选中，有好几个候选人赞同堪萨斯州地方教育董事会的决定，根本不理解这个决定是多么缺乏科学根据。

《圣经》中，我最喜欢的句子之一是“真理必定使你们自由”。讽刺的是，创造论者并不想让你知道真相。他们想让你知道的，是他们口中**所谓的**真相，而科学并不赞成这样的做法。科学家知道，宇宙正在试图向人类**展现**真相，我们需要做的就是去弄懂这些真相。很显然，从上面选取的几条天文学论证中我们可以清楚地看到，一旦涉及科学和批判性思维，创造论者就开始“挂羊头卖狗肉”了。我的建议是：别买。

一个令人愉快的后续：在接下来的一次选举中，由于公众知道了创造论者的真实意图，所以支持创造论的堪萨斯州地方教育董事会成员中有三位落选。他们当中还有一位花了前所未有的价钱做广告拉选票，但最后也还是没能留下。新的董事会马上恢复了关于进化论的课程。就像科学一样，有的时候甚至政治程序都能自我修正呢。

错识飞行物：
不明飞行物，以及心与眼的错觉

20

Misidentified Flying Objests:
UFOs and Illustons of the Mind and Eye

1997 年 2 月 11 日，当地时间大约凌晨 3 点钟，我遇到了一个不明飞行物（UFO）。事实上，是好多 UFO。

彼时，我正和家人在佛罗里达州，等待观看一架太空梭的发射。那之前，我在马里兰州的戈达德太空飞行中心工作了将近两年，帮助中心校准一架将要被安装在哈勃空间望远镜上的新照相机。我们所有为这架新照相机工作过的人员都获得了许可，前往佛罗里达州参观太空梭发射，大家都很激动，因为很快就要看到我们的照相机在太空中安家了。

发射的计划时间是凌晨 3∶55。对于观赏壮丽又酷炫的火箭发射来说，这的确算不上最好的时间，但是只有在这一时刻，多变的航天动力学条件可以满足火箭发射的需求。母亲自告奋勇地提出照顾我们还在襁褓中的女儿佐伊，于是我和父亲、妻子，还有侄子，四个人一起在那天凌晨 1 点钟左右前往卡纳维拉尔角。我们很快就发现还有好几千人等在那里了。我和父亲因为太激动，根本无法小睡，就四处闲逛，和其他等待观赏火箭发射的人聊聊天。很多人架好了望远镜，用来观测远距离的火箭，此刻它正骄傲地沐浴在诸多探照灯的灯光之下。为了观赏火箭，我们的目光不得不越

过将卡纳维拉尔角与大陆分隔开来的巴纳纳河。卡纳维拉尔角四面环水，同时也是各种野生动植物的家园。我们还真的看见了几只鳄鱼，在人类高科技智慧的结晶——航天飞机——的附近有鳄鱼，想想真的还是挺诡异的场景。

在火箭发射大约 1 小时前，我注意到夜空中出现了一些不同寻常的光点，可能有十几个，从我们的角度看去位于发射地点的右侧。它们与我们的距离可能和与发射地的距离差不多，大约 10 千米，但是我们也说不准。父亲发现它们正在移动，所以我们就继续观察。它们的移动速度非常慢，好像在盘旋。我猜那应该是一组远距离侦查飞机，但是突然想起来 NASA 只安排了一两架飞机来扫视这片区域。除此之外任何飞机都不得靠近火箭发射区域周围，出于显而易见的原因，NASA 把火箭看得可严了。

于是，我又猜测这些飞行物是鸟，可是它们却**发着光**。太空气球？不不，它们的速度相较于太空气球要快多了。人造卫星？没有卫星会像那样聚集在一起。虽然我的理智告诉我不要这样做，但是我的激动之心还是开始澎湃。这些是什么东西？通过观察，我发现这些光点是一起移动的，但是却**不呈**直线。它们会略微变换阵型。这就排除了人造卫星和大多数其他的人造机械体。

我拒绝考虑任何荒谬的解释，因为这样的解释很……嗯，荒谬。但是这些物体到底是什么呀？通过双筒望远镜，我只能看到一堆光点。

我通过望远镜继续观察它们，发现它们顺着飞行轨迹来到了我的右侧。渐渐地我听见了它们发出的模糊声音。那声音怪诞诡异，很难辨认。然后，那个声音的音量突然变大，不明物体的身影也终于出现在双筒望远镜中。我的大脑高速运转，心跳怦怦。我看见了……

一群鸭子。它们从我们身边只有几百米的地方飞过，毫无疑问是一群来自地球的水禽。我们之前听到的声音就是它们在嘎嘎叫，只是因为距离的缘故听不太清，它们之所以“发光”，是因为反射了火箭发射基地上超强聚光灯的光线。既然是鸭子，它们变换阵型也就很好理解了。刚开始看见它们时，它们像是在盘旋，因为彼时距离我们尚远，而且基本上是正朝着我们飞来的。

我从未允许自己去想它们可能会是真正的UFO，但是在我看见它们的时候，胸中那种诡异的感觉是怎么回事？为什么在我们最终发现它们不过是一群鸭子的时候，我感到无比地失望？我冲我爸笑了笑，可能有点太大声，然后我们继续等待着火箭发射的那一刻。

这次经历让我学到了有意义的两课，也许说是三课更合适：首先就是不要把鸭子和外星飞船弄混。另外两课则更深刻一点。其一是相信不寻常事物真实存在是人类天性。在我们的人生历程中，平凡普通的事件组成了我们的认知数据库。我们看见树木、飞机、楼房、认识的人，将这些事物在头脑中一一分类归档。见到不符合对于日常生活认知的事物时，我们很难对它进行归类。于是很容易感到激动，猜测那到底是什么。有的时候我们最终要不就是认出它是我们已经知道的事物，要不就是为这个事物建立一个新类别。

在科学领域，这种事情不断发生。比如，一名科学家发现了一个新现象，它可能是我们已经知道的某种事物在某种新视角下的呈现，又或者真的是一个值得研究的新发现。但到目前为止，在成千上万甚至上百万的科学家得到的所有观测结果中，没有任何一个现象背后的原因是某种超自然的神秘力量，它们都是自然的呈现或者是人类的创作，不是什么外星智慧的手笔。

但是，渴望**相信**神秘力量存在的需求却根植于人类的集体心理中。我们看到无法解释的事物时，就会油然而生某种奇妙的感觉。就比如我喜欢神秘的事物，会一直琢磨它们，直到能够揭开它们的秘密。我猜想也许我们人类的大脑存在对于谜团的固有需要。如果所有事都有了解释，那还有什么意思？所以，甚至是我这样一位务实理性的信奉怀疑论的科学家，也会有一次允许自己被那些毫不理智的思维过程控制。

在卡纳维拉尔角那一夜与"UFO"的"亲密接触"中，我学到的第三课是，即使是在辨认空中物体一事上具有多年受训和实践经验的天文学家也会犯错，而且是很愚蠢的错误。当一系列不同寻常的条件凑到一起的时候（空中发光的物体、与我距离很远，而且基本上是正面朝我飞来），我们可能，甚至很容易就得出一个虚假的结论，或者至少错过正确结论。

在我看来，这两个点——人类对于奇异事物的精神需求，以及极度容易被哄骗的特性——正是造成大部分"UFO 事件"的真正原因。我并不是一位社会心理学家，所以我在这里不想继续深入讨论人类对于奇异事物的精神需求之类的话题。想想这事是很有意思的，不过我并不是专业人士，和所有的门外汉一样，并不具备分析这个话题的专业能力。

但我**是**一位科学家，一位天文学家。于是让我们一起关注一下 UFO 的外观和现象吧。

很多人都声称自己在天空中看到过奇怪的东西——移动的光点、变色的光、追随他们的物体。但是让我们仔细地想一想：到底有多少人真的熟悉我们头顶上的这片天空？我发现天空中发生的很多事情都不为人们所知。有很多人都不知道行星和卫星是能够用肉眼观测到的。在我做公共演讲的时候，有时会提到一些光学现象，比如太阳周围的光晕，比如幻日（由于太阳光受到空气中的冰晶折射导致的天空中的水滴形光斑），大多数人听都没听说它们，更不用说亲眼见过了。

如果人们不了解天空中经常出现的事物，那么他们怎么能确定自己见到的是某种不同寻常的事物呢？

这事并不是像听上去那么荒谬。举个例子，金星在天空中的亮度可以很惊人，甚至比天空中所有类似恒星的天体都亮得多——事实上，金星是除了太阳和月亮之外亮度第三高的天体。金星位于地平线附近时，发出的光经由大气层折射显得一闪一闪，还会变换颜色。如果你正在开车，它还会像在追着你一般。

当一个物体很亮的时候，人们往往会误以为它很大。我总是收到人们发来的电子邮件，问我他们在空中看到的某个巨大物体是什么，而这个“巨大的物体”往往都是金星。金星是行星，但与我们距离很远，所以肉眼看上去像一颗很亮的恒星。除非你的视力天赋异禀，否则你至少需要一只双筒望远镜才能看清金星的模样。要不然对于你来说，它就只是一个光点而已。然而，因为金星的巨大亮度，它总是被人们误认为是巨大飞碟。这就是为什么大多数“UFO”的真身都是金星。

如果你对天空不熟悉，那么空中任何一个不同寻常的物体都可能让你得出错误的结论。但是，有这样一群人，他们对天空特别熟悉——据估计，仅仅在全美就有多至10万的天文爱好者——每周都要花费很多时间观测天空。他们有自己的双筒望远镜和天文望远镜，每个晴朗的夜晚都会走出户外，仰望星空。

请想想看，这些家伙一直都在观察着天空呢。然而，在所有那些来找过我或者给我写过邮件声称亲眼见过UFO的人中，没有一位是天文爱好者。事实上，我从来没有听说过有任何一位天文爱好者在天空中看到过什么他们绝对无法解释的东西。然而，他们用来观测天空的时间却比普通人多得多！从概率学的角度上来说，他们应该更有机会看到那些 UFO 呀！这是怎么回事呢?

答案很简单。回想一下，天文爱好者对天空有所研究。他们知道空中有什么，也知道会看到些什么。他们看见一颗流星、金星，或者一颗人造卫星的太阳能板上反射着太阳光，都会知道那不是外星人的宇宙飞船。天文学爱好者对天空的了解使得他们不会认错，事实上，和我谈论过这一点的所有天文爱好者都极度怀疑所谓的 UFO 是外星人的飞船。大多数 UFO 现象背后都有着平凡又普通的解释，这个结论颠扑不破。

众所周知，UFO 目击者的证词往往极度不可靠。然而，UFO 狂热分子总是说，他们除了证词之外，还有更多的证据。因为他们有照相机。

我们都在电视上看到过 UFO 的镜头画面。通常情况下，这些图像都来于自非专业摄像师，可能有些人出去旅行的时候带了摄像机，看见远处的不明物体就赶紧拍了下来。

我总是会第一时间对这种目击表示怀疑，尤其是在亲历了一群鸭子飞过身边之后。位于远处轮廓模糊的物体实在算不上外星生物造访我们的绝佳证据，它可能是各种常见的东西，比如鸭子啊，气球啊什么的。正朝你所在方向驶来的飞机前灯看上去在空中盘桓很久（有一次我把一架即将降落在身后机场的飞机前灯误认为火星，因为它看上去是静止在空中的，发出红色的光）。直升机**可以**在空中盘旋，发出奇怪的光芒。如果拿摄像机的手不太稳当，镜头中的物体看上去就像是在移动。我在电视上见过好多次，画面中激动得上气不接下气的摄影者惊叫着空中某个东西在移动，但很显然只是此人举着摄像机的手在抖罢了。

更糟糕的是，摄像机本身也会扭曲图片。曾经有一段著名的UFO的影像，画面中有一个模糊的小光点，而当人们把镜头中的画面放大的时候，这个小光点变成了一个钻石形飞船。事实上，这个形状是摄影机的内部结构导致的，一旦摄影者放大画面，失焦的光点就成了菱形。

现代的数码照相机有各种奇奇怪怪的缺陷，会导致图像产生各种诡异陌生的扭曲。另外一系列著名的UFO照片中的UFO十分明亮，而一个非常黑的斑点跟在它们身后。UFO信徒声称，这是由于星际旅行使用了某些我们人类尚不知晓的物理原理导致的。事实上，这更像是数码相机电子技术导致的某种效应。在数码相机的电子探测器中，一个明亮的物体可能导致一个深色的斑点在其附近出现，这是由数码相机的成像原理导致的。我在哈勃空间望远镜拍摄的照片中见过类似的效应。

我的意思是，你可以把问题归因于你自己或者你的设备时，就不要归因于宇宙飞船。

在伪科学电视纪录片《目击》中，轻信又毫无怀疑精神的制作方把各类伪科学当作事实呈现。我看过一集，里面有个摄影者声称人们随时都能看见上百个UFO。他将自己的相机直接放置在一个凉棚下面，对准太阳下方。凉棚对于阳光的阻挡恰好使得摄像机位于阴影之中。然后他打开摄像机，看哪！你可以看见数十个在空中四处飞行的物体。他将这个方法称为“太阳遮挡法”，还说如果不是这样，我们永远都不会看见那些飞行的物体。

这位摄影者声称，镜头里的那些东西就是UFO。我目瞪口呆，他录到的仅仅是风中裹挟的绒毛而已！他甚至都没有费心去用最简单的方式验证一下镜头里的那些东西到底是什么。举例来说，假如它们是杨树棉絮（反正在我看来它们就很像是杨树棉絮），那只要在他的摄像机附近安置一台电扇就能验证这个问题。如果电扇验证行不通，那他可以在相聚数米远的两处分别架设照相机，镜头朝向同一个方向。如果那是一个远距离的物体，那么在两个照相机的镜头中，它出现的位置应该有细微差别。你可以自己验证一下，抬起手臂，竖起大拇指，闭上一只眼睛观察，然后再换用之前闭上的那只眼睛观察。以更远的物体为参照物，你的大拇指看上去是来回移动的，因为你换眼睛的时候，视线的角度也变化了。这种方法叫作**平行视差**，可以用来计算物体的距离。我们这位勇猛无畏的 UFO 拍摄者从来没有用过这个方法，所以我们可能永远也不会知道他拍下的物体到底是太空旅行者，还是一棵树繁育后代的努力。

当我们听到目击 UFO 的说辞时，另外需要注意的一件事就是对它的大小和距离的估计。我听到 UFO 报道时，心里总是会亮起红灯。比如有些人说，这个 UFO 方圆 1 千米大小，距离 20 千米开外，但是他们怎么会知道这个东西不是方圆 1 米大小、2 米开外呢？如果没有明确大小或者远近其中之一，你根本就无法确定另一个的数值。

那些本应该了解这一点的人们也会犯类似的错。以杰克·卡舍尔博士为例，他是内布拉斯加奥马哈大学的物理教师。他就相信 UFO 是载有外星人的宇宙飞船。他的成名还多亏了一些来自 STS 48——1991 年的一次太空梭航天任务——的照片。在这次航天任务中，太空梭上的相机镜头都是向下面向地球的。用于晚间的相机对光极度敏感，甚至能在黑暗中拍摄出大陆的轮廓。

在这些业已成名的连续镜头拍摄的照片中，我们可以看到一些小光点在照相机的视野中运动。突然，一道亮光闪烁。其中一个小光点做了一个锐角转弯，另外一个光点闯入相机的视野，经过转弯的光点的先前位置。

卡舍尔声称，这就是外星宇宙飞船的证据。第一个光点是一艘宇宙飞船。突然爆发的亮光来自地面发射的导弹或是对于星球大战计划[1]中防御体系的秘密测试。第二个光点是发出的导弹或者激光束武器。我们看到的第一个移动的光点，就是那艘外星飞船，它大幅度的锐角转弯是某种战略性躲避，避免被“打回老家”。所以卡舍尔认为，STS 48 镜头拍摄下的是一场星际大战。

无须赘言，我是不同意他的。

不光是我，还有好多人也不同意。其中就包括太空梭宇航员罗恩·帕里塞，以及太空计划分析专家詹姆斯·奥伯格。他们两位都仔细阐述过 STS 48 任务中**到底**发生了什么。那些小光点实际上是太空梭附近漂浮着的小冰块。在每次太空任务中，太空梭外侧都会形成微小的冰粒，而当太空梭引擎启动的时候，这些小冰粒就从太空梭表面被震掉。这些小冰粒与太空梭分离之后，往往会漂浮在太空梭附近。我们看到的闪光其实是微调火箭，太空梭通过这种小型火箭控制前进的方向。微调火箭产生的推力不太大，所以在闪光发生时你感知不到太空梭的移动。（卡舍尔声称，火箭发动肯定会明显地推动太空梭运动，然而他却没有去研究一下这火箭产生的推动力到底是多少。）火箭喷射力作用在第一个小冰粒上，所以它才突然改变了行进方向，而第二道闪光只不过是另一个被火箭加速的小冰粒罢了。如果仔细地观察照片，你会发现第二个冰粒和第一个冰粒之间的距离并不

[1] 星球大战计划（Strategic Defense Initiative，简称 SDI），亦称星球大战（Star Wars Program），是美国在 20 世纪 80 年代研议的一个反弹道导弹军事战略计划，源自美国总统罗纳德·里根在冷战后期（1983 年 3 月 23 日）的一次著名演说。

太近，如果这真是星球大战计划技术的展现，那它这次发挥可不太好。

卡舍尔通过上许多电视节目，并在其中展示这段明显他自己不懂的录像而赚了大钱。他甚至还售卖自己对于这一系列照片的分析视频（售价29.95美元，外加运费和包装费）。我要是你，就不会花这个冤枉钱。

经常有人问我，是不是相信太空中有生命存在，外星人是否正在造访我们。我总是回答，“前者是，后者否。”人们为此感到困惑，我怎么能够相信外星人存在却不相信UFO呢？

答案其实非常简单。太空极其浩瀚宽广。光是在我们的银河系中，就有**上千亿颗**恒星，人逐渐意识到其中很多，甚至有可能绝大部分，都有自己的行星。而在整个宇宙中，还存在着数十上百亿个像银河系一样的星系。在我看来，认为浩瀚宇宙当中只有我们地球才具备适合孕育生命的条件是很愚蠢的想法。

然而，即使在我们的银河系中，各种生命熙熙攘攘，也请不要指望有外星人来到地球来到访我们，在玉米地里画下古怪的图案，并伤害人类的牛群。宇宙太大了，这种情况不太可能发生。就算是拥有极为发达的科技，要想探索银河系中的每颗恒星和行星还是一项颇为浩大的工程。如果外星人的科技如此先进，他们怎么还会在1947年坠毁在罗斯维尔呢[1]？对

[1] 罗斯威尔事件是指1947年在美国新墨西哥州罗斯威尔市发生的UFO坠毁事件。美国军方认定坠落物为实验性高空监控气球的残骸，因该计划项目当时尚属绝密而没有立即公开细节；而许多民间UFO爱好者及阴谋论者则认为坠落物实为外星飞船，其乘员被捕获，整个事件被军方掩盖。发现地点罗斯威尔亦被UFO研究者推崇为研究“圣地”之一。

于目前的人类来说，我们不大可能从太空中打下来一艘宇宙飞船，那就好比一群母牛能干掉空中的歼击机一般。如果外星人的技术如此先进，为什么他们在经历了数兆千米漫长的太空旅行之后，在距离地表几千米的地方失控坠毁了呢？

很多人相信，超光速旅行是可能的。虽然还没有确实的证据证明这一点，让我们暂且假设通过多维空间、曲相推进或者其他什么方式进行星际旅行是可行的。

如果这是真的，而且某外星物种掌握了这一技术，那他们在哪里呢？

人类文明存在了几千年，我们已经开始探索地球周边的宇宙空间。如果我们掌握了超光速旅行技术，只需要几千年的时间，人类的足迹将踏遍整个银河系。即使我们的最高时速达不到光速，那么遍访银河系所需要的时间也不过是几百万年而已。

这听上去是很长的一段时间，但是对于银河系来说不过是弹指一挥间。在三叶虫于地球的海洋中畅游的年头，银河系某处一颗类似太阳、只是年纪大了几亿年的恒星的一颗行星上可能存在欣欣向荣的文明。如果这个文明决定殖民银河系，那到现在我们的银河系中应该到处都是他们的身影了。

然而，没有证据表明他们来到了地球，所以我们必须假设这个文明遵从某种“最高指导原则”，就像《星际迷航》中的那种，因此不会干扰初阶文明。然而，为什么我们又能看见这么多他们的飞船呢？UFO狂热者明显想要鱼与熊掌兼得：一方面，他们相信那些来自极端高度发达文明的外星人乘坐着宇宙飞船来到地球；另一方面，这些外星人却蠢得要死，蠢到地球上的那些连原子能都搞不太明白的野蛮物种能够在一天中把它们的飞船拍下来十次。这种自相矛盾的想法彻底摧毁了UFO存在的可信度。我相信，真相就在那里[1]。但是“那里”不是UFO狂热者手里。

在UFO狂热分子看来，天空中所有的发光体都是外星飞船，每每听到这些，我就感到很沮丧。但是，当我想起曾经在一个漆黑的夜晚，在最理性的地点——火箭发射基地，被一群鸭子给耍了的时候，我就不再感到沮丧了。那次经历能够提醒我，任何人都可能被耍，我只是希望更多的人能够对他们的所见多一些批判性思维。

说回到那次火箭发射，尽管有“鸭力”[2]，发射依然很成功。我们研发的相机被精准地安装上哈勃空间望远镜，并且带回了好多千兆字节有意思且有用的信息，人们从中能够知晓太空中究竟发生了些什么。而此刻，在本书中，我也将第一次向公众承认：在某些带回的照片中，我**的确**看到了太空中存在智慧生物的证据。在哈勃空间望远镜的镜头中，我看见又长又明亮的条纹状的光，很显然那不是宇宙射线的痕迹，也不是跟踪失误，更不是小行星、彗星或者卫星。

那么，它们究竟是什么呢？它们不是外星飞船。长长的光纹是由那些运行轨道高于哈勃望远镜的人造卫星产生的。它们经过哈勃望远镜的视野中时，运动就会留下一道道长长的光轨迹。

我们的确在太空中遇见了智慧生物，那就是我们人类自己。

---

[1] 电视剧《X档案》中最著名的台词。

[2] 原文fowl play，文字游戏。fowl（禽类）发音接近于foul，词组foul play意为犯规、作弊——火箭发射没有问题，此处的fowl play应按字面意义解，意思接近于fowl (at) play，即“有鸭子（这一因素）存在/参与”。

火星在第七宫，但金星已经离家出走啦：为什么占星学不管用

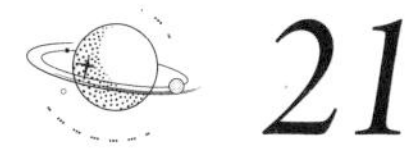

21

Mars Is in the Seventh House, but Venus Has Left the Building: Why Astrology Doesn't Work

“错误的发生不在于我们的命运[1]，而在于我们自己。”

——威廉·莎士比亚《恺撒大帝》

人们会说一些奇怪得不能再奇怪的话。

不久之前，我姐姐为自己举办了一次美妙的生日聚会。她邀请了朋友、家人和同事，我们那天玩得都很开心。她特别为孩子们作了安排，让他们可以一起玩耍和画画。记得当时我正在和其他参加聚会的人们聊天，女儿突然跑来找我，给我看她画的画。其中有一幅画格外地吸引了我的注意力。我说：“嘿，这个看上去像是我在工作中研究的东西！”

身旁一位女士问我：“你是做什么的？”

“我是一位天文学家。”我回答道。

她睁大眼睛，表情变得兴奋。“那真是太酷了！”她说，“我的天文学

[1] 这里“命运”是一个双关词，莎士比亚的本意为“命运”，但他使用的词是stars，直译为恒星，所以这句话的字面意思是“错误的发生不在于我们的恒星”。

学得特别糟糕。我大学的时候天文学都挂科了。”

这话让人**怎么接是好**呢？于是我就假装没听见，然后和她东拉西扯了一些别的。几分钟之后，她评论起了聚会上的另外一个人，她说：“哦，他是天秤座的，天秤座的人都那样。”

嘿！**现在**我总算知道为什么她的天文学会挂科了。我特别想对占星学发表看法，但是我忍住了。我清楚这么做只会惹人不快。

占星学的基本原理很简单：我们出生的那一刻天空中恒星与行星的排列组合可以影响我们的人生。没有证据表明这是真的，但尽管如此人们还是相信星座。1984 年的一项盖洛普民意调查显示，55% 的美国青少年（13~19 岁）相信星座。很显然，占星学很受欢迎。

但受欢迎并不意味着正确。

对于星座爱好者来说，占星学就像是一种宗教。有很多宗教都只需要信仰，不需要证据。从某种角度来看，证据就是宗教信仰的对立面，你的笃信不该依赖任何证据。占星学也是如此。如果有人试图摆事实讲道理说明星座为什么不管用，那他很有可能会被群起而攻之[1]。

好巧不巧，我就决定“顶风作案”，要在这里清楚明白且毫不犹豫地说：占星学不管用。所谓占星学就是胡说八道，胡言乱语，胡话连篇。

占星学的历史和操作都缺乏自洽性，在占星学预测出的**内容**和它会预测出这些内容的**原因**之间没有任何联系。多年来，占星学吸收了大量的各

[1] 原文意为涂柏油、粘羽毛，是自近代起见于欧洲及其殖民地的一种严厉的惩罚和公开羞辱对方的行为，意在伸张非官方认可的正义。通常由暴民作为私刑实施。受刑人通常会被剥去上身或全身衣服，在动弹不得的情况下被倒上或涂上灼热的柏油。之后由人在其身上扔满羽毛或者是推至羽毛堆中，让羽毛粘在身上尚未凝固的柏油上。随后受刑者通常会被放在车上或被木棍架起游街。刑罚的目的是对受刑人造成身体和精神的双重伤害，使其顺从暴徒的要求。在当代欧洲语言中，涂柏油、粘羽毛也比喻对人严重地羞辱。

种杂乱观点，但却从来没有以任何方式验证过这些观点的准确性。

科学和占星学截然相反。科学家会寻找原因，然后利用它们来做关于未来事件的特定预测。科学家的理论如果失败了，要么受到调整和重测，要么被摒弃。我要强调，科学对于帮助我们认识宇宙来说真是居功至伟，科学可能是人类业已进行的最成功的活动。科学是管用的。

反观占星学，它就不管用。占星学所做的预测含糊不清，不论真实情况为何，预测内容总能在事后被扭曲成“符合事实”，我们接下来也会看到这一点。占星学根本不寻求原因，理由很简单：**占星学中就根本不存在原因**。如果你想在占星学中寻找到某些潜在的逻辑，某些恒星和行星与我们人生之间的联系，你根本就找不到。占星学想要有市场，需要寻求不探求其背后基本原则的买家，因为一旦他们这样做了，就会发现基本原则根本就不存在。

占星师想要避免为占星学安上可用试验证实或者证伪的原理，于是往往使用晦涩难懂的语言来哄骗民众。即使他们在极其少见的情况下真的采取了具体论证来为占星学背书，也往往会使用误导性的术语。一家占星学网站（www.astrology.com）就是这样解释占星学背后的基本原理的：

> 从某些角度看，占星学中行星之间的力量可以用一个词简而言之：万有引力。太阳具有的引力最大，因此在占星学中，太阳的影响力也就最大，接下来是地球的卫星月亮。其他的行星都不是地球的真卫星，但是无论如何，它们也具有万有引力，所以也对地球产生影响。太阳控制地球的运动，月球控制地球的潮汐，而其他行星也各自对地球——以及生活在地球上的人们——产生影响。有的时候，行星的影响是如此强大，以至于可以盖过太阳的能量！

但是这根本就说不通。如果万有引力是主导力量，那在你出生的时候，火星和地球在太阳的同一侧或者不同侧又有什么区别？火星对地球的万有引力，在它们位于太阳同一侧时是它们位于太阳不同侧时的50倍还要多。你可能觉得这是一个极度重要的细节，但是绝大多数占星术分析都忽略了这一点。

同样很容易被证明的是，月球对地球（以及地球上的你）的引力作用比太阳系其他行星引力作用总和的50倍还要多。在我看来，如果说万有引力是占星学中最重要的因素，那月亮对于我们的影响要比其他行星的影响总和的50倍还要多。

占星学的辩解者有的时候也会转而关注其他的力，比如电磁力。这是比万有引力还要糟糕的一个选择，因为太阳对我们的电磁影响比其他任何天体的影响都要大上百万倍。太阳风由带有电荷的微粒构成，正是它们导致了极光，而来自太阳的一次强电磁爆发可以导致大规模断电，甚至彻底损毁人造卫星。太阳磁暴的效果是真实有形的，它对你日常生活的影响要远远超过任何占星术对你的影响。

于是，占星师必须寻求某种既不像万有引力也不像电磁力的神秘力量。有些人声称，这种力并不随着距离的增大而减小，因此巧妙地绕过了“在你出生时行星与你的真实距离”这个问题。但是这又带来了一堆新的问题：当我写下本章的时候，科学家已经发现其他70多颗围绕别的恒星运转的行星。如果占星学背后的力量不随着距离的增大而减小，那我们该拿这70多颗行星怎么办？它们会给我的占星学运势带来怎样的影响？仅仅在我们的银河系中，就有着数千亿颗恒星。如果这些恒星有着和例如木星和火星一样的引力，那谁才能算出精确的占星学运势啊？

更不用说我们太阳系中的其他天体了。对于天王星、海王星、冥王星的发现曾经让占星师不安了好一阵，但是他们成功把这些行星纳入占星学的思想当中。有意思的是，有一个占星学网站甚至提到了四颗最大的小行星：谷神星、灶神星、智神星和婚神星。这些小行星的命名都来自神话中的女神，于是这个网站赋予了这些以女神命名的小行星女性特征。以谷神星为例，谷神原本是主管丰产和收获的女神，在占星学的意义上（反正这个网站是这样说的）会对妇女的生育周期产生影响。

但是，谷神星是1801年被发现的，命名者正是它的发现者朱塞普·皮亚齐，他恰好就选了这样一个女性的名字。他开启了一项传统，四大小行星都是以女性命名的。所以我们难道要相信某个被一个男人算是随机命名的天体，以及随后一系列遵循前例被赋予女性名字的天体，真的会具有和同名的女神一样的特征？那扎帕弗兰克星[1]又怎么说？斯塔星、列侬星、哈里森星和麦卡特尼星又怎么说？我的好朋友丹·德达就有一颗以他自己命名的小行星。我实在是不知道6141号小行星德达（这是它的官方名字）会如何影响我个人的占星学运势。如果它和另外一颗小行星相撞不幸碎了，我是不是得给丹一家寄一束花以表哀思啊？

不管占星师怎么说，反正占星学不是科学。那么，它到底是什么呢？我实在很想把它归类于某种任性的幻想，但或许还有一个特定的称呼更适合它：巫术。劳伦斯·E. 杰罗姆在他的文章《占星学：科学还是巫术》中，强烈地主张认为占星学比其他任何东西都更像巫术[《人文主义者》期刊，35页，第5期(1975年9–10月刊）]。他的基本论断是，占星学基于“对应原则”，也就是说某个物体通过类比——而不是出于物理原因——会对现实产生某种影响。换句话说，火星因为是红色的，就与流血、危险和战争

[1] 1940 ~ 1993，美国音乐人。本段中其他的小行星都是以音乐人物命名的。

联系在一起。这完全没有什么物理学上关联，就是纯粹的类比。巫术就是这样的，巫师往往会用一个人偶**指代**某人，比如说敌方的国王。然后巫师对人偶做的事也会完全发生在那个国王身上。

即便我们在心底期望如此，但是宇宙并不是基于类比运转的（要是真的如此，《星际迷航》中斯波克的绿色血液是不是就意味着蓝绿色天王星是瓦肯星人的战神？）。宇宙基于**物理**关系运转：月球的引力影响着地球上的潮汐，来自太阳内核的核反应最终温暖了地球，因为冰晶体的几何结构，水变成冰的时候体积会膨胀。所有的这些事件都客观存在，因此符合科学标准：这些事件的背后有恒定的物理规则，它们可以通过数学手段被模型化，这些模型又可以用来精准地预测未来将要发生的事情。同样，对于所有的人来说，这些事件独立于每个人的主观理解诠释，不受其影响。

可是占星学却不是这样。对于别人来说，火星的颜色看上去可能是血红色，但是对我来说却是铁锈色（而且确实，火星表面的铁氧化物——就是铁锈——含量很高）。或许火星应该代表的是腐朽和衰老，好比雨天一辆被丢弃在废品回收站的汽车，而不是战争的武力一面。占星学意义上的对应关系取决于使用占星学的个体。这种对应关系并不是始终不变的，在其他方面不符合科学标准。

星座的形状是也是证明占星学并非科学的一点。按照占星学的说法，出生于 9 月末的我是天秤座的。无数的星座论告诉我天秤座是平衡与和谐的象征。然而让我们来看看这个星座：它是由四颗昏暗模糊的恒星构成的菱形。你或许能从中想象出一台老式秤的形象，象征着平衡。但是对我来说，它看上去更像空中的一只风筝。所以我是不是应该很飘[1]，或者脑子空

[1] 该词也有飞得很高，高耸入云的意思。

空[1]，或者更倾向于漫天空谈[2]（呃，还是别回答我了）？在现代人看来，射手座的形状看上去略微像一张弓，更像一只茶壶。在射手座附近，银河看上去很稠密，不管怎么看，都很像是从茶壶嘴中喷涌而出的水流。所以射手座的人们是不是会安静地克制胸中情绪翻涌，直到一次讨论升温时[3]突然爆炸呀？巨蟹座中没有一颗恒星的亮度超过四等星，所以哪怕有最轻度的光污染，我们就看不见它了。难道巨蟹座的人都不起眼、少“灵光”？凭什么古阿拉伯人或者古希腊人对星座的解释就比我的解释更可信啊？

提醒一句，星座的形状其实也完全是巧合。天秤座看上去像菱形，只是因为我们在地球上观察它的缘故。这些恒星与我们的距离是不等的，只是看上去像菱形罢了。如果我们的肉眼能分辨星体远近，就会发现它们看上去就根本不会是菱形的。

还有更糟糕的。在黄道十二星座中，有些恒星是超巨星，有朝一日会爆炸。心宿二是天蝎座心脏部位的红色恒星，就是一颗超巨星。未来的某一天它将会变成一颗超新星，然后天蝎座的胸口就会留下一个洞。到那时，我们将怎样解释这个星座呢？

占星学的辩解者与诸多伪科学辩解者一样，不会真正讨论为占星学招致批评的具体内容，只会在遭到批评时转移话题。不少占星师指出，很久

[1] 原词直译为“空气头脑”。

[2] 原词直译为“有风的声明”。

[3] 原词直译为“被加热的讨论”。

以前天文学和占星学本来是一回事，就好像曾经作为物理科学的一部分的事实会让占星学变得有理一样。这思路简直太蠢了。我前两天吃过的汉堡还是某只牛的一部分呢，这并不意味着我也会成为四条腿的反刍动物，当然也不会让那头牛变得更像人。

另一种为占星术辩护的经典论据是，很多知名的天文学家都曾经是占星师：开普勒、布拉赫、哥白尼。请注意，这些天文学家都是几百年前的人物哇。归根结底，这个论据和之前一个论据一样站不住脚。对于几百年前的天文学家来说，天文学并不像今天一样，有作为物理学分支的科学基础。事实上，开普勒也是将天文学向科学领域推进的关键人物。以上的天文学家依然囿于传统。没有证据表明开普勒自己到底相不相信占星学，反正给他发工资的国王是相信的，而开普勒显然足够聪明，知道自己的衣食父母是谁。

占星师的下一条论据是有那么多的人相信并且实践占星术。但是多数人相信的，总是正确的吗？事实就是事实，不管有多少人相信，不管有多少人为之激烈辩护，谎言也变不成真实。

然而，占星学还是很受欢迎，哪怕面临以上这些证据确凿的反驳。为什么呢？占星师到底使用了什么样的“武器”，才能扫清一切合理质疑和反对批评呢？原来，他们最好的“武器”就是我们自己。

人们阅读占星学解释时，总是能发现占星术说准或预测对的“点”出奇的多。读者们当中有多少人读过占星学预测，然后吃惊于它对我们当天的生活描述得有多么准确？

我亲自做了一个小实验，找到一个占星的网页，并输入了自己的生日。根据占星的结果，的确有好几处内容都符合我：我喜欢避免冲突（虽然在本章和这整本书里我得罪了不少人群），我寻求和我的智力相匹配的伴侣，而且我更喜欢和别人在一起而不是自己一个人待着。所有这些都是真的。但是，占星结果里还说：“你是一个温柔敏感的人，对他人有着深刻的理解，你对待人生的态度宽容、理解，不愿妄加批评。”我（那智力至少也是和我相匹配的）妻子看到这句话的时候，简直快要笑掉大牙。

但让我们再来看一看那些明显的符合之处。上面的描述听上去不光是像我，也像我认识的很多人。占星结果的措辞非常模糊不具体，对于几乎所有人来说都是适用的。这就是占星师的基本方法论：使用符合每个人的措辞。人们会选择记住他们想要记住的部分，然后这又进一步增强了他们对占星学的信服感。

著名的怀疑论者、理性思考者詹姆斯·兰迪（更广为人知的称呼是“了不起的兰迪”）有一次曾经在学校教室里做了一个实验。老师告诉学生们，兰迪是一位著名的占星师，他算出来的结果都特别准。然后，老师让学生们写下自己的生日，各自放进一个信封里。兰迪为教室里的每个人都做了星象分析，然后把分析结果放进对应的信封里，再一一还给学生们。

在学生们读完自己的占星结果之后，兰迪问大家他算得准不准。大多数学生都觉得兰迪的占星结果非常准确，只有极少数人说兰迪的结果算得不准。

但随即兰迪做了一件了不起的事：他让学生们把自己的占星结果递给后桌（最后一排的学生把自己的占星结果递给第一排的学生），然后让他们再看看那份占星结果。

结果绝妙极了。万万没想到！兰迪在每一个信封当中都放了**一模一样**的占星结果。读者们可以想象一下学生们脸上精彩的表情：震惊，接着是懊恼，然后就是难为情了。兰迪使用的措辞非常概括，因此基本上对于教室里的每个学生都适用。他说了这样一些话，比如“你希望自己比现在更加聪明”，以及“你寻求他人的关注”。谁不是这样啊？

一个具体的占星结果可能是错误的，但是一个泛泛而谈的占星结果却永远不会出错，这也就是为什么占星结果总是非常宽泛不具体的原因。而人类习惯性忘记错误猜想、只记住正确猜想的深刻本性正好可以受占星学利用。占星师正是利用了我们易于忘记失误的特质来继续从公众中骗取成百上千万美元。

没错，他们就是会骗钱。占星学是一个庞大的商业体系。可能最骇人听闻的要数全国各地报纸上的星座专栏了。报纸的编辑往往为自己辩护说他们并不相信星座，又或者把星座运势放在漫画板块，意思就是星座运势和漫画一样博人一笑当不得真。但这是作弊：漫画板块是报纸上最受欢迎的栏目之一，把星座运势放在那里就是为了增加曝光度，而不是为了降低可信度的。如果报纸编辑真的不相信星座，那为什么还要刊登它呢？

Space.com 是全世界最大的太空主题网站之一，包含大量和太空新闻、历史、观点有关的网页，另外任何你能想象的、和星际旅行有关的东西都能在这里找到。某天，某个运营网站的生意人认为，在网站上添加占星学的内容应该是个好主意。于是网站上出现了星座专栏，几天之后（更可能是几个小时之后），他们收到了大量群情激愤的抗议邮件，于是不得不匆匆把星座专栏撤下来。我毫不怀疑，负责网站商业运作的人和负责网站内容的人之间一定有过龃龉（我猜负责商业运行的人们一定觉得占星学和恒星有关，所以也和太空有关，对吧？），但最后科学还是胜利了，希望这些生意人也能得到一些教训。我多希望那些报纸上的星座专栏也可以是同样的下场。

转念一想，我觉得刚才自己可能是错的：在报纸上刊登星座专栏可能并不是最可怕的事。我觉得最令人感到不安的应该是占星学的无孔不入。

这是一个数字游戏：只要被骗的人足够多，占星学就能屹立不倒。故事被传播，批判性思想被置之不理，更多的人就会相信占星学。这状况的尽头在哪儿？听到美国前总统罗纳德·里根的妻子南茜根据占星师算出来的“黄道吉日”安排会面，人们会哈哈大笑，但这是需要严肃对待的事。**里根是美国总统，而他的妻子居然相信占星师！**我简直不能想出更可怕的事情了。我真心希望拥有像总统那样多权力的人能够再多一点点理性思考的能力。

顺便说一下，之前我在网站上算星座的时候，网页还给了我更多的结果，用这段话来总结本章再合适不过，反正我也写不出更合适的话了：

虽然你可能和其他人一样聪明，但是你并没有理性的、有逻辑的人生态度，通过摆事实讲道理跟你交流经常是毫无意义的。指引你的是感觉、直觉和心灵，而不是头脑，这可能会激怒你那些更理性的朋友，或者让他们感到困惑。你毫无疑问地意识到了生命中有很多东西是不能够被合理解释的，也不能被归类到条条框框之中，所以你对于诸如超自然现象、心灵感应、通灵学之类的领域都抱有能够接受的开放态度。

在阅读完本章之后，你难道不觉得，上面这说的就是我吗？

第五部分

把我传送上去*

Beam Me Up

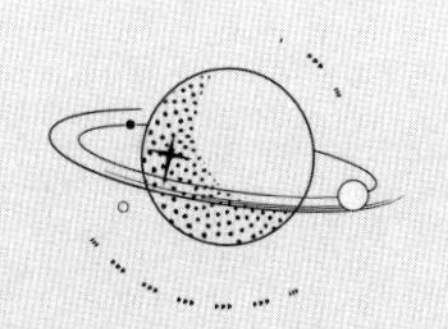

* “Beam Me Up” 是系列科幻影视《星际迷航》中的一个梗。“企业” 号星舰总工程师斯科特在“企业” 号上操作传送系统这件事创造了一句口头禅 ——“斯科特，把我传送上去！” 这句话在流行文化中广为流传，连不是星舰迷的人都知道，但其实这句话并没有在电影和电视剧里的任何一集中出现过。

我们一同在本书里经历了漫长的旅途，从我们自己的房间出发，一直到宇宙的尽头，最终又回来，一头扎入人类思维中极少被触及的最深处。那里自然有更多的坏天文学。不要以为接下来这几章之所以被放在最后一部分是因为它们的主题不属于书中的其他部分！可不是这样的，以下**这些**章节内容很特别，特别到我不能让它们在前文出场（而且，它们的确也算不上不属于书中的其他内容）。

在本书的最后一部分，我们会看到人类成就中反映出来的人性最好与最坏的一面。我们会从哈勃空间望远镜开始谈起，它显然是史上最有钱任性的天文观测站，耗资 60 亿美元。关于哈勃望远镜，人们有太多的误解，足够写成一本书。但我希望短短一章能够满足你的胃口。

就算哈勃望远镜造价不菲，但是购买天上的恒星用不了国家一年国内生产总值（GDP）级别的巨款。一些公司出售恒星，折扣相当可观，虽然打完折还是不便宜。但是这和你如何定义“卖”这个行为有关。这些公司与其说是卖恒星，不如说是卖骗局。他们号称卖给你的是天空一隅，其实你得到的不过是一张天文学价值成疑的纸。这样的交易还有着更恶劣的影响。

我们对坏天文学最后的探索将回归银幕。史诗神话或许是好莱坞最主要的产出，但是好莱坞对于科学的见解从来都不怎么着调。票房也许就是坏天文学的最大供应商。宇宙飞船不会在天空中呼啸而过，小行星没有那么大的危险，外星人也不会在星际旅行中途停靠地球休息一阵，其间把我们吃掉。至少我希望它们不会。

当然了，如果他们会来吃人，那我的工作可比现在轻松多了。因为彼时坏天文学将是我们**最不需要**担心的事情。

哈勃困“镜”：
关于哈勃空间望远镜的种种误解

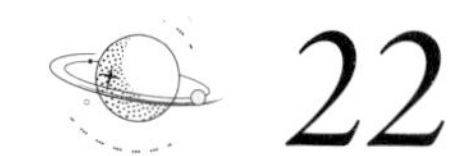

22

Hubble Trouble:
Hubble Space Telescope Misconceptions

1946 年，天文学家莱曼·斯皮策突发奇想：造一架巨大的天文望远镜，然后把它放到太空里去。半个多世纪之后，我们回望他的这个想法，觉得看上去也没有那么疯狂。毕竟，有很多国家已经在建造太空天文望远镜上斥资几十上百亿美元，所以肯定有人把这个想法当回事。但在 1946 年，第二次世界大战只不过刚过去了一年，距离第一颗人造卫星发射上天还要等上十多年。

斯皮策极有远见。在第一只亚轨道火箭升空之前，其他人都想都没想过在空中架设望远镜的可能，然而此时斯皮策就认识到空间望远镜相比地面望远镜有着巨大优势。地面望远镜位于我们这片浓密大气层的底部，导致了很多观测上的问题。浑浊的大气层让亮度不足的天体变得朦胧暗淡。大气层内气流涌动，使得恒星与星系的图像像在抖动，变成一个个模糊的发光圆盘。最糟糕的可能要数以下这一点，我们的大气层很贪婪，会吸收某些类型的光。来自天体的一些紫外线能够穿透大气层（太阳的紫外线可以让我们晒黑，甚至晒出皮肤癌），但是大部分紫外线在穿越大气层的途中就被吸收掉了。对于红外线、伽马射线、X 射线也是一样。超人或许有着X光透视眼，但即使是他也无法在地球上看见中子星爆炸时产生的X光，除非他飞到大气层以外的太空，在那里没有空气来拦截这些带能量的小小光子。

我猜斯皮策在设想空间望远镜的时候并没有想到超人，但是他的想法在本质上是一样的。如果人们能够让一台望远镜向上、向上，飞向远方[1]，直到飞出大气层，那么所有由大气层导致的问题就全部消失了。位于大气层以外时，很容易就能探测到无法穿透大气层的紫外线以及其他类型的光线。大气层在你脚下而不是头顶时，就不会让恒星闪烁，不受因折射而发光的空气包围，原本在地表看来暗淡的物体在太空中看上去也会更加明亮。

斯皮策的远见许多次变为现实。人们发射了数十台空间望远镜，一些环绕地球飞行，一些则被送往更远的地方，但是其中哈勃空间望远镜（天文学家日常称它为“HST”，或者单纯就叫“哈勃”）的知名度远高于同类。因为造价高昂——总造价估计在60亿美元，哈勃望远镜一次又一次地成为报纸新闻的头条。哈勃传回来的图像令成百上千万人惊叹不已，使用哈勃观测的天文学家从哈勃那里获得的信息可能要超过从有史以来任何一台望远镜那里获得的——或许，只是或许，除了伽利略那一台。

如果你在街上随机拦下一位路人甲，让他说出一台望远镜的名字，几乎可以肯定，哈勃是他或者她知道的唯一一个。然而，有的时候，声名在外的代价就是公众眼中的误解。问问那位路人甲关于哈勃更具体的事情，他可能就说不出来了。并没有多少人知道哈勃的个头到底有多大，它在太空中的什么位置，甚至它为什么要围绕地球做轨道运动。有人认为，哈勃是世界上（或者，更准确地说，世界之上）最大的望远镜，有些人觉得它

[1] Up, up, and away 是超人的标志性台词，他起飞时经常这样说。

会行进到观测的天体边上，还有人觉得它在对公众隐瞒发现。

读到这里的你一定可以自己判断出来上面这些说法都是错的。下面让我们看看原因吧。

哈勃是镜子做的

甚至连哈勃望远镜最基本的属性都会被人误解。举例来说，在 CNN 的网站上，有一次在描述哈勃的观测时，用了这样一个标题：《哈勃的镜头让群星身影更清晰》。事实上，哈勃没有“镜头”。和其他大型天文望远镜一样，哈勃是利用镜子来收集和聚焦光线的。是伟大的牛顿第一个发现镜子可以替代透镜镜头，最为基本的镜片天文望远镜设计至今仍被称为“牛顿式”。从牛顿到今天，400 年过去了，人们依然傻傻分不清楚镜头和镜子。

对于小型天文望远镜来说，透镜镜头是很合适的，但是当望远镜的直径超过半米时，透镜镜头就显得很笨拙不便了。它们必须在边缘处得到固定，以免遮挡视野。巨大的透镜镜头极其沉重，所以使用起来也非常困难。它们还必须被安置在望远镜的孔径当中，也就是在一个长长的管状结构的尽头。这种安置方式会让望远镜变得极其不灵便，极难掌握平衡。

反观镜子，因为我们只需要用到镜面一侧，所以整个镜面的背部都可以用来安置支撑，这就让镜子用起来更方便。镜子可以直接反射光，而透镜镜头必须有光线**穿过**它，这就会降低光线的亮度。更妙的是，人们制作镜子的时候，只需要打磨和抛光它的一侧表面而不是两侧。和透镜相比，镜子能省下一大笔费用。

顺带一提，就在不到一年之前，CNN 的网站又犯了同样的错误。但是

哈勃空间望远镜在地球上空自由飘过，再次准备观测某个天体。尽管哈勃视野中的宇宙如此清晰，但它所在的位置不过距离地表几百千米（图片版权来自 NASA 和空间望远镜科学研究所）

我并不怪他们。主持哈勃望远镜科研工作的空间望远镜科学研究所曾赞助了 PBS 电视台一档关于哈勃望远镜的电视节目，在某一集中，我听见旁白介绍下一个版块是“透过哈勃的镜头”。如果连 PBS 都能搞错，那还有谁不会搞错呢？[1]

[1] PBS 以其高质量科教节目著称，在权威度和公信力方面是业界翘楚。

个头真的很重要

很多人会吃惊于承载哈勃望远镜的人造卫星的硕大个头，它差不多和一辆校车那么大。然而，人们在知道哈勃望远镜本身有多小后，通常感到更加吃惊。哈勃的主镜面直径有 2.4 米。相对于你我来说，这当然是挺大的，但是世界上还有很多大型天文望远镜直径是哈勃的四倍还要多。甚至，哈勃在被建造出来时，就不是世界上最大的望远镜。大名鼎鼎的、位于帕萨迪纳市帕洛马山天文台的海尔望远镜就有一面直径 5 米的镜子，而海尔望远镜是建于 1936 年的。

但也不是说哈勃望远镜就是那么渺小。在马里兰州的绿带城，NASA 的戈达德太空飞行中心，某栋楼里就摆着一台和哈勃望远镜同样大小的实体模型。模型大概有五层楼那么高，赫然出现的巨大身影给所有经过它的人们都留下了极其深刻的印象。模型覆盖着闪闪发光的锡箔纸，用来反射太阳光和有效散热，使它看上去就像是世界上最大号的冷冻快餐。

哈勃空间望远镜之所以没有像某些地面望远镜那样硕大无朋，是因为向太空发射大块头物体是很困难的。人们设计哈勃的时候，希望它能够被装载在太空梭之内上天，这就给它的大小设置了一个上限。赫歇尔空间望远镜被设计用来观测太空红外线，计划在 2009 年发射升空，而它的直径就会在至少 6 米左右[1]。赫歇尔的先进设计之一就是将镜面折叠，而一旦进入太空之后，折叠的镜面会像一朵花一样盛开。相反，哈勃的镜面基本上

[1] 亦称“新一代空间望远镜”，“赫歇尔空间天文台”是欧洲太空总署的一颗空间天文卫星，已在 2009 年 5 月 14 日和普朗克卫星一起于位于法属圭亚那的太空中心由亚利安五号火箭发射升空。2013 年 4 月 29 日，它因液氦冷却剂耗尽，停止工作。

就是一块巨大的玻璃，非常重。如果镜面面积再大一些，负载它的航天器本身也要比原来大得多得多，这样的话，太空梭火箭根本就没有足够的动力把它们送入太空。

桶中一滴水

关于哈勃望远镜还有一种误解，认为望远镜最重要的功能就是放大物体，或者说让它看上去更“近”。这种说法只说对了一部分。当然了，望远镜的确能够让个头小的物体看上去更大，但是我们之所以建造更大型的空间望远镜，是因为它们能够聚集更多的光线。望远镜可以收集光线，就像水桶能够接住雨水。如果你很渴，想要收集雨水喝，那最好拿一只大桶。你用的桶直径越粗，收集到的雨水也就越多。对天文望远镜来说也是一样：镜面的个头越大，你从某个物体那里收集到的光线也就越多；你收集到的光线越多，那么就越能看到原本更暗淡的物体。夜空中，肉眼能够捕捉到的恒星大概在 1 万颗左右，然而，哪怕是用最初级的望远镜，你也能看见上百万颗。如果使用的是个头特别大的天文望远镜，那么你能观测到的恒星就有**数十亿颗**之多。

地球上最大的望远镜有直径 10 米左右的镜面，简直和一幢小别墅的宽度差不多。人们现在还在计划建造更大的望远镜。其中一个计划要建造 100 米直径的镜面！这台望远镜叫 OWL，也就是“硕大无朋望远镜”的简称。这台望远镜造价不菲，不过可能还没有哈勃的造价贵，而且其中有一很大一部分钱应该是用来选址安置的。

所以，哈勃望远镜可能个头不大，但请记得，它是位于大气层之上的。地球上的空气会散射光线，于是从地面上看去，空中很多暗淡的物体都无法被看见（更多内容请回顾第 11 章）。哈勃身处更加黑暗的天空之中，能够看见那些更暗淡的天体。地球上，大气层会移动，所以从地面上看去，空中的恒星会旋转跳跃眨着眼（更多内容请回顾第 9 章）。这就使得来自恒星的光线更加分散，让那些原本就暗淡的恒星更难被观测到，尤其是当它们的附近还有亮度更高的恒星时，暗淡的星光完全被后者的光芒掩盖了。而哈勃望远镜身处大气层之上，就能避免这种现象发生，更容易发现那些更暗淡的恒星。因为哈勃望远镜身处更加黑暗的环境中，而且能够发现更加暗淡的天体，所以它发现了目前人类所发现的最暗淡的天体区域：一小块被称为“哈勃南天深空”的天空，哈勃的照相机拍摄下了比人类肉眼所见还要**暗淡百亿倍**的一群天体。这就是人类为什么要把望远镜送入数百千米之上的太空中的绝妙理由。

太空那点儿事

然而，想要把那些大块头送入太空，可不是一件容易的事。在很长一段时间内，哈勃都是由太空梭单次运载送入太空中的最大物体。太空梭本身只能最远到达地表之上几百千米的地方，再带上 12 吨重的哈勃就更难办到了。利用太空梭的机械手臂，1990 年，宇航员斯蒂芬·霍利在太空中将哈勃望远镜缓缓推送入环绕地球的运行轨道，现在哈勃望远镜还在老地方——地表之上 600 千米处俯视着我们。另外一个常见的误解就是，认为哈勃望远镜像《星际迷航》中的“企业”号宇宙飞船一样，在太空中自由徜徉大胆冒险，拍摄下各种新奇天体的照片。在现实中，哈勃与地表的距离差不多等于华盛顿到纽约市的距离。对于被观测的天体来说，哈勃与它的距离只比你近了那么微小的一点点！有的时候，哈勃与被观测的天体之间的距离甚至比你还要**更远**。因为很有可能在它观测该天体的时候正位于运行轨道远离该天体的一侧，所以来自该天体的光还要再多跑几百千米才能抵达哈勃的镜面之中。

摄于晚间 11 点[1]

关于哈勃，还有另外一个常见的误会。不管各种报纸媒体电视节目里是怎么说的，哈勃从来没有拍摄过关于某个天体的单一照片。哈勃并不是一台装备有底片感光度 100 万的巨型照相机。哈勃使用电子探测器来给物体成像。这些探测器被称为**感光耦合元件**，缩写为 CCD。你或许见过这种照片，甚至亲自拍摄过这种照片：近年来的便携式摄影摄像机都使用了 CCD，而数码摄像机也使用了 CCD 技术。对于天文学来说，CCD 比普通胶片要好得多，因为它们对于光的敏感度要比普通胶片强很多，更容易捕捉到那些暗淡的天体。同时它们也很稳定，这就意味着人们可以比较两张拍摄间隔数年的相同照片。当天文学家想要探究某个天体的形状或者位置随着时间变化而变化时，这一点就会非常实用。CCD 采用电子技术储存数据，也就是说，这些数据可以被转化为无线电信号被发送回地球。对于空间望远镜来说，这就是 CCD 相比于普通胶片最大的优势。毕竟，谁愿意费这么老大劲跑到天上，就为了给哈勃换个胶卷啊？

[1] “film at 11:00”是一个双关语，字面意思就是指拍摄于 11 点（早上 11 点、晚上 11 点都可以），但是在美国的流行文化中，从 20 世纪 70 年代开始，“film at 11:00”指一些鸡毛蒜皮的小事上了夜间新闻（11 点放送），暗指所述事件被过度煽动，小题大做。

嘘！你能保守秘密吗？

哈勃对准某个天体时，它的所见所得往往是地球上的我们看不到的景象。这就使得来自哈勃的数据极具价值，当然也就意味着大家都要分秒必争地抢夺哈勃的使用权。全世界的天文学家本来也不是很多，但是每个人能使用哈勃的时间简直少得可怜。基本上，对哈勃使用申请的征收通知一年左右才会发布一次。通常，NASA 在下一年度对哈勃的使用时间是大多数申请人的 6 倍。6∶1 的比例显得有点儿夸张，大多数人都会有意见，但是一年之内，能够观测天体的日子也就那么多。这就造成了一个有趣的情况：在短时间之内，一个公众望远镜必须要对它的观测结果保密。

这段时间被称为**专有期限**，在这个期限里，只有某些天文学家是可以查看这些数据的。哈勃的数据居然要保密，这听上去可能很奇怪。毕竟，哈勃是纳税人的哈勃，所以每个人都应该有权力立刻查看它的观测数据，不是吗？

这个问题听上去很公平，但是事实上其中的逻辑却有缺陷。你们缴税给美国国家税务局，那为什么你不能查看邻居的报税单呢？你也可以去向军队寻求最新的秘密战斗机设计图，看人家不揍你才怪……

好吧，公平点说，报税单、设计图之类的都是隐私、机密，这是毋庸置疑的。哈勃的数据却并不是真正的机密。但是，依然有很好的理由让天文学家能够比公众要早一年看到这些数据。

至于为什么，请读者们想象一下，你是一位天文学家（如果你**真的**是一位天文学家，那就先想象一下你不是天文学家，然后再想象一下不是天文学家的你是天文学家）。你有了一个精妙的观测想法，然后决定要通过哈勃验证一下。你会怎么做呢？

首先，你最好先确定你是真的需要哈勃。要记得，对于每位试图申请使用哈勃的天文学家来说，还有其他五位天文学家也在同时和你竞争，也就是说，从一开始你的使用申请获得批准的机会只有六分之一。反过来说，这就意味着天文学家委员会对于哈勃使用申请的挑选极其严格。如果你的观测计划能够通过地面望远镜实现，那么你的申请就会被拒绝。如果你的观测计划需要极长的时间，却只能收获一点点微小的科学信息，你的申请也会被拒绝。如果你的观测计划已经有人做过了，你的申请还是会被拒绝。如果你的观测计划和其他的人的计划类似，但是人家的计划更周密更有说服力，你的申请依然会被拒绝。

读者们看明白了吗？对于天文学家来说，你需要花费数天甚至数个礼拜来准备一份申请书，这段时间你本来可以用来研究点别的东西或者试图获得其他补助。你或许花费了大量宝贵的时间来准备申请书，最后却被狠狠地无情拒绝了。

但是，假设你很幸运，你的想法被接受了。恭喜你！现在你就可以开始进行下一步了。于是你不得不煞费苦心地安排设计你需要哈勃做的**每一件事**，包括最初的指向目标、每一次曝光、每一次滤光、每一次必需的微小抖动和摆动，以获得想要得到的观测结果。这些琐细之事可能也会花费你几天到几个星期的时间，使用超级复杂的软件计算一定会让你头疼不已。

但最终你还是完成了设计，递交了最终的计划书。再一次恭喜你！

现在你就等着吧。

直到哈勃完成你的观测计划，你或许要等上一年左右的时间。等最终获得来自哈勃的数据，你会发现自己面对的是如此多千兆的数据，于是需要大量的软件和经验来分析数据。你可能最终需要几个月甚至一年的时间才能搞清楚所有的数据都是什么意思。幸运加上坚持不懈，你才有可能最终在天文学的期刊上发表所有这些发现。

现在，请想一想上面提到的那些工作量。观测开始之前和完成之后的分析都是花钱又耗时间的，天文学家既没有太多钱，也没有太多时间。对于研究者来说，被授予的哈勃使用时间好比金钱，而获得补助金的机会又非常难得。申请使用哈勃望远镜就像是一场豪赌。你很希望自己被选中，然后又希望获得的数据足够好因此能够进一步深入研究，所以就能继续获得更多的补助金。我这样说并不是想强调搞科研是为了钱，但是没有钱，研究是很难搞下去的。在某种意义上说，作为一名科学家，你未来的职业道路要依靠于你获得优质数据的能力，你是用你在学术圈的名声为赌注在搞研究。你获得的那些哈勃数据，一旦被你整理成论文发表在天文学期刊上，就能延续你的学术生命。

现在想象一下，当你获得来自哈勃的数据的时候，另外一位天文学家也拿到了你的数据。这家伙可没有你这么谨严正直、心地善良。他或者她也有使用哈勃望远镜的经验，因此非常了解怎么处理你的这些数据，于是他或她可能在你之前就把观测成果发表出版了！所有前期的努力、付出的汗水、所有的精力和时间……结果你的数据被别人给抢了。

这就是为什么哈勃数据需要设置一年的专有期限。这一年是留给天文学家去弄清楚如何处理数据，以及如何更好地分析它们的。对于付出了如此多的辛勤汗水才最终获得数据的你来说，有一个机会比其他人提前一年得到这些数据，这是很公平的。

所以，哈勃并没有什么真正不能公开的秘密。在一年的专有期限结束之后，不管你准没准备好，你的数据都会对大众公开。所以，一年的专有期限并不是因为来自 NASA 的什么不可告人的阴谋，而是给天文学家提供个更好、更有利的科研环境，保证他们在公平公正的情况下继续未来的研究。当然，明知道哈勃得到了好数据，却要等上一年的时间直到它解密可能很让人苦恼，但是这种等待是值得的。

哈勃摄月

哈勃不仅仅是一架装备了一台照相机的天文望远镜，是一架装备了N台照相机的天文望远镜。每个摄影设备都有自己的独特功用，有些负责拍摄紫外线，有些负责拍摄红外线，有些能够把来自天体的光拆分成不同的颜色然后拍摄光谱图。每台照相机都是设计精巧、造价昂贵的专用器材。

这些设备中有些对光特别的敏感。如果光线太多，它们很有可能直接损坏。就好比你大学室友在深更半夜突然打开灯，所有人都感觉自己要瞎了一样。

所以，正是这种敏感性导致了又一个对哈勃的误解，认为它不能拍摄月亮的图像。因为根据传闻，月亮太亮了，拍摄月球会导致那些精巧脆弱的仪器被强光破坏。

事实并不是这样。

没错，哈勃的操作者必须时刻小心，为了避免让哈勃的某些设备遭受强光照明。举例来说，空中有一个非常严格的“太阳光躲避区”，也就是在太阳周围，有很大一片天空是严格禁止哈勃对准的。太阳太明亮了，如果哈勃的视域离它太近，太阳光会导致各种设备破坏。这个规定被严格地执行，只有一次特例，那就是观测金星的时候。

然而，这个规定却没有包括月亮，月亮的亮度比起太阳来就太微不足道了。的确，有些哈勃照相机对光线极度敏感，但是它们在拍摄月亮的时候可以被直接关闭，让那些不是那么敏感的设备拍摄月亮。然而，很多人还是有这种思维定式，认为你不能直接注视明亮的物体，包括月亮。很有趣的是，因为哈勃是围绕着**地球**做轨道运动的，从哈勃的位置来看，地球比月球可亮多了。

哈勃观测地球的原因也根本没有那么邪恶。有的时候，哈勃会对准地球，采取长时间曝光，可以帮助校准它身上搭载的相机。因为这样做可以让天文学家了解哈勃身上照相机的工作情况。哈勃不太擅长追踪快速移动的物体，在哈勃下方，地表运动速度为每秒 8 千米。所以如果是作为一枚间谍卫星，哈勃实在不太能胜任，移动物体的图片中将全是光斑。我见过一些这样的图片，而你可以很清楚地看见，照片中的房子和树看上去都好像长长的灰色斑纹。你根本不用关起窗子来保护自己的隐私。在哈勃的镜头中，你看上去只是一个长长的、模糊的小蠕虫。

所以，如果哈勃可以拍摄地球的照片，那么它肯定也可以拍摄月球的照片。认为月球太亮不能拍照的说法是没有根据的。

可是，为什么我们很少看到来自哈勃的、观测月球的照片呢？

首先，我们已经从一系列的阿波罗计划和克莱门汀号环月探测器那里获取了质量足够好的月球照片，甚至比哈勃拍摄的月球照片质量还好。但原因还不止这些。

在这里我必须不好意思地承认，对于坏天文学的传播，我也有过一点微薄的“贡献”。我经常被问到哈勃摄月的问题，**之前也总是**说哈勃不**能**拍摄月亮的照片。倒不是因为月亮太明亮，而是因为它移动的速度太快了。哈勃拍摄太阳系行星时，必须有操作人员手动追踪行星的运行轨迹，但是月亮在天空中的移动速度比最快的行星还要快。于是，我曾经说，哈勃根本没有办法追踪月亮的身影。

我这句话只说对了一部分。没错，哈勃没有办法追踪月亮，但是它并不需要追踪月亮才能拍照。月亮**很明亮**。当你拍摄一个明亮的物体的时候，曝光所需要的时间更短。事实上，哈勃拍摄月亮所需要的曝光时间如此之短，以至于图像中的月亮看上去根本没有在移动。这就好比在高速移动的汽车上拍摄窗外的景致。如果你的曝光时间很长，那么街道两边的树看上去都是模糊的——因为你在移动；如果你的曝光时间很短，那么画面中的树木会很清楚，看上去一动不动。因为曝光时间太短，还来不及变得模糊。

1999 年，哈勃就拍摄了这样一张月球的照片。天文学家很聪明，他们将哈勃调成“伏击模式”，将哈勃对准了他们算好的、月球将会经过的某个地点，然后等待月球进入哈勃的视野。月球一踏入“包围圈”，天文学家就拍了一张快速曝光的照片。拍摄结果非常清晰，他们获得了质量很高的月球照片，虽然没有我们从环月卫星探测器那里获得的照片质量更高。哈勃照片拍摄的主要目的是获得月球表面的光谱，以帮助天文学家了解所有太阳系行星的属性，这些照片算是一份附加的“额外奖励”。所以哈勃的确可以拍摄月球的照片，而且在 20 世纪的最后时刻，它也做到了。

讽刺的是，虽然有很多人觉得因为月球太亮了所以哈勃不能直接观察它，但实际上正因为月球如此明亮所以哈勃才能够观察它！正因为月球如此之亮，所以哈勃才能够拍摄曝光时间足够短的照片，得到的结果也足够干净清楚。

阴谋论者的狂欢

不幸的是，关于月球的传言永远不会消亡。有那么一小撮人就是喜欢阴谋论，就是觉得他们视线所到之处都有被掩盖起来的阴谋，哪怕有时候根本就没有什么好掩盖的。比如说有一个叫理查德·霍格兰的人，就是这样的人，他列了一个长长的单子，列举了各种 NASA 的“阴谋诡计”，其中大部分都和外星人有关。我觉得称霍格兰为外星狂人也不足为过。正是他主导主张把火星上的“人脸”[1]解读为外星人，还提出了其他一系列相关的声明。在个人主页上（http://www.enterprisemission.com），他写了一篇关于月亮和哈勃天文望远镜的文章，标题为“NASA 陷入另一个谎言”。

霍格兰引用了一位哈勃天文学家和哈勃照片专家的话，在主页上转述了一位 UFO 研究者向这位天文学家提出的问题：“哈勃有没有拍摄过月球的照片？”这位天文学家回答道：“没有，月球太亮了（即使是月之暗面），所以哈勃无法观测它。”

我认识这位天文学家，于是打电话向他询问这件事。我发誓，通过电话都能感受到他强烈的尴尬之情。他表示抱歉，说霍格兰引用的话的确是他亲口说的，犯了那样错误的他真想一掌拍死自己。他当时没怎么考虑清楚，所以就说了错话。不幸的是，被人家抓住了他的小辫子，霍格兰等人就可以“痛打落水狗”了。霍格兰声称，这个回答正好是 NASA 试图掩盖月球上有外星人的证据。但他文章标题中的“NASA 谎言”真是有点儿不太坦诚。谎言的本意是有意图的欺瞒，可是事实上人家只不过是犯了一个诚实的错误。另外，那位天文学家也不是 NASA 的员工。或许实事求是也不是霍格兰所擅长的事。

霍格兰声称，这正是 NASA 的又一个谎言，试图掩盖哈勃的确可以

[1] 塞东尼亚区是火星一个有许多小丘陵的区域。这个区域因为被发现有很像人脸和金字塔的丘陵而引起科学家和一般大众注意。塞东尼亚区位于火星北半球，火星南方陨击高原和北方大平原的交界处。部分行星科学家认为火星北方大平原古代可能是海洋，而塞东尼亚区可能是火星古代的海岸线。

观测月球的真相。根据霍格兰扭曲的逻辑，NASA 多年以来都声称月球的亮度超出了哈勃可观测的极限，防止地球上的天文学家发现月球上的外星人。如果这是真的，为什么 NASA 不彻底禁止所有一切对于月球的观测研究呢？这就是一个典型的阴谋论逻辑的例子，霍格兰视而不见与他自己的结论相悖的简单事实。

如果 NASA 真的有什么阴谋，所以才宣称月球太亮了因此不能用哈勃观测，那么 NASA 就太蠢了。因为事实上，哈勃观测更加明亮的地球是一种惯例，而且观测结果都是对公众公开的。从一位天文学家不小心说错的一句话出发，霍格兰认为，整个天文学界都在掩盖一个巨大的阴谋，天文学界中的每个人都会盲目地说一些与事实相违背的谎话。我和一些参与设计哈勃的工程师、使用过哈勃的天文学家都一起共事过，我可以向你们保证，这些勤奋工作、智慧聪明的人们无论对掩盖什么都一点儿兴趣也没有。

还有更好的证明。NASA 不但**没有**兴趣掩盖什么真相，反而拍摄和放送了大量哈勃摄月的照片。如同大多数怪咖一样，霍格兰可以在幻想的基础上搭建他的整个王国，宁可指责他人撒谎，也不愿意花一点点时间试着用逻辑思考。

反正，怪咖和阴谋论者还是会相信那些他们自己告诉自己的故事，反正他们一直都是这样做的，未来还会这样做下去。

善意铺就之路[1]

关于哈勃，我还有最后一个故事要讲。

或许，关于哈勃，我最喜欢的媒体谣言是来自《世界新闻周报》的、接近事实真相的故事。所有人都知道他们的文章或是恶搞或是笑话……然而真的是这样吗？这份报纸在杂货店铺的销量相当不错，我总是很好奇有多少人把他们刊登的内容当了真。《世界新闻周报》的标题总是声嘶力竭风格的："天使是真实存在的——它们正在造访你的浴室！"或者"新生婴儿半人半蝠震惊街坊邻里！"

1994 年 7 月 19 日，《世界新闻周报》刊登了一篇题为"第一批来自地狱的照片！"的文章，副标题为"窃听装置收听到来自黑洞的尖叫！"（他们的确很喜欢使用感叹号。）根据这篇文章报道，哈勃在观测一处黑洞的时候，发现了一个清楚的信号，信号中有人在尖声喊叫。很显然，这就是那些在地狱中受苦的灵魂因为受尽折磨而发出的嘶吼。

让我们暂且不管（永远也不要管）哈勃居然能收听声音——尤其是来自地狱的声音——这个愚蠢的想法，对我来说，这篇文章最棒的部分就是它附上了哈勃拍摄的超新星 1987a 的照片，这颗恒星在 1987 年爆炸成为超新星。我对这颗超新星研究了整整四年——分析哈勃的照片和光谱之类，最后取得了博士学位。有的时候，我工作到深夜，试图破译眼前的图片到底是什么，我会用脑袋猛撞电脑屏幕，试图让大脑中那些生锈松动的齿轮重新运转。我没有听到过什么来自地狱的尖叫，只听到过自己的尖叫。

[1] 标题节选自英文中的一句俗语："通往地狱之路，往往由善意铺就。"这句话并不难理解，比如核武器的发明，就是一小群人类科学家的善意，铺就的通往地狱之路。

所以，我最不需要的事情恐怕就是由《世界新闻周报》告诉我说，哈勃望远镜对超新星 1987a 拍摄的照片原来就是地狱之景。我可是写了整整一篇博士论文啊！

明星贩子：
傻瓜恒星命名法

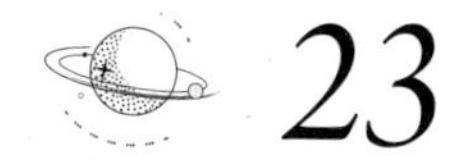

23

Star Hustlers:
Star Naming for Dummies

我上高中的时候，有一个朋友算得上是电影专家。任何我听说过的电影，他对所有细节都能如数家珍。导演啦，演员啦，配乐啦，道具啦——他对电影的认识堪称渊博极了。有一天晚上，我们俩在我家用空间望远镜看星星，我对他说："哥们儿，我们来看看天鹅座 β 吧。它是双星，超酷的。"我左右转动望远镜在夜空中寻找，大概一两分钟就锁定了它的身影。我的朋友凑近望远镜目镜，观赏了一会儿那漂亮的双星。直起身后，他望着天空感叹道："你到底是怎么找出这颗星的啊？你看这漫天都是星星啊！"

我瞥了他一眼，问道："《乱世忠魂》的导演是谁？"

他迅速答道："弗雷德·金尼曼。"然后他愣了一下，随即笑道："明白了。"

他当然明白我的意思。我知道天空中的这些恒星，因为我对它们很熟悉。阅读天空就好比阅读地图一样，只需要花上一段时间你就能熟稔于心。如果一部片子你看上好几遍，自然就会了解其中的人物；如果你对它足够感兴趣，自然就会知道其他大多数人都不知道的种种小细节。

数十年过去了，如今我可以把恒星指给女儿看，逗她开心。她想知道这些恒星的名字，我就会告诉她。她会跟着我重复一遍恒星的名字，但是注意力立刻就会转向下一颗恒星。她想知道它们**所有**恒星的名字。

这可真是一项艰巨的任务，要知道天空中最不缺的就是恒星。一位眼光锐利的观测者——如果观测环境足够良好的话——可以用肉眼看见好几千颗恒星。如果用上天文望远镜，哪怕是最初级的那种，能被观测到的恒星都可以达到数十万之多。为了保持正对目标，哈勃空间望远镜通常会使用含有上千万颗恒星的导向目录。如你所料，给这些恒星一一起名也是一件很有挑战性的工作。

但有人不这么觉得。有的公司向你贩卖命名恒星的权利——你可以用自己或者某位亲朋好友的名字。付款后，这款数目可能还不小，你会收到一张证书，证明天上有一颗恒星拥有你赋予它的名字。有些公司甚至还提供恒星的坐标和一张设计感十足的星象图，让你可以找到自己的恒星。这样的公司真是不少，绝大多数都有一个共同点，那就是他们强烈地暗示——有些公司甚至干脆直接地说出来——这颗恒星从此就由你正式命名了。恭喜你！

但是，那颗恒星**真的**就以你的名字命名了吗？如果你是这么想的，那我强烈建议你赶紧合上这本书，然后看看本书的标题是什么，大声读出来。一次不够就读两次。

很显然，答案是否定的。恒星的命名可不是这么随意的。世界上有一个叫作“国际天文学联合会”（IAU）的组织，负责给天体进行官方命名。“官方”指的是IAU的命名会被专业天文学家在科研过程中普遍使用。IAU命名天体有着一定的规则，对于小行星、卫星、彗星，甚至其他行星上的环形山都有独特的命名法。

恒星通常都有编录名称。总而言之，基本上你用初级天文望远镜能够在天空中看见的每一颗恒星都被官方命名了，或者更准确地说，被“指定称号”了。通常情况下，恒星的命名是根据它们在天空中的位置，有点儿像用经纬度命名海上无名小岛的意思。只有那些能够被肉眼见到的最亮的恒星，才可能有像名字的名字，比如牛郎星、织女星或者北极星之类的。

大多数恒星的命名使用希腊字母和它所在星座的名字，比如著名的半人马座 α（南门二），或者不太著名的南极座 σ（南极星）。在一个星座中，最亮的那颗恒星被称为 α（阿尔法，希腊字母表中第一个字母，第二亮的那颗恒星被称为 β（贝塔），以此类推。如此排列下来，希腊字母表很快就被用完了，所以接下来就用数字代替。17 世纪有一位天文学家叫作约翰·弗兰斯蒂德，编录了好几千颗恒星，其中大多数恒星至今还在使用他赋予的名字。另外 30 万颗更加暗淡的恒星被收录在德国的波恩星表中，波恩星表中的恒星用首字母 BD 加上代表其坐标的数字的方式来命名。亨利·德雷伯星表中收录了数千颗恒星，为了纪念这位在 19 世纪 70 年代，人类历史上首次使用光谱摄影这一新工具的先驱之一（他还第一次拍摄下了猎户座大星云的照片，就在我出生前 84 年整）。亨利·德雷伯星表中的恒星用首字母 HD 开头，随后是表示它们在天空中位置的数字。

大多数恒星的官方名称都是由一连串六个或者更多的晦涩难懂的命名符号构成的。只有非常稀少的一部分才是以人物命名的，比如范马南星、巴纳德星之类的。它们往往都是很特别的恒星，比如那些距离我们特别近的恒星，或者那些以不同寻常的超高速穿过银河系的恒星。这些恒星往往以发现它们的特殊之处的天文学家的名字命名。有一颗恒星例外，“查理之心”（猎犬座 α 、常陈一）——这颗恒星是以英王查理二世的心命名的，查理二世在 17 世纪曾经大力资助天文学的发展。

不是所有人都能有如此的幸运，让一颗恒星以你的名字命名是非常罕见的情况。

当然了，那些试图向你贩卖恒星的公司可不会让你这么想。你也可以在天空中永垂不朽……如果你相信他们的广告的话。有些广告内容的确很有意思，声称天文学家真的会使用你所选择的名字。作为一名天文学家，我告诉你一个秘密：我们才不会咧。很多天文学家都不怎么喜欢自己在用的那些字母混搭而成的名字，但是我们更不喜欢什么张三李四王五之类的名字，而且就算有哪家公司来电说有人享用了他们的“服务”，我们也不需要更改自己对于恒星的称呼。

最重要的事实是，不管这些公司声称得有多么天花乱坠，你赋予一颗恒星的名字也仅是如此而已：你给的名字。这个名字不会成为官方名称，对于科学界来说也毫无效力。

所以，讲真，如果你只是想送给朋友一份特别的礼物，而且喜欢装裱精美的证书，那么送恒星也没有什么不妥的。但是在那些公司的广告语中，大多数时候根本不会写你起的名字**不具备**官方效力。很多公司都会暗示你，让你相信你的命名就是官方的，绝少会纠正你的错误印象。

或许最著名的恒星命名公司要数“国际星辰注册”（ISR）了。他们号称是第一家贩卖恒星命名权的公司，好像这样说他们在这个行业中的地位就更稳固了似的。或许真是如此。公司网站称他们卖出了几十万颗恒星的命名权，每颗售价 50~100 美元，读者们可以自己算算他们赚了多少。这个公司绝对不会破产。

ISR 通过广播投放了大量的广告。他们曾经声称，你为恒星选择的名字会被载入一本保存在美国国会图书馆的书中，同时还会被印刷成册，存入一家瑞士银行的保险柜中。在某种意义上说，这段声明的前半部分是对的：任何申请了版权的印刷品，只要所有者登记过，都会被国会图书馆保存。ISR 可以为他们的星录申请版权，反正版权这种东西，只要你想，自己就能买。如果你的钱够多，也完全可以去瑞士开一个保险柜，再在里面存本书。这些做法不能影响到恒星的正式命名，不管广告里是怎么说的。

所以，不要总是相信你听到东西。纽约市消费者事务办公室肯定不相信。他们控诉 ISR 在纽约市违规投放欺诈性广告，罚款总数可达 3500 美元左右（对比这个公司的收入，这点小钱不过是毛毛雨）。国会图书馆也对 ISR 施压，好让他们在广告中不再提到国会图书馆，证据显示 ISR 服软了，他们后来的广告中再没有提到国会图书馆。

天文学界也有话要说。读者们或许觉得，天文学家是不大在乎这种卖恒星的闹剧的，反正对他们也没有什么直接影响。不幸的是，它们有影响，而且影响情绪。看看这个例子：俄亥俄卫斯理大学珀金斯天文台的副总监罗伯特·马迪诺指出，有很多人会为过世的亲朋好友购买恒星的命名权。他个人在不同时间段接待了至少四批人，这些人都声称想要看一看那颗以他们故去的亲朋好友命名的恒星。一位天文学家要怎么告诉痛失亲朋的人这颗恒星其实不叫这个名字呢？绝大多数天文学家不会这样做，他们只是调整好望远镜朝向，把愤怒之情咽回肚子里。

然而，终于有一天马迪诺实在忍无可忍了。他要接待的悲痛家庭实在太多了，所以他在珀金斯天文台的网站上加入了一个措辞严厉的揭露恒星命名骗局的网页。2000 年，ISR 报复了他。

根据马迪诺所说，ISR 对天文台施加了大量的法律压力，而天文台又没有那么多钱和 ISR 对着干。马迪诺不得不撤下了他的网页，虽然他很不情愿这样做。马迪诺说网页内容都是真实无误的，只是不中听罢了。

马迪诺同时还说到，他的网页从头到尾都没有直接提到过 ISR 的名字。然而他的网页底部有一个有关纽约市的那个案子的网址链接，其中倒是提到了 ISR。马迪诺认为，很显然对于 ISR 来说这还是太过分了，所以 ISR

再一次致函大学，警告他们天文台网站上**根本**就不应该谈及恒星命名。情况很快发展成了美国宪法第一修正案[1]相关。马迪诺感觉“此案中消费者利益的维护者被噤声”。据马迪诺所说，在这件事发生之后，一些也在自己的网页上提及恒星命名公司的天文学家纷纷编辑了自己的网页，明显突出地提到第一修正案。一些网站甚至增加了宪法全文的超链接。

然而，事情还没有结束。马迪诺虽然被迫撤下了他的网页，但内心依然十分愤怒。他开始在互联网上明确阐述自己的观点，发送了很多邮件，在各种论坛上发言。马迪诺说，这个时候 ISR 又一次致函他所在的大学，坚持要求马迪诺本人停止谈论 ISR，他们声称做出批评时马迪诺代表大学。马迪诺表示 ISR 所言“毫无根据”，他所有的网络评论都是用业余时间做的，使用的是私人网络账户，通过私人网络供应商发布，供职的学校跟这件事一点儿关系也没有。然而，俄亥俄卫斯理大学还是寄给了马迪诺一封信，清楚地表示他最好不要再在网上谈论 ISR。马迪诺之后把所有关于恒星命名的内容转移到了他的私人网页上，并开发了一个关于“恒星购买指南”的网站（http://members.efn.org/~jcc/starfaq.html）。

不过，马迪诺的确还是获得了一点点满足感。他的新恒星命名网站点击率很高，比 ISR 致函他之前高多了。显然这件事情也唤醒了其他天文学家的注意，他们也纷纷帮助宣传马迪诺的网页。

再提一点，马迪诺有一个女儿，名叫塞莱斯特[2]：她的名字来自于恒星，而不是反过来。

[1] 美国宪法第一修正案（简称：第一修正案）禁止美国国会制定任何法律以确立国教；妨碍宗教信仰自由；剥夺言论自由；侵犯新闻自由与集会自由；干扰或禁止向政府请愿的权利。该修正案于 1791 年 12 月 15 日获得通过，是美国权利法案中的一部分。

[2] Celeste，和表示天体的 Celestial 来自同一个词根。

至于 ISR，他们一定很清楚，很多人购买恒星命名权是为了纪念。他们和英国“癌症研究运动”组织有合作关系，后者是一家为癌症研究筹集资金的公司。为逝者，特别是家人，做一些有纪念意义的事情当然是可以理解的。然而，将用来“买恒星”的钱直接捐赠给慈善机构或许更好，如果这是一个目的会引起你强烈共鸣的慈善机构，那就更好了。

顺便说一下，在过去的几个星期里，我曾经三次在不同的时间试图打电话给 ISR，想要得知他们对这一事件的看法，甚至还给他们写了一封纸质信。我还试图联系卫斯理大学，想听听他们视角的故事。然而，到目前为止，我还没有收到来自两者的任何回复。

或许，ISR 最应该说的一句话是“一经售出概不负责”。如果能够确保消费者在消费前清楚了解公司提供的恒星命名服务完全不具备官方效力，那或许公司的做法也不算卑鄙。然而，根据我从在天文馆和天文台工作的天文学家那里听来的内容，绝大多数访客在要求看一看“他们的”恒星时不知道贩卖恒星命名权的公司根本不具官方资质。就像纽约市发现的那样，这类公司的广告都具有欺骗性。

很讽刺的是，ISR 的天文学知识实在是让人不敢恭维。ISR 的澳大利亚 – 新西兰分部办公室有自己的网页（http://www.starregistry.com.au），消费者可以在网上“订购”恒星命名权，并了解更多关于 ISR 的信息。网页上有一个“常见问题”版块，其中有这么一个问题[1]：

问：如果我的恒星从天上掉下来了，该如何处理？

答：如果此事真的发生，且被我司获悉，我司一定会赋予一颗新的恒星同样的名字，全部费用由我司承担。

通常情况下，所谓的“常见问题”都是真正有人问出过的问题，只不过行文略有差异，而且如果有人真的问了这个问题，我也不会很吃惊。但是作为一家贩卖恒星命名权又对天文学诸多方面提供解释的公司，真的应该搞搞清楚恒星和流星的区别。流星和恒星真的一分钱关系都没有（关于流星更多内容请参见第 15 章）。如果天上真的有颗恒星掉下来，那我们的麻烦可就大了，根本顾不上再找一颗新的恒星取名。

这个网站还声称，肉眼在天空中能够看见的恒星有 2873 颗；实际上，肉眼能看到的恒星差不多有 1 万颗左右（取决于天空状况）。ISR 的这个数字不但过小，还过于精确。他们怎么知道不是 2872 颗或者 2880 颗？使用过于精确的数字，在我看来不过又是一种“假装很科学”的伎俩罢了。如果 ISR 连目视天文学最基本的属性都搞不明白，你还真的想从他们那里买恒星吗？

---

[1] 本书写于 2002 年。15 年过去了，在这个网页上的“常见问题”板块中，已经没有这个问题了，在这个板块中，ISR 澳洲分部明确地指出了他们的行星命名只有纪念意义，没有科学意义。无独有偶，本书中提到的很多故事都“过时”了，很多的网页已经不存在，但译者觉得本书还是有意义的，因为我们能看到经过正直的人们孜孜不倦的努力，错误可以被纠正，真相最终会取得胜利。故事或许会过时，但科学的精神永远与时俱进。

图中所示“菲利普·加里·普莱星”——官方命名为BD+48°683，在这一片包含几千颗恒星的茫茫星海中看上去不是很显眼。这张图大约涵盖了1°的天区，差不多是满月在空中大小的两倍。图片版权所有（1995—2000）天文研究大学协会。这张数字巡天图由空间望远镜科学研究所绘制，政府拨款编号NAG W-2166（这些测绘的影像来源为帕洛玛山上的奥辛施密特望远镜以及英国施密特望远镜的摄影资料。经由上述组织的同意，原图经压缩处理为数字图像形式）

或许，在说了这么多之后，我必须要坦白交代。我承认我也有一颗“自己的”恒星。很多年以前，我的哥哥从ISR买了一颗恒星送给我作为生日礼物。那颗恒星——“菲利普·加里·普莱星”——位于仙女座，亮度差不多是肉眼最低可见亮度的一百分之一。

我的那张原始证明在很多年前就丢了，出于好奇，我打电话给 ISR，想问问他们是否能够告诉我这颗恒星在什么地方。这问题出乎他们的意料，据他们讲，这颗恒星是他们公司刚开张那一年卖出去的第一批恒星之一，这事颇有些讽刺，不过他们给我提供了它的坐标。他们给出的数据不是很精确，但我还是在一张电子星象图上找到了它，正如上页图中所示。

你能找到“我的”恒星吗？就是这幅图正中心的那一颗。读者们可以看到，图中有好多其他恒星，其中还包括好多比“我的”恒星更亮的恒星。顺便说一下，所有这些恒星都不能够通过肉眼被观测到。问题在于，“我的”恒星有自己的名字了——BD+48° 683。早在 130 年前，这个称呼就被编入波恩星表当中，而这颗星球上几乎所有的天文学家也都这么称呼它。说到底，我觉得还是天文学家对命名恒星更有优势。

所以，如果你真的想要买一颗恒星，我强烈建议你不要丢钱给这些公司。你应该去买一个优质的制图软件，然后制作一份自己的恒星命名证书，就随便选一颗恒星，哪怕是夜空中最亮的星也成，你做的证书就和这些公司卖给你的证书一样“正式”。

我还有一个甚至更好的主意。大多数天文馆和天文台都穷得叮当响。你可以用“买恒星”的钱资助其教育项目。这样的话，你将获得的就不只是一颗以你名字“命名”的之前从未见过的恒星，而可以给成千上万的人们提供看见天空中**所有**恒星的机会。

请记住——恒星是所有人的恒星，而且是免费的。为什么不去你本地的天文台亲自看一看它们呢？

坏天文学勇闯好莱坞：大片中的坏天文学前十排行榜

24

Bad Astronomy Goes Hollywood:
The Top-Ten Examples of Bad Astronomy in Major Motion Pictures

嗖 ~~~ **主角**的宇宙飞船从一片密集的小行星群中呼啸而出，飞船猛然向左倾斜转弯，躲开了来自**强敌**的激光束，敌人从遥远的星系而来，为的是盗取地球上所有宝贵的水资源。**强敌**试图挣脱地球的引力，却像是琥珀中的苍蝇一样受困。点点星光飞驰而过，**主角**锁定了敌人并且开火！一只巨大的光球突然出现，伴随的是随着**强敌**飞船的爆炸产生的扩张速度更快的残骸环。欢呼的**主角**在满月面前从容掠过，太阳就在月球身后不远处。

上百部“换汤不换药”的科幻电影，只要我们看过其中任何一部，就见过这样的场景。它看上去颇为激动人心。但是这样的场景错在哪儿了？

事实上，哪儿都是错。

有很多的科幻电影都是很优秀的虚构作品，但是在科学上却根本**站不住脚**。大多数作者不惜为营造紧张刺激的情节牺牲准确性，通常情况下，天文学就是第一个惨遭牺牲的领域。你有多少次一边观赏这些科幻电影，一边对其中对天文学的刻画摇头？年少的我花了大量的时间坐在电视机前看那些不靠谱的科幻电影，虽然它们的确帮助我萌发了对科学的兴趣，但也在我的脑海中塞了一堆没用的错误信息。所以在此我谨代表全世界所有的天文学家汇编了一个“影视中坏天文学事例前十名”的清单。有些例子是某作品中特有的，而其他的则是我从几百部在深夜或者周六早上看过的电影中归纳出来的。所有的结果汇总到一起，就成了本章开篇写到的场景。

让我们对这个场景细细分析，看看到底是哪里不对。去做点儿爆米花，舒服地靠坐在椅子上，捧一大杯可乐，欣赏这部坏天文学作品吧。但是请注意！为了体谅其他观众，请尽量不要制造噪音。说起噪音……

1. 嗖 ~~~ 主角的宇宙飞船呼啸而出……

这个嘛，正如俗话所说，“在太空中，没有人能听见你尖叫。”声音与光不同，需要介质才能传播。我们听见的声音事实上是物质——通常是空气——压缩和扩张的声音，声波就是在这一物质中传递的。然而，在太空中并没有空气，所以声音无法传播。

但我们所生活的这个星球包含大量的空气，于是也习惯了身边掠过的物体发出声音一事。汽车、火车、棒球在掠过我们的时候，都在空气中穿过。如果我们看见某个东西移动速度又快又无声无息，就会觉得很奇怪。安德烈·波曼尼斯是电视剧《星际迷航》的编剧和科学顾问，证实了我若干年前听到的一则传闻：《星际迷航》系列的作者吉恩·罗登贝里最初希望“企业”号能够在太空中悄无声息地行进。然而，来自电视台的高层却给他施加压力，强迫他加入我们熟悉的隆隆引擎声，并且在“企业”号飞过人们眼前的时候，还要“嗖 ~~~”的一下。在《星际迷航》的后面几季中，他撤掉了隆隆的引擎声。但是片头的“嗖~~~”还是被保留了下来，或许是因为改换片头要花的钱太多（我猜的）。大概即使在200年后的未来，星际旅行的预算也还是很紧张。

在一种特殊的情况下，声音**是可以**在太空中传播的，那就是当声波穿越一片星际气云的时候。虽然星云看上去又厚实又稠密，就好像真的云一样，但是一片普通的星云其实并不比真空密度大多少。在广袤的星云中，原子和原子之间的距离非常远，但是哪怕每立方厘米中只有几个原子，它们的数量在数兆千米厚的星云里也很可观。星云中的原子的确能够彼此撞击，允许声音在星云中传播。

然而，大多数情况下，这些星云中产生“声音”的过程相当猛烈，比如两团星云撞在一起，又或者一阵来自附近恒星的风以每秒数千米的速度吹来并迅速地挤压气云团。这些过程发生的时候，星云中的气体通常会受到快速挤压，星云根本来不及反应，气云团中的原子一般会以其身处环境中的声速彼此“联络”。如果某个原子正好好地待在自己的位置上，突然另外一颗原子以超音速向它冲来，猝不及防地击中它。第一个原子字面意义上受到了“冲击”：它根本没预料到有东西会来。这种现象大规模发生的时候，就被称为**冲击波**。

在星云中，冲击波很常见。它们压缩气体，使后者变成漂亮的一片片或一条条，数百光年之外的我们可以安全地待在温暖舒适的地球上遥望它们，发出“哇”和“棒呆了”之类的惊叹声。我猜，猎户座星云附近的房价一定非常可观。景色在那里无与伦比的壮观，如果你的位置选得够好，就听不见那些被横扫的原子发出的瘆人的沙沙声。

2.……穿越一片密集的小行星群……

你有没有听说过“小行星群”这种说法？更准确地说应该是“小行星真空”。在我们的太阳系中，大多数小行星都分布在火星和木星中间的区域。这个区域位于火星和木星的运行轨道之间，大概有 1 万兆（10^{18}）平方千米。这可真是好大一片空间哪！天文学家丹・德达曾经这样说过：想象一个太阳系的比例模型，其中太阳是一颗巨大的沙滩排球，直径 1 米。地球就在距离太阳大约 100 米（差不多是一个橄榄球场的长度）的地方，是一颗直径 1 厘米的小弹球。火星就会是距离太阳大约 150 米的一粒豌豆，而木星会像一个垒球那么大，在距离太阳大约 500 米的地方。

如果你搜集起小行星带上所有的小行星，然后把它们团成一个球，在我们的比例模型中，它们**整体的**体积也不过是一粒沙子那么大。现在想象把这粒沙子砸碎成数百万粒，然后将它们均匀地撒在模型中火星与木星之间数十万平方米的范围内。发现问题所在了吗？你可能在小行星带中乱转上一个月也见不到一颗小行星，更别说两颗了。

在电影《星球大战 V：帝国反击战》中，走私者汉・索洛不得不小心翼翼地驾驶着他的飞船穿越一片小行星群，免得被帝国飞船碾得渣都不剩。那些小行星还挺大，衬得“千年隼”身材娇小。让我们假设那片小行星群中的个体平均直径有 100 米那么大，小行星彼此之间的平均距离为 1 千米——我们的假设是很大方的！带入这些小行星的平均密度（每立方厘米几克），可得每个小行星的平均重量就在 1 兆克左右，或者说约 100 万吨。这就意味着，整个小行星群——如果它的面积和我们太阳系的小行星带面积一样大，所具有的质量为 10^{30} 克。这个质量是我们太阳系小行星带质量的 100 万倍，等于太阳系所有行星质量之和。这可真是一大群小行星啊，难怪汉·索洛能够让他的“千年隼”藏身在其中！

在其他的类太阳系星系中，可能有比我们太阳系小行星带更大的小行星带。我们人类才刚刚开始探索其他星系中的行星，这些太阳系外星系和我们太阳系有很大的不同。关于宇宙多样性的研究计划，我们才刚刚起步。目前我们的技术还不够先进，不能知晓其他星系中的小行星带是什么样子，或者它们到底**有没有**小行星带。然而，还是有很多科幻电影展现了非常密集的小行星“风暴”，只为了推进剧情（初版《迷失太空》电视剧中一颗小行星让“木星二号”飞船偏离航线，《星际迷航》中一颗小行星摧毁了一艘战舰，好让柯克舰长和他的全体船员们前去营救）。太阳系之外到底会有多少小行星？我猜我们只好等着瞧了。

3.……飞船猛然向左倾斜转弯……

我们再一次遇到了缺少空气的问题，我们这些不可救药的人类总习惯于设想飞机转弯时会倾斜。倾斜飞机的两翼会使得飞机的驱动力改为朝向侧面，机身从而转向。但是请注意到底是什么在起到推动飞机的作用：空气。我还用再多说吗？宇宙中是没有空气的。

为了在宇宙中转向某个方向，你需要向相反的方向点燃火箭发动机。想要向左舷方向逃跑？右舷需要向前的推力。事实上，倾斜只会让情况变得更糟：对于正在追击你的敌人来说，倾斜的舰体会成为更大的目标。保持机翼水平意味着可以被瞄准的舰体部位更少。说到机翼，为什么许多电影里的宇宙飞船都有机翼？

公平起见，我得说，太空中的倾斜的确有一个好处。当一辆汽车左转的时候，车上的乘客会感受到一个向右的力。这种力被称为向心力，在宇宙飞船上，**向心力**也会起作用。美国空军做过大量的实验，结果证明人类的身体对于剧烈加速承受能力很差。坐在机舱中的飞行员在快速向上方加速的时候，血液会迅速地流出他的大脑，令他不省人事。如果他向下加速，血液则会涌入他的大脑，这种滋味也不好受。对于人体来说，朝向正后方的力最好承受，这个力推着飞行员往座椅靠背上靠。因此，如果一位飞行员在驾驶宇宙飞船转弯的时候倾斜船体，向心力就会是朝向正后方的，让飞行员更紧地靠在驾驶座位的靠背上。在太空大战的时候大脑失血晕倒可不是什么好事情，所以或许在太空中转弯时需要倾斜舰体还是有一定道理的。

还有一件事：如果飞船本身装配有人造重力系统，那么计算机应该能够考虑到向心力的存在，并且抵消它。所以如果你看的科幻电影中主角在飞船中受到重力的作用，却仍在转弯时倾斜船身，那你就可以判断出自己又目睹了一个坏天文学的例子。

4.……躲开了来自强敌的激光束……

如果编剧连**声速**的问题都弄不明白，那读者们可以想象一下他们写**光速**相关内容时会多苦恼。或许你听过这样的措辞："每秒 300 000 千米：不光是一个好主意，还是一条铁律！"这样说的人们没有在开玩笑。根据如今我们掌握的所有物理学知识，没有什么能够比光速更快。我也承认，也许有一天我们能找到超越这个极限的方法。没有什么人比天文学家更想做到这一点了：我们愿放弃最丰厚的拨款，换来爬上宇宙飞船，在银河系中极速徜徉的机会。到那时我们能够亲眼近距离看到行星状星云，或者亲眼见到两颗疯狂旋转的中子星因为相互的引力作用逐渐以符合爱因斯坦理论的方式合二为一：我们就是为了这些才选择成为天文学家的！然而眼下我们还不知道怎么才能突破光速旅行，甚至连突破光速传递信息都无法做到。

问题就在此。激光束就是以光速前行的，所以你根本不可能事先察觉到有激光向你射来。还不只是这样：在太空中，你根本无法看见激光。所谓激光，就是一小束密度极高、很集中的光束，这就意味着激光束中的所有光子都是朝着同一个方向前进的。它们一往直前，不会跑向两侧，所以你根本看不见光束。这就好比在无杂质的空气中使用手电筒：你根本看不见光束，只在光束照射在墙上时才能看见光斑。如果你能够看见光束，那就说明有空气中的小颗粒，比如粉尘啊，雾霾啊，或者小水滴把光束中的光子散射得转了方向。在电视里演示激光的时候你往往能够看见光束，是因为演示激光的人在空气中添加了一些东西来散射激光。我做演示时最喜欢用的粉尘一直是粉笔灰，因为我总爱拿两个黑板擦相互拍。不管怎么说，如果宇宙飞船中的你正经历一场激光战，根本不会看到来自敌人的射击，直到激光射中了你。噗！你就在太空中汽化了（具有讽刺意味的是，如果下一束激光袭来，那就可以被看见了，因为你的飞船爆炸产生的粉尘正可以散射激光束中的光子）。很抱歉，但是躲避激光就好比躲避交税一样。你尽可以试，但是最后还是会被逮到。而国税局有时候可比激光束还要可怕……

5.……从遥远的星系而来……

哪怕是光那令人惊异的速度，对于恒星之间的距离来说也显得微不足道。距离地球最近的恒星也都在几光年开外的地方，天空中你用肉眼能够看到的恒星最远可能距离你几百甚至成千上万光年。我们的银河系是一个大到超乎想象的巨大圆轮，包含成千上万亿颗恒星，直径超过 10 万光年——

——然而 10 万光年和银河系距离仙女座星系——距离我们最近的和银河系同为螺旋结构的星系——的距离比起来，简直不值一提。天文学家称仙女座星系为 M31，它距离银河系有将近 300 万光年。你现在看到的来自 M31 的光芒刚离开 M31 的时候，地球上最聪明的生物还是阿法南方古猿。而 M31 是距离我们**最近的**螺旋星系。你用初级天文望远镜能够观测到的大部分星系都在 1000 万光年开外，甚至更远。

好了，现在你有没有觉得外星人从遥远的星系来到地球这件事看上去有点儿荒诞呢？毕竟，这中间的距离真的挺远，而在他们自己的星系里就有很多很多恒星可以让他们烧杀抢掠。科幻电影的编剧总是搞不太清楚“星系”“宇宙”和“恒星”之间的区别。1997 年，NBC 制作了一部专供在电视上播放的电影《入侵》，就用外星人穿越了“超过 160 万千米”的距离来到地球作为宣传。宣传写手希望让这个数字听上去很大，这颇为讽刺，想想看：月球与地球的距离不过 40 万千米，距离地球最近的行星在 400 万千米开外。距离太阳最近的恒星半人马座 α，距离我们有 42 个百万个**百万**千米那么远。听上去，电视编剧真的分外低估了外星人飞船的燃料箱容量啊。

6.……为的是盗取地球上所有宝贵的水资源……

这一条是我个人的最爱。这个题材被 20 世纪 80 年代的一部电视电影《胜利大决战》[1] 使用过，其他数不胜数的山寨科幻小说中也用过。这个题

[1] 又译《V》。

材可能最早来源于19世纪末期，彼时天文学家帕西瓦尔·罗威尔以为他在火星上看见了运河，然后下结论说火星正在干涸。很显然，火星上的先进文明试图通过灌溉的方式自救。不幸的是，他的“发现”是他的人类大脑出于本能对火星上暗淡不明显的斑纹想象加工而成的产物。火星上是没有运河的。

从表面上看，外星人想要掠夺我们的水资源还是挺合理的：我们的地球上毕竟有这么多水呢。我们的星球四分之三的面积都被水覆盖！那些我们假想出来的外星敌人极度缺水的时候会怎么做呢？在他们眨着嫉妒的眼睛，舔着干渴的舌头（或者他们嘴里的其他什么器官，如果他们**真的有**嘴的话）端详我们这颗蔚蓝色的星球之后，是否会千里迢迢地来到位于太阳系腹地的地球，耗费巨大的能量以突破来自地球和太阳的重重引力来到地球再离开，就为把地球上的水资源以极为不便的液态形式全部打包带走？

根本不可能。在太阳系中，水资源**到处都是**。太阳系中每颗地外行星的卫星之上，都含有可观的固态水。土星环基本上就是固态水构成的。如果这些水资源还不够，在浩瀚冰冷的奥尔特云中还漂浮有数兆块固态水，这个太阳系的彗星起源地的直径将近1光年。如果外星人能够从这些距太阳的高温和巨大引力足有1兆千米远的彗星当中获得足够的冰资源，为什么还要费这么大劲飞到地球来？再说，比起液态水，冰可是很便于运输的。固态水的体积是比液态水大了那么一点点，但是你不需要容器来装它。你可以把冰块凿成任何想要的形状，然后把它绑在飞船的外侧，这样就可以了。

当然了，在《胜利大决战》中，外星人并不光来地球窃取水资源，还来吃我们人类。这样的话，他们来到地球**还是**很说得通的。咱们不走运。然而，如果我是一个饿极了的外星人，就是想吃人类的肉，我会寻获一些人类细胞，克隆它们到我心（或者随便什么器官）满意足的量。明明在家里克隆食物更容易一些，为什么要飞上好几百光年出外就餐呢？

7. 强敌试图挣脱地球的引力，却像是琥珀中的苍蝇一样受困。

你见过多少次“挣脱地球的引力”这样的措辞？严格意义上来讲，这是根本不可能的。根据爱因斯坦的理论，地球的质量会扭曲空间，你距离地球越远，空间扭曲的程度就越小。我们感受到的这种空间扭曲就是万有引力（重力）。但即使是爱因斯坦也认同牛顿定律，即你所感受的万有引力和你与该物体的距离的平方成反比，适用于绝大多数情况。所以，如果你此刻与地球的距离是原有距离的两倍，那么你感受到的引力也就变成原来的四分之一。如果你与地球的距离变成原有距离的10倍，那你感受到的引力就变成了原来的百分之一。你会发现随着距离的增加，引力减小得很快，但是却**不会**彻底消失。换句话说，哪怕跑到了与地球距离10亿倍远的地方，你还是会感到一些（极其微小的）地球引力。万有引力从来不会消失，如果忘了这一点，那你就要倒大霉了。反正蹒跚学步的孩童是很快就明白了这一点的。

既然万有引力是始终存在的，你就不可能在某一时刻自由漂浮，而下一刻突然感觉到一阵极强的吸引力。作用于你的万有引力是在你接近某物的时候逐渐增加的。在《星际迷航》中，“企业”号在接近某颗星球时会因为被对方的引力“吸住”而突然倾斜，使得倒霉的舰员因惯性飞出各自的座位。幸运的是，真实的宇宙中情况并非如此。

按理讲，在这情况出现了两三次后，“企业”号上的那个工程师就该给座位装上安全带了才对。

8. 点点星光飞驰而过……

对于外太空“房地产”而言，最重要的不是位置，而是大小。行星彼此之间的距离已经算挺远，但是恒星彼此之间的距离非常、非常、**非常**远。距离地球最近的恒星（除了太阳之外）在大约 40 兆千米开外，甚至遥远的冥王星与我们的距离也不过是比邻星与我们距离的八千分之一。你可以在太阳系中随便找地方朝天上看，对于肉眼来说，恒星的位置看上去根本毫无变化。无论在太阳系中哪颗行星上看，星座的形状看起来都是一成不变的。

不过，如果跑去了冥王星之类的地方，空中恒星的位置实际上**会出现**可观测到的微小变化。欧洲太空总署发射的依巴谷卫星就是特别为了测量在它环绕地球运行的过程中，从它的视角观测到的恒星在天空中的位置变化的。通过精确测量恒星的位置变化，就能够确定太阳系附近的恒星距离我们有多远。依巴谷卫星颠覆了我们对宇宙大小的认知，因为它发现了某些恒星与我们之间的距离比我们之前想象的还要远 10%。当然了，这一发现的负面影响是想来地球的外星人需要穿过的距离更长了。

我有一次就被人给耍了，那人问我距离地球最近的恒星是哪颗，“比邻星呀！”我回答，但很显然，正确的答案应该是太阳。在电影《星际迷航 IV：抢救未来》中，“企业”号和它的舰员需要在太阳附近跃迁以回到过去。在这个场景中，有两个问题。其一是，“企业”号飞向太阳时，观众事实上能看到恒星在他们身边掠过；这是不可能的。其二是，在以光速前进的情况下，到太阳不过也就是 8 分钟的路程。在 9 级跃迁的情况下，“企业”号用不到 1 秒就掠过太阳了。这样的话，这个场景的时长可就会相当短啦。

9.……主角锁定了敌人并且开火！一只巨大的光球突然出现，伴随的是随着强敌飞船的爆炸产生的扩张速度更快的残骸环。

太空中的爆炸不太好设想。因为我们习惯了地球的生活，所以总是觉得伴随着爆炸应该有一朵由于空气过热而产生的迅速升腾而起的蘑菇云，同时还有一道由于冲击波传递而产生的向外扩张的压缩空气环。

又说回太空中没有空气了。在太空的真空环境中，不存在空气可以被挤压。大多数科幻电影中标志性的、由爆炸产生的光球只不过是为了让观众感觉“宾至如归”而已。爆炸的残骸本身则扩散得要更慢一些，碎片残渣会朝着各个方向飞去。因为太空中是没有“上”和“下”的概念的，所以爆炸的扩张是呈球状的。爆炸残骸无疑会非常热，在旁观者看来可能会像是有些向外扩张的火花，但也就仅此而已了。

当然，如果在爆炸的同时还有更炫目的场面发生，那就显得更加戏剧性了。迅速扩张的光球看上去的确很酷，尽管不符合现实。但是，在某些时候，这样的场景也是有一定合理性的。在电影《威震太阳神》中，木星被先进的外星机器手段压缩，直到它的密度大到足以在核心部分产生核聚变。于是木星的核心部分燃烧起来，使得一道强烈的冲击波穿过其外部大气层。在这种情况下，我们是可以看到一个正在扩张的光球的。这场景比较准确，看着也有趣。

近年来的科幻电影中，还加入了一个特效，就是爆炸中会产生一个向外扩张的残骸环。电影《星际迷航 VI：未来之城》开创了这一先河，当克林贡星的卫星普拉西斯星爆炸的时候，就是这样的情景。我个人认为这个爆炸环可谓是最戏剧性的特效，但同时也不能直接否定这个场景。在地球上，我们在大型爆炸中见到的扩张环的形状是由地面的存在导致的。你可以设想有一部分爆炸作用力想要垂直向下，但是被坚实的地表挡住了路，只好转向到两侧。在太空中，你看不到这样的环，只能看到一个球体。但《星际迷航 VI：未来之城》中的爆炸并不是一次单纯的爆炸，很有可能这次爆炸的效果被该卫星地面的形状扭曲了。一个扁平的环状爆破的出现概率不高，但也不是绝对不可能。

在 1997 年发行的特别版《星球大战 IV：新希望》中，死星最后爆炸了（希望我没有剧透），爆炸的效果也是环状的。再一次地，我得为这个形状做辩护：爆炸和电流一样，总会寻找阻力最小的路径。读者们还记得吗，死星的赤道上是有一道环形沟渠的。从死星内部扩散的爆炸一碰到这道沟渠，就会突然发现所有的扩张阻力都不复存在。嘭！环状爆炸产生了。

在现实的天文学中，我们也能见到扩张的环，超新星 1987a 周围的环就是最好的例子。在这颗恒星爆炸之前，这道环就存在了几千年。它由扩张的气体组成，这些气体受到星体周围已经存在的气体塑形，成为环状。虽然严格地说这道环并不是由于爆炸导致的，但它也证明了有的时候艺术来源于自然。

10. 欢呼的主角在满月面前从容掠过，太阳就在月球身后不远。

月相的变化似乎总是让电影制作者搞不懂。月相变化只不过是简单几何学的结果：月球是一个球体，并且反射太阳光。如果太阳在我们身后，那么我们就能看见月球面对我们的整个半球都被照亮了，就称其为满月。如果太阳跑到了月球的另一侧，我们就只能看见一个黑色的半球，我们就称其为新月；如果太阳、月球、地球呈 90° 角，我们能看见月球的半个半球被照亮了，就称其为半满月或者上弦月，彼时月相周期刚好过了四分之一。关于月相周期的更多细节，我们已经在第 6 章中讲过了。

举个例子，在 1976 年英国的电视剧《太空：1999》中，由于一次奇怪的爆炸，月球被炸出了围绕地球的运行轨道（这件事本身就算得上是坏天文学了，不过在后来的剧集中编剧解释说月亮移位受到外星人的影响）。在剧中，我们总会见到在深空中游荡的月亮以几乎满月的形象出现。可是照亮月亮的光是从哪儿来的？深空中自然是没有光源的，在这种情况下漆黑一坨的月亮看上去蛮无聊。

更糟糕的是，在很多电影和儿童读物当中，有时候月牙尖尖的两头中间还有一颗恒星。这就意味着在地球和月亮之间凭空多了一颗恒星！你最好赶紧涂防晒霜吧！

上文中虚构的电影场景中有些离谱到可怕的坏天文学例子，而我们甚至还没有说到黑洞、恒星起源，以及星云真正的样子。那么，哪部电影中有好天文学呢？任何一位天文学家都会迅速回答：《2001 太空漫游》。比如说，在这部电影中宇宙飞船在太空中行进时没有声音（不过，在他们后来制作续集《威震太阳神》的时候，显然又把这一点给忘了）。还有很多数不胜数的其他例子。一位天文学家有一次对我说，这部影片中的唯一一处错误，就是一个人物在搭乘泛美航空公司的太空梭前往月球的途中进餐时，他用吸管喝饮料后吸管中的液体自动落回了杯中。既然太空梭上没有重力存在，吸管中的液体应该始终保持原样才对。这种挑刺简直到了吹毛求疵的地步，我想我们可以原谅电影导演。

令人吃惊的是，电视动画《辛普森一家》中的天文学往往都是正确的。在某一集中，地球面临被彗星撞击的威胁。这颗彗星是被一位非专业天文爱好者发现的（我们的反英雄调皮鬼巴特）。在现实中，大部分彗星的确是由天文爱好者发现的，而不是职业天文学家。于是巴特打电话给天文台确定这颗彗星的存在，这也是正确的程序（巴特甚至还用正确的术语给出了这颗彗星的坐标）。这颗彗星进入地球大气层后，被辛普森一家所在的过度发展的城市上空笼罩的烟雾解体。这一部分当然可以算是喜剧效果，但是之后的场景却不同寻常：穿过浓浓污染的彗星残骸最后只剩下“吉娃娃的头”那么大，到地面后，巴特直接把它捡起来放进了口袋里。正如我们在第 15 章中所讲过的那样，与普遍大众的想法相反，绝大多数小型陨石在撞击地面的时候不会热得发烫。陨石（或者陨铁）最初穿越上层大气层时运动速度非常快，这一过程中产生的热会融化它的外层部分，但是摩擦力使得它的运动速度很快就慢下来了。被融化的部分在空中被吹掉了，剩下的部分在撞击地球之后，顶多也就是温热的程度。在这一集的《辛普森一家》中，创作者暗示这块彗核是有点儿热但是不至于热到拿不起来的程度。对我来说这可是相当准确的描绘。

1998 年 4 月，当本章的初始版本刊登于《天文学》杂志上之后，我收到了一封来自一位小姑娘的来信，她指责我毁掉了她所有观看科幻电影的乐趣。我还时不时地收到一些发给我网站的电邮，我在网站上点评了一些科幻电影，比如《世界末日》《天地大冲撞》《超时空接触》，等等，这些人告诉我“别把生命浪费在挑刺上”或者“学一学如何把电影当作电影欣赏”。另一方面，我还收到表示同意我的看法的邮件，它们的数量是抱怨邮件数量的 100 倍。然而，反对者说的是有道理的。我真的讨厌好莱坞的电影吗？

即便有《世界末日》这片子存在，我仍然不讨厌好莱坞电影。我热爱科幻！我仍然会去看每一部新上映的科幻电影。我还是个孩子时，几乎把有史以来所有的科幻电影看了个遍。我尽情地享受着每一帧火箭飞船、外星怪兽、邪恶的黏液和系外行星，不管剧情有多么荒诞或者干脆有多么傻。

于是，科幻电影有什么危害呢？如果我告诉你我认为科幻电影的危害程度很低，你或许会感到吃惊。虽然电影中的坏科学的确会强化观众对于科学的误解，但是科幻电影的票房很好也是一个振奋人心的消息。“史上最经典十大电影”之类的排行榜中，大部分都是科幻电影，这表明人们真的喜欢科学题材的电影，哪怕它们是——呃，错误的。我当然更喜欢那些能够准确地刻画科学（以及科学家！）的电影。有的时候，科学必须为剧情牺牲，但是更多时候，或者可以说绝大多数时候，正确的科学其实可以改进剧情。认真对待科学的电影票房表现也很好，比如《超时空接触》，当然还有《2001 太空漫游》，它已经成为科幻经典。

如果科幻电影可以激起某个地方的某个孩子对科学的兴趣，那就太棒了。哪怕是一部不怎么靠谱的科幻电影也会让孩子在图书馆中驻足于科学类书籍之前端详，或者想要读到更多关于激光、小行星，以及外星生物存在的真正可能性的内容。谁知道这又会引导孩子走向怎样的未来呢？

对我来说，不靠谱的科幻电影指引我走上了研究天文学的人生道路。我只能希望哪怕是坏天文学也能以某种方式激发好天文学。

推荐阅读

没有任何一本讲天文学的书能够事无巨细地涵盖所有话题的所有细节，否则它得有从这里到月球甚至再加上回程那么厚。能够帮助你进一步深入了解本书中聊过的天文学话题的书籍和网站很多，以下列出的仅是其中一小部分。它们当中的许多在为我研究坏天文学提供了巨大的帮助。

推荐书籍

卡尔·萨根（Carl Sagan）做过非常多的天文学和科学的普及工作，世界各地的科学家们都应该向他致以最诚挚的谢意。在他的诸多著作中，最好也是最有趣的一本要数 *The Demon Haunted World: Science as a Candle in the Dark* (Ballantine Books, 1997, ISBN 0-345-40946-9)[1]。这本出色的书审视了怀疑主义思想对于诸多学科发展起到的作用，对天文台之外的日常生活

[1] 最新的中译本为：[美]卡尔·萨根,《魔鬼出没的世界：科学，照亮黑暗的蜡烛》，李大光译，海口：海南出版社，2019。

也很适用。

斯蒂芬·马兰（Stephen Maran）多年以来也在帮助大众理解天文学。他所著的 *Astronomy for Dummies*（《傻瓜天文学》）(IDG Books Worldwide, 2000, ISBN 0-7645-5155-8) 是一本有趣又有用的宇宙指南。

初看到约珥·阿肯巴克（Joel Achenback）的 *Captured by Aliens: The Search for Life and Truth in a Very Large Universe*（《被外星人俘获：在巨大的宇宙中寻找生命和真理》）(Simon & Schuster, 1999, ISBN 0-684-84856-2)，我本来以为它要揭露自认为被其他维度外星人附身的人，内容无聊，之后却发现这是一本很有深度但又有趣的书，主题是人们对于现代社会的适应。

约翰·路易斯（John Lewis）的 *Rain of Iron and Ice*（《铁与冰之雨》）(Helix Books, 1996, ISBN 0-201-48950-3) 是一本很有意思的关于小行星和彗星撞击的书。书中的描写非常引人入胜，甚至可能会有点儿吓人。我以前总是说，历史上从来没有流星冲击致人死亡的记载……在读过这本书之后，我就再也不敢这么说了。

受本书篇幅所限，我只能简略地涉及维利科夫斯基事件。关于维利科夫斯基和他的“学说”，市面上有着大量的专著，不过你也可以从他自己写的那本开始看起：伊曼纽尔·维利科夫斯基（Immanual Velikovsky）所著的 *Worlds in Collision*（《碰撞中的世界》）(Doubleday, 1950)。我还推荐唐纳德·戈德史密斯（Donald Goldsmith）主编的 *Scientists Confront Velikovsky*（《科学家们面对维利科夫斯基》）(Cornell University Press, 1977) 中收录的美国科学促进会主办的辩论会的发言记录。

最后我想说，天文学带给人类最美好的回馈礼物之一，就是宇宙无与伦比的美丽。有很多很棒的天文学书籍中收录了大量精彩的宇宙图片，最近就有一本很出色的，是天文学家马克·沃特（Mark Voit）所著的 *Hubble*

Space Telescope: New Views of the Universe（《哈勃空间望远镜：宇宙的新视野》）(Harry N. Abrams, with the Smithsonian Institution and the Space Telescope Science Institute, 2000, ISBN 0-8109-2923-6)。这本精装大开本画册会让你一遍遍地翻阅，盯着其中绚丽壮观的宇宙图片出神。

推荐网页

万维网是“全球资讯网”，不过我倒是更乐意称其为“百万谎言网”。相比于那些好的天文学网站，那些不怎么好的天文学网站的数量可能是前者的 100 万倍。但是，如果你得到了一些指点，并且具有怀疑精神，网络上还是由很多优秀的网站能够满足你对天文学知识的渴求的。如果以下这些网站还不能够满足你，那你也可以用上最喜欢的搜索引擎自己去查。不过，作为一位前辈网虫，我建议你对搜索出的任何内容都不要轻信。所以我还是推荐你们从以下这些网站开始入手。

请允许我不客气一回，我首先要推荐的就是自己的坏天文学网站（http://www.badastronomy.com/index.html）。读者们可以在网站上看到我们在本书中讨论过的一些话题，当然还有许多其他话题。网站上还有大量其他天文学网站的链接，足够你看上好一阵的了（相信我，没错的）。

宾夕法尼亚州立大学的气象学家阿拉斯泰尔·弗雷泽的坏科学网站（http://personal.ems.psu.edu/~fraser/BadScience.html）在很大程度上启发了我的坏天文学网站。作为一个研究气象的家伙，弗雷泽创建的网站比我的天文学网站要稍微“接地气”那么一点点。

贝克斯菲尔德学院的天文学家尼克·斯特罗贝尔（Nick Strobel）创立了天文学摘要网站（http://www.astronomynotes.com），这个网站涵盖了大量天文学主题，从辨识夜空到宇宙的形状和命运。我对天上诸多事物的成因的解释参考了大量来自他的网站的信息。

比尔・阿内特（Bill Arnett）不是一位职业天文学家，但是我之前还真的以为他是呢！他的九大行星网站（http://nineplanets.org/）资讯之完整令人咂舌，在那里你可以找到能想出来的关于太阳系的几乎全部信息。在这个网站中，每颗行星都有自己的主页，有些卫星也有自己的主页。在每个网页上，阿内特都添加了海量的图片链接。

网络带给我们的好处之一就是它所包含的海量资讯——而且有的时候这些资讯甚至还是准确的。因为很多问题常常会被问到，所以很多人会列出一些常见问题的清单。天文学常见问题网站（http://sciastro.astronomy.net/）或许能够回答你很多的问题。物理学与相对论常见问题网站（http://math.ucr.edu/home/baez/physics/）也是如此，这个网站如此靠谱，甚至爱因斯坦叔叔都会感到欣慰。这些常见问题的网站上还有大量其他的网站链接，就连我这样的资深发烧友也会一看就是几个小时。

如果你还想寻找漂亮的图片，那么请去空间望远镜科学研究所的主页（http://www.stsci.edu）或者超棒的每日天文学美图网站（http://antwrp.gsfc.nasa.gov）看看，后者无愧于它的名字，每天都会发布一张新的美图。这两个网站是所有主题的网站中最受欢迎的之二，理由一目了然。

我在为撰写登月骗局的一章搜集材料，以及后来搜寻关于阿波罗计划的信息和照片时，一次又一次地访问了《阿波罗月球表面期刊》的网页（https://www.hq.nasa.gov/alsj/）。在这个网站上，你会发现关于人类有史以来最具雄心、最成功的太空探险的海量资讯。每次在网站上浏览完图片，我的心中总会再次燃起对于太空旅行的热情。

还有大量出色的网站总体上推广怀疑精神。我强烈推荐探索起源档案馆网站（http://www.talkorigins.org/），这是一个支持科学的网站，大部分内容都是在回应创造论的论点。网站的主要内容与进化论相关，不过也有质量上佳的关于天文学的内容。

还有一些网站和维利科夫斯基的“学说”有关，有支持的，有反对的。在支持的一方，最大型的网站要数伊曼纽尔·维利科夫斯基档案馆（https://www.varchive.org/），其中收录了大量维利科夫斯基的作品。而戳穿维利科夫斯基伪科学的优秀网站要数维利科夫斯基谬误解毒剂网站（http://abob.libs.uga.edu/bobk/velidelu.html）.

最出色的关于理性与怀疑精神的网站之一，要数詹姆斯·兰迪的网站，就是了不起的兰迪自己的网站。兰迪穷尽自己的一生去揭露伪科学的真相，破解超自然现象，而他揭露真相的方式往往是极其有趣的。他的网站（http://www.randi.org）就是一座丰富的理性主义宝藏，涵盖了从他著名的“百万美金征集超自然现象存在的证据”挑战，到他批判种种不清晰思维的文章等许多内容。

致 谢

作为一名新人作者，我认为自己有必要感谢遇见过的所有人。我曾经被指责话太多（指责者基本上是我在威立出版社的编辑杰夫·戈利克）。我想不出他和其他说过我话多的人为什么会这样认为，但是愿他们的批评是对的，因此在这一部分我会简明扼要。

利奈特·斯卡菲迪是一位在马里兰州惠顿地区布鲁克赛德自然中心工作的博物学家。通过她偶然间的促成，我结识了斯蒂夫·马兰，斯蒂夫是一位著名的天文学作者，还是美国天文学会的新闻发言人。他极大地帮助我扩展了我的科普事业，当我向他咨询写书的时候，他还把自己的出版代理人推荐给了我。对于我这样一位想要进入这个行业的朋克天文学家来说，斯基普·巴克是一位相当优秀的代理人，为了让本书能够顺利出版，他跑前跑后出了很多力。本书能问世，必须要感谢利奈特、斯蒂夫和斯基普。说到利奈特，我强烈建议所有前往华盛顿特区的人们都顺便去布鲁克赛德自然中心看一看。联系他们请拨打（301）946-9071。

我还要感谢马克·沃特博士，感谢他愿意成为本书的技术编辑。马克是一位职业天文学家，他的许多工作都涉及使用哈勃空间望远镜，业务水平相当高。如果本书中还有任何技术性错误，那全是我的错，和他一点儿关系都没有。

在筹备本书的过程中，有很多人帮助我理清思路并引导我采取行动。在这些人中有保罗·罗曼、阿里斯泰尔·弗雷泽、肯·克洛斯维尔、C. 勒罗伊·艾伦伯格、米克拉斯·萨维吉、丹·德尔达、比尔·道尔顿、德利·史密斯、巴布·汤普森、黎贝卡·艾略特，当然还有那些经常访问我的坏天文学网站论坛的一帮怪咖。另外，感谢《天文学》杂志允许我使用我在 1998 年 4 月刊发的文章《每个故事里的月亮都是满月》，本书的第 24 章就是以它为基础详细展开的。

感谢我的老板琳·克敏斯基，感谢她对那些可能影响我职业发展的人们以及我的同事称赞我的网页，感谢她一直耐心地倾听我滔滔不绝地谈论坏天文学的话题而没有感到厌倦。同样感谢丹·范拉诺，正是他在我极需要的时候为我指明阿波罗登月骗局的相关信息。

我还要特别感谢我的朋友凯特·拉斯马森，正是由于她出色的工作，才让我的坏天文学网站从又小又乱的模样变成如今的庞然巨物。

我的编辑杰夫·戈利克着实在我行文繁复冗余洋洋洒洒反反复复篇幅过长不言简意赅时，删掉了我辛勤写下的字句。我总记不得自己不是按字数得稿费。无论如何，杰夫的建议都很不错，除了关于把标点加在引号里面的那条。

当然，我还要感谢我的家人，他们多年以来都一直支持我对天文学的痴迷。尤其是我的爸爸妈妈，他们在百货商店给我买了一只普通望远镜，让他们四岁的儿子能够通过它看见土星。这件事彻底改变了我的人生。30 多年过去了，他们当时的举动最终变成了你手中的这本书。如果你也有孩子，请一有机会就让他们接触科学吧。这也许会带来惊喜。

接下来我的感谢要献给我的驻家编辑马赛拉·赛特，我至今难以相信她居然会允许我娶到她。她详尽修正了我的细节错误，没有她的我一定会在坏宇宙中迷失方向。

但是我最最感谢的，还是我的佐伊。你是我做这一切的最初动力。我爱你。

无人机系统特征技术系列

总主编 孙 聪

四旋翼无人机鲁棒飞行控制

Robust Flight Control of Quadrotor UAVs

刘 昊 刘德元 著

内容提要

本书为"无人机系统特征技术系列"之一。本书旨在介绍四旋翼无人机鲁棒控制器设计新方法,针对四旋翼无人机在恶劣飞行情况下的鲁棒控制问题,全面介绍鲁棒控制器设计方法与实验验证,为解决四旋翼无人机的高精度飞行控制问题带来新思路。本书详细介绍了四旋翼无人机在模型非线性、不确定性、欠驱动、时滞等难点下的鲁棒姿态控制和轨迹跟踪控制关键问题,以及控制器设计方法,在提高四旋翼无人机对外部风扰的鲁棒性的同时,实现高精度、大机动、安全、稳定飞行。

本书可作为对四旋翼平台搭建、飞行控制器设计方法感兴趣的本科生及研究生,自动化控制、航空航天工程等领域的教师及研究人员,包括但不限于自动化控制、航空航天工程等领域的控制器设计工程师等的参考资料。

图书在版编目(CIP)数据

四旋翼无人机鲁棒飞行控制/刘昊,刘德元著. —上海:上海交通大学出版社,2024.3
(无人机系统特征技术系列)
ISBN 978-7-313-30039-3

Ⅰ.①四… Ⅱ.①刘…②刘… Ⅲ.①旋翼机—无人驾驶飞机—鲁棒控制—飞行控制 Ⅳ.①V279

中国国家版本馆 CIP 数据核字(2024)第 018120 号

四旋翼无人机鲁棒飞行控制
SIXUANYI WURENJI LUBANG FEIXING KONGZHI

著　　者:刘　昊　刘德元
出版发行:上海交通大学出版社
地　　址:上海市番禺路 951 号
邮政编码:200030
电　　话:021-64071208
印　　制:上海文浩包装科技有限公司
经　　销:全国新华书店
开　　本:710mm×1000mm　1/16
印　　张:9.5
字　　数:161 千字
版　　次:2024 年 3 月第 1 版
印　　次:2024 年 3 月第 1 次印刷
书　　号:ISBN 978-7-313-30039-3
定　　价:78.00 元